U0134063

哲学
新思
论丛

中国人民大学哲学院　编

臧峰宇　主编

儒家德性领导

伦理型领导力的本土化研究

原　理　著

中国人民大学出版社
·北京·

本书为国家社会科学基金一般项目
"儒家德性领导：伦理型领导力的本土化研究"（17BZX110）的最终成果

哲学这门有 2 600 多年历史的学问总是在古老的根脉上绽放面向时代的思想芳华，体现传承基础上的创新。轴心时代的很多哲学问题至今令人深思，并未作为古典的认知遗存被淹没在历史的烟尘中，伴随着新问题的涌现而产生的新思不断生成。这使哲学作为思想的事业总是体现为时代精神的精华，她不仅厘清和丰富了思想的发生与演化的图景，而且着眼于解析时代的重大问题。哲学概念只有当指向明确的问题时才是有效的，哲学命题亦应经过体现问题意识的论证并得到明确表达才有被认可的价值。作为思想的思想，哲学的性质和机制具有彻底的特征，这样的思想以面向思的事情把握事物的根本，赋予生命新的意义。

哲学研究具有明确的时代性。哲学家在书写其新思时总要面对所处的时代，马克思自青年时代起就论证其所处时代的问题的谜底，在揭示资本逻辑的过程中从科学和价值两重维度回答时代的问题，力求体现用彻底的方式展现哲学实践能力的明证。其实，哲学在任何时代的重要性都是不言自明的，但对这种重要性的把握基于走向历史深处且从历史深处走来的内在理解。哲学思考以对历史规律的深刻认知为前提，总是与古为新，围绕新时代的新技术和新问题而展开新思，从中探究未来发展的大趋势，在不确定性中把握好的可能性。这样的新思给人以深深的激励，因为真正的思想触及时代的根本问题，将人的生命处境理解得深邃而透彻。

正是因为哲学具有这样的思想力量，我们在面对很多复杂难题时，总能保持一定的乐观和自信，或者周遭总有某种声音提示我们，哲学可以被用来解决困扰我们的难题，原因大概在于其意为"爱智慧"，总是让我们思考生命的价值以及人与世界的关系。概因于此，我们在走出物质匮乏的年代后，不愿陷入某种浮泛无根的生活或浅薄无聊的兴趣，而要在精神生活中寻求实体性内容的必要性，通过掌握生活世界中的理念而确认实存，并使之青春化而促进哲学的发展。在这个意义上，哲学研究所运用的知识有助于理解生命本质以及生活世界的前沿问题，她内蕴着思想和爱智慧的规定，基于常识而超越常识。哲学知识体系的生成因而基于严格的学术训练，基于面对时代问题的严肃思考，固然体现为深奥而抽象的思想图式，但它始终植根于生活世界，否则就会遭遇失语甚至自我放逐的境遇。

哲学研究是基于现实而面向未来的。哲学所具有的乐观和自信不仅仅在于其历史久远，更在于其植根于生活世界表达爱智慧之思；哲学思考的价值不仅仅在于"想明白"，更在于运用其解决问题的精准有效，根本目的在于解决问题。关于哲学无用的诘问大多与其能否解决问题的认识有关。一名学生曾在课堂作业中这样写：我们读了那么多年的哲学书，懂得那么多哲学道理，为什么在面对很多实际问题时经常感到困惑和迷茫？这个问题当然与其对哲学理解的程度有关，重要的还在于能否将哲学道理运用自如。很多朋友听了一节哲学课，感受到哲学思维的深邃和曼妙，便寄望于尽快掌握哲学的精华，甚至获得一劳永逸的能力，恐怕绝非易事。这里涉及掌握哲学思维方式的程度，运用不自如尚属于对哲学不深知，深知之后应有运用的自觉，知行合一，方能在处理实际问题时保持思想的定力。

仰望哲学的星空，或置身于哲学的殿堂，从事哲学基础理论与经典著作研究往往会有新的发现，进而阐发哲学史上很多概念、范畴和命题的新义，在面向时代问题的探索中获得哲学观念的发展。哲学是常为新的，这样的新思体现为明确表达和辩护，具有一定的自我规定性。它要通过区分和澄清内在结构的诸部分来理解某种概念，也要将不同的概念聚合为统一的思路，因而分别运用分析和综合的方法。哲学研究往往开始于"我注六经"式的解读和阐释，而后渐至"六经注我"式的思想创造，在某种概念框架和知识图式中展现意义世界，确认我们时代的本质性的事实，进而呈现某种生活方式和精神气度。这种重塑自我信念的过程在人生的不同阶段都会出现。很多大学新生在哲学课堂上会更新一些原有的认识，而这样的认识往往经过怀疑、反思而形成自我意识。笛卡尔在《第一哲学沉思录》中说："我从早年以来，曾经把大量错误的意见当成真的加以接受。从那时起，我就已经断定，要想在科学上建立一些牢固的、永久的东西作为我的信念，我就必须在我的一生中有一次严肃地把我从前接受到心中的所有意见一并去除，重新开始从根本做起。"一名严肃的哲学研究者所做的工作往往会经历这样的过程，我们之所以能够坦然更新旧思，"重新开始从根本做起"，正是出于对真理、正义的认同，以及对智慧恒久的爱。

哲学研究源自主体的内在之思。这样的思考必然具有某种风格，带有很强的个性化特征。一位前辈学人曾与我说过，哲学研究大体可以同农业生产相类比，她不同于某种团队作业，我们所熟知的很多大哲学家与同时代人有很多交谈，但他们的研究是独立完成的，这往往不需要数据采集或共同实验，而是一种独立的思想创造。这样的思想创造具有很强的启发性，对每个行业的从业者几乎都是有益的，所以很多行业的精英在谈到自己的经历时都喜欢从哲学角度表达一些感喟或做出深刻的经验归纳乃至形成规律性认识。今天，面对很多实际的思想领域的问题，哲学研究的方式发生了一定的变化，但个体的思想创造仍然是一种主要的方式。我们希望从对话的角度促进思想的交融，为此开设了一些哲学对话课，得到很多学生的认可，也希望以笔谈和论丛的形式增进学术共同体的交流，这未必是一种机器化生产，但或许可被视为现代农业生产的一种探索，其目的在于缔结现代思想的果实，滋养现代人的精神生活。

面向未来的反思的哲学必然具有某种想象力，也会形成某种风格，在演绎与归纳中表达哲学研究者所关注的事情的意义。哲学研究固然要专注于微观的具体领域，但应从大问题和真问题出发，做出有效论证。我们总要思考为什么做出某个决定，生活对自己是否公平，为什么至爱亲朋与死亡不期而遇。我们面对诸如此类的哲学问题时，总会涌现一些内在的思考，希望从中有所深省。不同天资禀赋和不同成长环境的人们对很多问题的理解差别是很大的，这就需要论辩和进一步反思，从中确认什么是我们在生命中不可失去的，我们执着地相信的东西是否真实，我们所经历的生活是否如同一场梦境，善恶的选择与命运有何关系，如果生命留给我们的时间不多，我们应当怎样度过。

行文至此，读到我的同事朱锐教授在微信朋友圈表达的感喟："学哲学带给我的最大收获之一，就是我不再恐惧死亡"，"哲学告诉我们，唯一应该恐惧的是恐惧本身"。每次见到他，都能为他的达观和热情所感染。他身患重病，多次住院化疗，遭受的痛苦是可想而知的，但他认真备好每一堂课，始终保持对哲学前沿问题的关注，在讲台上展现思想的生命力。面对同事和学生，他始终微笑着，没有悲伤和畏惧。在对他深表感佩的同时，我深感思想通达生命的本质。哲学让人了然生死，在向死而生的途中超越自我，因而学哲学就是练习死亡，这是来自生命深处的豁达，深切表明哲学家对这个世界的深爱和勇气，表明对教育家精神的自觉践行，表明对自我和世界的信念，而未经审视的生活终究是不值得过的。

哲学研究表明一种主体性的尊严不是可有可无的。哲学之所以被视为众学之根本，是因为她塑造了精神的尊严。这让我们追问生命的意义或做某件事情的时代价值，在哲学研究中表明捍卫尊严、追求正义的明德之道。我们要确认生命的有限和存在的真实，明确我们在追问生命的意义时，到底指向什么。我们所做的决定是否遵从自己的内心，这涉及自由意志和自由选择问题，我们所熟知的很多道德原则在面对同一个需要做出选择的事实时可能会出现矛盾，从中可见当代哲学问题的复杂性。为此，必须以来自新的时代环境的思考来解析这些问题，而我们所做的研究在这个意义上就成为一项思想的事业。

　　窗外绿意盎然，到处都是生长的讯息。我们策划的这套"哲学新思论丛"即将付梓，其中每部著作的作者都是我的年轻同事，他们对很多哲学前沿问题的理解颇具深度，从马克思主义哲学、中国哲学、外国哲学、伦理学、宗教学、科学技术哲学、逻辑学、美学、政治哲学、管理哲学等领域所做的思考反映了"哲学新思"的发展，读之仿佛听到思想拔节的声音，清新而悠长。因而，这套论丛将定格一些哲学思想发展的印记，也将反映中国人民大学哲学学科发展史的新进展。同时，我们也希望这套体现哲学前沿问题"新思"的论丛能使热爱哲学的读者朋友感到开卷有益。

臧峰宇

2024 年 4 月

于中国人民大学人文楼

"领导力"一直以来被认为是由领导者、被领导者以及情境相互作用而产生的一个高度情境化、复杂化的结果。在现代社会，人们往往更倾向于将领导力实践与提高企业绩效和利润的效率及效能相联系。[①] 由于对企业利润和效益的强调，不论是学者还是管理者都倾向于把企业领导者提高组织经济效益的能力作为好的/有效的领导者的首要的或唯一的评判标准。遗憾的是，20世纪以来的领导理论的主流，包括领导特质理论、领导行为理论、情境领导理论、领导权变理论等，都未能足够重视伦理道德方面领导力的研究。国际金融危机的全面爆发不仅导致全球经济格局发生了重大的变化，也引发了人们对于原有商业经营理念的深度思考。

自20世纪70年代末开始，信息技术、移动互联网、新能源、智能制造等技术发展日新月异，第三次工业革命引发的一系列技术创新与制度创新，在极大程度上改变了组织外部的经营环境。知识的迅速增长、扩散，信息的高度膨胀，以及组织结构与管理对象的变化，对西方经典管理理论产生了革命性冲击，导致了"管理理论范式的危机"。后福特制、虚拟组织、网络组织、无边界组织、自我管理小组与平台型企业等组织模式日渐浮现，领导的对象已经从从事体力劳动的蓝领工人变成了普遍受过高等教育的白领工人，"脑力劳动者""新生代员工""知识型员工"之间以及工作与家庭之间界限的模糊，不断挑战着传统领导理论

---

① Nahavandi A. The art and science of leadership. Upper Saddle River: Prentice Hall, 2000: XX.

与思维模式。

　　一些研究者认为领导理论和模式是放之四海而皆准的，不会受到社会传统、文化和地域的影响，具有某种跨文化的通用性和全球适用性，从而坚持准则式的研究路径（nomothetic approach）。[①] 但以霍夫斯泰德为代表的许多学者都曾指出，文化差异在塑造组织行为方面发挥着重要的作用。[②] 通过对 40 多个国家的 11.6 万名 IBM 员工的文化价值观进行调查分析，霍夫斯泰德从权力距离、个人主义/集体主义、男性化/女性化以及不确定性规避四个层面进行剖析，结果发现：40 多个国家可以形成数个迥然不同的文化群。后来，在心理学家迈克尔·哈里斯·邦德集中在远东地区研究的基础上，霍夫斯泰德又补充了第五个维度——长期取向/短期取向维度。研究发现，相对于英美等西方国家，华人社会（如中国香港地区、中国台湾地区、新加坡）在文化价值上十分相似。基于文化维度研究的结果，霍夫斯泰德与邦德质疑了将美国式管理置于与其不同的文化（比如中华文化）中，必然产生"橘逾淮为枳"的效果。[③] 领导方式亦如此，领导者选择何种领导方式，在大多数情况下，会反映出其所处的文化脉络，而非完全由个人意志或某种普遍的模式所决定。通过对美国、英国、意大利、瑞典、德国、日本、新加坡等12 个国家的 15 000 名企业经理人的调查，学者汉普登-特纳和特龙佩纳斯发现各国企业经营管理和创造财富的价值体系深受其母国文化的影响。他们指出，各国企业在创造财富的过程中都各有其"独特的价值观""然而在人们背后推动财富创造的道德价值观又从何而来呢？来自

---

　　① House R J, Wright N S, Aditya R N. Cross-cultural research on organizational leadership: a critical analysis and a proposed theory//New perspectives on international industrial/organizational psychology. San Francisco: Jossey-Bass, 1997: 535 - 625.

　　② Hofstede G. Culture's consequences: international differences in work-related values. London: Sage, 1980.

　　③ Hofstede G, Bond M H. The confucius connection: from cultural roots to economic growth. Organizational dynamics , 1988, 16（4）: 5 - 21.

那个社会的文化"。①

　　随着对西方心理学理论的反思与心理学本土化运动的兴起，华人心理学家、管理学家开始反思、检讨以往对西方领导理论的盲目追随，意识到华人社会在文化、价值观上与西方有很大差别，将西方文化中发展出来的领导理论生搬硬套到华人群体中，不但无法客观反映华人领导方式的真实面貌，也忽视了其独特而重要的内容，甚至会在实践中歪曲事实。② 近几十年来，越来越多的研究者开始关注并研究华人社会与组织，探求其独特的文化基因。

　　类似地，在领导力的道德含义方面③，一些研究表明，关于什么是伦理型领导力，其一般性内容可能是普遍的，但实际在不同的文化中它会有不同的具体表现。④ 比如，通过对亚洲、美国和欧洲领导力的比较研究，雷西克等人指出，虽然中国的领导力实践受到了西方文化的影响，但在很多情况下，中国的传统价值观仍然根深蒂固，并在实践中保留了普遍的影响。⑤ 在另一项实证研究中，冯·韦尔齐安·霍伊维克发现，中国员工认为西方人编写的道德规范"太过于西方"，因此对遵守这些陌生的规则感到不安。⑥ 关于文化间深层差异对实践影响的发现，让学者们不得不去重视和思考发展本土的伦理型领导力模式。

---

　　① 汉普登-特纳，特龙佩纳斯. 国家竞争力：创造财富的价值体系. 徐联恩，译. 海口：海南出版社，1997：6.

　　② 郑伯埙，周丽芳，樊景立. 家长式领导：三元模式的建构与测量. 本土心理学研究，2000（14）：3-64.

　　③ Chen C C, Lee Y T. Leadership and management in China: philosophies, theories and practices. Cambridge: Cambridge University Press, 2008.

　　④ Resick C J, Hanges P J, Dickson M W, et al. A cross-cultural examination of the endorsement of ethical leadership. Journal of business ethics, 2006, 63（4）：345-359；Yang C. Does ethical leadership lead to happy workers?: a study on the impact of ethical leadership, subjective well-being, and life happiness in the Chinese culture. Journal of business ethics, 2014, 123（3）：513-525.

　　⑤ Resick C J, Martin G S, Keating M A, et al. What ethical leadership means to me: Asian, American, and European perspectives. Journal of business ethics, 2011, 101（3）：435-457.

　　⑥ Von Weltzien Høivik H. East meets West: tacit message about business ethics in stories told by Chinese managers. Journal of business ethics, 2007, 74（4）：457-469.

因此，一方面，原有组织范围内建立在权力基础上的命令、控制等传统领导方式正逐渐丧失原有的效力，这种客观形势的变化要求领导方式也要随之发生变化。另一方面，文化、伦理原则、价值观和愿景等一系列"非刚性"的领导和管理方式以及"地方化"的领导理论越来越凸显其重要性。这都为"伦理型领导力"模式的提出和发展奠定了基础。

近几十年来，中国创造了前所未有的经济增长奇迹，经济的快速增长使中国拥有相当数量的世界量级的大型公司。在 2020 年的《财富》世界 500 强名单中，中国有 124 家（2019 年为 129 家）企业位列其中，而美国为 121 家（2019 年为 121 家）。例如，中石化、国家电网和中石油都在前十名之列。然而，随着社会主义市场经济体制的逐步建立和深入发展，加之不断加速的全球化进程，中国人前所未有地接触到多元化的价值观，并进入一个动态发展和竞争激烈的全球商业环境，他们的道德观念和行为方式发生了深刻的变化。中国经济改革刺激了国人对物质财富和利润的追求，在某种程度上可以说，中国原有的传统价值观、道德观和行为规范正在日渐被"利益趋向"的观念侵蚀。中国企业的迅速崛起也付出了一些令人担忧的代价。

近年来，国内涌现出一大批不道德商业行为，如食品安全丑闻、环境污染问题、劳工权利问题等。[①] 和西方的商业恶性事件一样，这些不道德商业行为所揭露的，正是企业组织的治理过程中存在的根源性弊病，即仅以追求经济利润最大化为目标。而在这些恶性事件背后，组织领导者对组织所持有的不道德的组织文化和价值观负有不可推卸的责任。这并不是说之前中国企业组织的领导者都是有道德的，而是说利益导向导致了这种经济伦理丑闻的迅速增多。领导活动在组织管理中的地位是特殊的，它决定了组织战略的决策方向，并在很大程度上决定了组

---

① Yan Y X. Food safety and social risk in Contemporary China. The Journal of Asian studies，2012，71（3）：705－729；Ip P K. The challenge of developing a business ethics in China. Journal of business ethics，2009，88（1）：211－224；Wang L，Juslin H. The impact of Chinese culture on corporate social responsibility：the harmony approach. Journal of business ethics，2009，88（3）：433－451.

织文化、组织结构和组织机制，以"领导"和"伦理"为聚焦点来系统
探索中国的组织管理问题是合情合理的选择。在中国，商业环境的快速
变化和转型带来了商业伦理问题的困境，对伦理型领导的需求尤为迫
切。鉴于"组织"概念比较宽泛，且本人研究方向为管理哲学，本书主
要聚焦于讨论商业领域和商业组织的伦理型领导力建构。

　　虽然近十几年来，在全球范围内已经有了不少关于伦理型领导力的
研究，但仍然非常有必要通过诉诸中国传统的和本土的智慧在中国建立
一种伦理型领导力。中国自古以来就是一个伦理社会，具有丰富的领导
实践，但我国学界目前对于伦理型领导力的研究大多受西方学术传统和
研究模式的影响，没有真正从本土伦理传统入手去塑造适合中国情境的
伦理型领导力。① 张笑峰和席酉民认为，因为伦理型领导的起源中有对
儒家伦理思想的借鉴，所以我们可以进一步分析华人组织中可能存在的
伦理型领导行为，探究其背后的文化根源，这样就可以丰富由西方发展
起来的伦理型领导力理论的内涵和相关研究。② 原理认为，儒家的德性
伦理可以帮助构建我国本土的伦理型领导力，在组织内外实现各种关系
的平衡与协调。③ 因此，我们可以通过深入分析儒家伦理思想，在古
今、中西的融通中，寻求其在现代组织领导研究中发展的契机。

　　儒家思想素来被认为是中国传统文化的重要组成部分，近一百多年
来，人们对儒家思想的态度和认识历经若干重大的变化。18 世纪以来，
"进步"成为西方现代化的一个中心观念，按照"进步"的观点，安定
静止意味着落后，黑格尔批评中国文化的主要理由之一就是中国从来没
有进步过。在 20 世纪初期，儒家思想被等同于中国封建文化，受到了
激烈的批判，甚至被全面否定。经过一系列激进的思想文化批判和社会

---

① 胡国栋，原理. 后现代主义视域中德性领导理论的本土建构及运行机制. 管理学报，
2017 (8)：1114 - 1122.

② 张笑峰，席酉民. 伦理型领导：起源、维度、作用与启示. 管理学报，2014 (1)：
142 - 148.

③ 原理. 基于儒家传统德性观的中国本土伦理领导力研究. 管理学报，2015 (1)：38 -
43.

政治革命，儒学被迫从孕育它的社会母体中分离出来，成了余英时所说的"游魂"①。但在今天，西方文化已经不能简单地以"进步"为傲，其危机恰在于"动"而不能"静"、"进"而不能"止"、"富"而不能"安"、"乱"而不能"定"，与物质上的进步相伴的是精神上的堕落。②如今，伴随着中国社会的繁荣稳定，伴随着中国传统文化的伟大复兴，儒家思想的地位被再度提升。

关于儒家思想与商业的联结，马克斯·韦伯曾经有个著名的观点，即认为儒家思想由于不提倡理性化的"经济训练"而阻碍了东亚的资本主义发展③；列文森也认为，现代文明的特征是科技化和专业化，儒家官僚的业余理想（amateur ideal）不适合培育专业技术型人才，不适合精密的现代经济体系④。但也有不少学者认为东亚经济的崛起归功于儒家思想，比如成中英就提出"转化儒家伦理因素"是推动东亚现代化的精神支柱与行动的能力。⑤ 近年来，传统儒家思想的现代应用，尤其是其在商业管理领域的现代转化和价值的热度被再次提高，儒家思想对商业的影响，尤其是关于其对商业伦理的影响的探讨成为重要话题。

儒家思想并非一种封闭的伦理体系，实际上，从先秦儒家到宋明理学，再到新儒家，它一直处于不断发展的过程之中。将"儒家思想"简单地等同于"中国文化"的思路忽视了中国文化的多样性和儒家思想本身的发展变化。鉴于儒家思想的复杂性和后期儒家思想的发展，本书所谈论的儒家思想主要限于先秦儒家思想，这更接近于儒家思想的本意，避免了主要思想内涵的混乱不清。

随着中国成为全球经济的一个重要参与者，中国必须在自身的文化

---

① 余英时．现代儒学论．上海：上海人民出版社，1998：229.

② 余英时．余英时文集：第3卷：儒家伦理与商人精神．桂林：广西师范大学出版社，2004：16.

③ Weber M. The religion of China. New York：Free Press，1951：237 - 249.

④ Levenson J R. Confucian China and its modern fate：a trilogy. Berkeley：University of California Press，1968.

⑤ 成中英．整体性与共生性：儒家伦理与东亚经济发展．浙江社会科学，1998（2）：14 - 22.

情境下发展和阐述本土适用的管理思想和理论。因此，目前在中国，我们的当务之急是基于中国传统文化的复兴建立一种文化上连贯的本土领导道德话语。本书旨在更加明确那些与中国商业领导的道德行为有关的儒家伦理内容，希望通过建构以儒家伦理为基础的中国本土伦理型领导力模式，有效应对商业伦理问题。

　　本书展示了儒家关于个人和集体美德的独特思考方式，并提供了一个关于伦理型领导力的中国视角，对儒家德性伦理及其作为构建中国本土伦理型领导力的必要性和可能性进行了深入的研究。以儒家德性伦理为基础的伦理型领导力根植于中国社会的文化传统、历史脉络和社会现实要求，注重个人美德，用道德价值权衡经济利益，并在组织中充分发挥道德示范作用。本书希望发挥儒家伦理价值在中国当代商业伦理研究和实践中的重要性和影响力，使儒家德性伦理丰厚的文化内涵为企业领导者的行为提供一个坚实的道德基础。

目　录

第一章　现代商业的伦理根基

　　管理哲学家罗伯特·C.所罗门指出，诸多常见的商业隐喻影响着人们对商业活动的认知。这些常见的商业隐喻包括：一是将商业活动比作"达尔文式的丛林、沼泽""生死之战场""自相残杀的世界""胜利者与失败者的游戏"。这种说法描绘了商业活动的残酷性，但其中"丛林"和"沼泽"等概念对人性的理解是野蛮的、前文明的，整个商业场域是生物界原始的模样，这似乎与今日文明时代背景下的商业竞争有着实质性的不同，"商业竞争，即使是处于企业生死存亡的危急关头，仍不能与战争的相互毁灭混为一谈"①。二是对人性的理解，比如认为人是"理性经济人""赚钱的机器""自私的动物"等。这些隐喻突出了人的某些面向，但如果仅仅据此就认为这是人的本质，就会影响领导者的管理模式和组织成员之间的相处模式等。三是对商业行为的动机的认识，比如认为人们进行商业活动是因为"绝对贪婪""利润追逐的普遍动机"等。这导致人们认为牟利就是商业的本质，商人们无一例外地以

---

　　① 所罗门.伦理与卓越：商业中的合作与诚信.罗汉，黄悦，谭旼旼，等译.上海：上海译文出版社，2006：23.

追逐利润为己任，尔虞我诈、自私自利、冷酷无情。然而这种将谋求利润作为商业活动的唯一动机的认识导致人们将逐利行为合法化，甚至上升为一种荣耀。四是对商业活动原则的描述，比如把商业规则称为"游戏""博弈"等。但这类隐喻只强调了商业活动中的理性原则，而淡化了其中的价值要素。博弈论中的"理性"概念实质是自身利益的代名词，它以每名参与者自身利益的满足为前提，其背后的潜藏规则是自利原则的操控。这在一定程度上表明，理性选择就意味着个人利益与他人利益的矛盾对立，但这会带来所谓的"囚徒困境"。商业并非一般的游戏，而是在信息不透明的市场竞争中由多方参与的、非零和的竞争性博弈。

这些充斥在商业领域的隐喻影响了人们对商业的认识，从而认为商业无关伦理。在 20 世纪 60 年代之前，尤其是在美国的商业领域，人们长期信奉这样一句话："The business of business is business."这句话是商界的金科玉律，从企业家到商学院学生，主流的观点都认为"企业的职责就是盈利"，而它也能够被贴切地翻译为中国商人常用的一个成语——"在商言商"。但如果我们回顾现代经济的源头，就会发现"商业无关伦理"的论调是与现代商业文明的起源和伦理观念的传统背道而驰的。在现代商业文明发展的最初，伦理观念不但孕育了西方的商业精神，还通过这种商业精神带来了西方现代社会持续而稳定的商业繁荣。

这一章主要选取了三位重要的思想家对于商业与伦理关系的看法，他们分别是"现代经济学之父"亚当·斯密、"组织理论之父"马克斯·韦伯以及当代著名经济学家阿马蒂亚·森，通过他们的观点来说明商业活动具有重要的伦理基底。实际上，这三位思想家都并非单一领域的学者，他们的研究领域贯通经济学、历史学、政治学、社会学和哲学，因而他们对于商业社会的洞见是极其深刻且影响深远的，涵盖了关于人类本性的愿望和经济生活、个人利益和公共利益的作用、商业活动的本质和道德原则的形成、市场繁荣与伦理价值约束的作用等诸多重要的观点。通过对他们思想的分析，我们可以看到，如果没有伦理，那么不仅商业活动难以发展，事实上，连人类社会的维系都会无比脆弱。

一、现代市场经济的伦理基础：斯密的观点

"现代经济学之父"是对亚当·斯密（1723—1790）最流行的描述。有人做过统计，斯密是迄今为止被学术研究引用最多的经济学大师。在对世界上所有的经济学家的影响力进行排名时，斯密以压倒性的优势位居第一。在斯密去世两个多世纪之后，微观经济学家仍然在斯密建立的市场动态分析的框架中运作，而宏观经济学家则在他的利润、储蓄和投资理论框架中进行研究。但或许斯密本人更倾向于自己是个道德哲学家，或者确切地说，在他那个时代，经济问题和道德问题本身就没有割裂。斯密主张政治和经济任何一方都不能脱离道德基础，但是现代经济学狭隘地、有选择地借鉴了斯密的观点，塑造了一个"理性人"的世界，这"不仅是为了更好地理解和解释经济现象，而且合乎适应其专业和意识形态的目的。在此过程中，它很大程度上忽视了斯密世界观的核心特征——将市场活动嵌入规范的道德和社会框架内"①。

斯密所处的时代是一个大转型的时代，是从前商业社会到商业社会的转型期，用斯密的话来说就是"每个人都成为商人"的时代。斯密是一个商业社会最有力、最有效的捍卫者，但与此同时，他也非常严肃地强调，社会中人与人和谐依存对于商业发展而言具有根本的重要性。斯密捍卫的是商业和自由市场，而非商业社会中商人的胡作非为。

《道德情操论》是斯密于1759年出版的一部重要作品，为斯密的另一部更著名的著作——《国富论》（1776年）中对现代市场经济的系统探讨提供了必不可少的道德哲学基础。亚当·斯密在《道德情操论》中通过引入"设身处地想象的能力"及由此引出的"同情""公正的旁观者"等核心概念，构建了一个具有苏格兰启蒙运动内在特质的道德哲学

---

① 诺曼. 亚当·斯密传. 李烨，译. 北京：中信出版社，2021：8.

体系。它不仅是对欧洲理性主义学术传统的重要补充和超越，而且为我们深入理解市场机制及现代市场经济中的各种关系提供了更具时代精神的道德哲学基础。

斯密最常被引用的一段话是：我们期望获得的饭食，不是出于烘焙师、屠夫和酿酒家的恩惠，而是出于他们自我利益的考量；我们养活自己，不是依靠他们的仁慈，而是出于他们的自爱，所以交易的时候，不要跟他们讲自己有需要，而要讲对他们有利。[1] 从经济学角度做出的解释大都把这段话作为斯密"经济人"假设的代表，认为这生动地描述了"经济人"的"自利"动机。但事实上，这段话之所以重要，更是因为它说出了社会合作、交往和交易得以发生的个体心理机制。交易中的每个人都有自己的需要，并且双方都能够理解对方的需要，这就涉及斯密提出的另外一个重要的概念——"同情"。

"同情"（sympathy）是斯密所认为的人性的基础。这里的同情并不是可怜别人，而是能够感受到他人情感的共情。在斯密那里，同情是人性中天然存在的一种情感和能力，他在《道德情操论》的开篇就写道："无论人被认为如何自私，在他的本性中总是明显存在一些心理机制，这些机制促使他关心他人的命运，把他人的幸福看成自己的事，尽管他只能从看到他人幸福之中获得愉悦，此外一无所获。这种本性就是怜悯或者同情。"[2] 斯密并不赞同情感利己主义者（以霍布斯、曼德维尔为代表）对同情的利己解释，因为后者坚持从自爱推导出其他一切情感和行为，认为同情只是为了减缓自己的痛苦而被激发出的一种情感，其本质仍是自私的。斯密坦然承认我们每个人都有自利自爱的本能，但这不妨碍我们在进行社会行为时限制自己的这种本能。因此他不同意霍布斯那种对于人只有自爱本能，并依据这种本能做假设的观点。他更强

---

[1] 斯密. 国民财富的性质和原因的研究：上卷. 郭大力，王亚南，译. 北京：商务印书馆，1972：14.

[2] 斯密. 道德情操论：2020 年：全译本. 张春明，译. 北京：经济管理出版社，2021：3.

调人的社会性，重要的是人在社会中的实际行为，而人的实际行为往往并不完全依据这种自爱的本能。

对于斯密而言，自爱并不是同情的出发点。"那些主张人类的所有情感都源于自爱的道德学家，自以为根据他们的理论，就可以完全解释快乐与痛苦的产生原因……它们显然不可能仅仅源于那种利己之心。"①虽然"自爱"是人的一种情感，但对于斯密而言，这不是人唯一的情感。人是复杂的、多重的，有些情感与自私、自爱并没有太多关系，如果忽视人的情感的复杂性，就会导致研究和预测的简单化。"人性之尽善尽美，就在于关爱他人胜于自己，就在于克服自私而乐善好施。也唯有这样，才能够让人们和谐共处，让人们的各种情感和行为都表现得优雅得体。"②从这句话中我们也可以看出，斯密绝非推崇人的"自爱"，实际上他更强调人们对他人的关爱和在意。人们只有克服了自私，才能更好地互相理解，和谐生活在一起。

斯密通过转换视角的方式对同情重新做出了关系式的诠释，即同情是观察者将自己与被同情者转换位置，以被同情者的立场对他情感的一种分享。显然，这种情感的来源是行为者（agent），而不是观察者，同情丝毫不是自我情感引发的，因此无论如何都不应该被还原为自私的情感。即便在理解别人的痛苦和悲伤的过程中，观察者需要转换为自己的视角，需要将自己代入，但这也不仅仅是因为自爱，也是因为除了借由自己的主观感受，观察者无法找出判断他人感受的任何其他的方法。正是这种共情的能力，让我们对他人的生活和命运感兴趣，让我们能够将自己的情绪和别人的情绪进行类比。我们的道德认知和判断能力就源自这里。

在斯密对人性的分析和考察中，他把占人口绝大多数的普通大众放在他的商业社会图景中最基础、最重要的位置，把行为的"合宜"

---

① 斯密. 道德情操论：2020 年：全译本. 张春明，译. 北京：经济管理出版社，2021：8.
② 同①18.

（propriety）作为普通人都可以达到且应该达到的伦理标准，而不是像他之前的哲学家那样热衷于圣贤才能达到的道德层次。斯密指出，道德的自我意识是自上而下、由外而内的。我们评估一个行为道德与否，不是通过查阅宗教文本或逻辑论证，而是通过想象自己处于别人的境况来扪心自问。通过这样设身处地地想象，我们"把自己定位在一个互惠的世界里，一个相互承认和相互负有义务的世界里，一个潜存相互的赞许或责备的世界里：承认自己是一个被审视的对象，也是一个潜在的旁观者"①。因此，相比于其他情感，"同情"是社会性的，它不是某个人自己独立产生的情绪和情感，而是具有更广泛的普遍性，因此能够作为社会道德产生的基础。孔子说："己所不欲，勿施于人。"那么斯密的观点大概就是"知人不欲，勿施于人"。通过人的同情本能，并由"公正的旁观者"进行调和，人们会逐渐发现社会交往和日常生活背后一些具有普遍性的道德规则，并从这些规则中提炼出一些普遍的、共同的、值得称赞的道德品质，比如自制、审慎、仁爱、正义等，如此，社会上才达成了各种道德规范。

斯密认为，普通人在商业社会中行为合宜所应该具有的美德是"严格的正义"以及"恰当的仁慈"，这两种美德都是社会性的美德。"正义"（justice）具有明显的强制性和消极性，"是否遵从它不但不取决于我们的个人意志，而且还可以被强制遵守，只要违背它就会招致愤恨并且受到惩罚"②。而仁慈（benevolence）作为一种主动关心他人的激情和美德，往往会使受惠者得到抚慰、感到幸福，有助于社会和谐，因此必然能获得公正旁观者的好感和赞扬。然而，斯密指出，尽管仁慈是一种高贵的、受人赞许的积极美德，但规劝和鼓励人们行善足矣，并不能对人们进行强制要求；正义不同，它是整个社会大厦的地基，如果没有正义，人类社会将会在顷刻之间土崩瓦解。因此，与高高在上的"积极

---

① 诺曼·亚当·斯密传. 李烨，译. 北京：中信出版社，2021：287.
② 斯密. 道德情操论：2020年：全译本. 张春明，译. 北京：经济管理出版社，2021：75.

美德"相比，斯密更加推崇普通大众人人都可以达到的平凡但最基本的"消极美德"，并将其作为现代商业社会的道德基底，将大众践行美德的道路、履行社会义务的道路、享受权利的道路和追求财富的道路合而为一，一并成为促进社会前进的动力。

关于财富，斯密的观点是：在追求财富的竞赛中，每个人都可以通过构建心中知情的公正的旁观者来得知在什么程度上追求财富才是合宜的，然后以这种合宜的方式奋力追求财富。这就是《国富论》的思想基础。如果这样来理解，那么斯密在《道德情操论》和《国富论》中的人性假定是一致的。在一个由商人组成的社会中，商人尽管自爱，但并非完全自私自利且毫无社会意识。商人的自利是合宜性约束下的自利，所以在《国富论》中人们获得资源的方式是交换、合作、分工，而非弱肉强食如掠夺，或其他不正义的如盗窃、欺骗等更具有个人单方面效率的方式。

斯密虽然重视和捍卫商业社会，但也敏锐地认识到了商业社会中垄断、关税和其他贸易限制所带来的不良经济影响，同时意识到了可能存在的商业伦理问题。斯密认为，商业社会倾向于抑制人的教育、精神力量和理解力，让人们陷入对富人生活方式的迷恋，因为"通往财富之路与通往美德之路，很多时候方向截然相反"①。商业主义会扭曲和摧毁道德想象力，没有道德想象力，就不可能有真正的"同情"，就不可能真正站在别人的立场上进行设身处地的道德判断。在这样的世界中，不可能有尊重、善意的交流、共同身份的认知，也就不会有人类达成共识的道德基础。

在商业领域，人们很容易把聪明与（审慎的）智慧混为一谈，从公共舆论到商学院的教育，获得自己想要的东西或达成利润目标的能力被认为是商业成功的标志。但斯密并不赞同富人"天生自私和贪婪"，认

---

① 斯密.道德情操论：2020年：全译本.张春明，译.北京：经济管理出版社，2021：55.

为他们"只图自己的方便"和"满足自己的虚荣心和贪得无厌的欲望"。① 对于斯密而言，成功意味着总是应当以某些适当的方式来达到目的、满足欲望，而不仅仅是达到目的。今天，商业活动越来越受到各种复杂因素的影响，随着权力、地位和信息不平等的激增，市场力量的运行越来越被隐藏在技术的面纱之后，因此，有效的公共机构和市场规范很重要，更重要的是不论国家还是企业都需要有道德的领导者，最终起作用的是文化、价值和意义。因为正如斯密所说，一个高尚的智者，是一个仁慈、谦虚、克制、公平正义的人，他"在任何时候都愿意为了他相信的社会秩序和公共利益而牺牲自己的私人利益"②。对于领导者而言，权力和权威是必要的，达到目的也是必要的，但前提必须是以自我限制的方式、以恰当的方式。

今天的商业社会距离斯密的时代已过去了近三百年，而近二十年来全球化、信息技术、互联网的发展为商业社会带来了许多可能会让斯密始料未及的新机遇和新挑战：全球化使企业脱离了斯密所设想的小型社会框架的约束机制，技术的快速变迁和复杂的现实利益往往使刚性的法律规制显得滞后和力不从心。因此，企业从价值和伦理层面的反思和内在约束变得越来越不容忽视。但直到今天，斯密所强调的商业社会的本质——商业意味着合作、互利和人们之间的各种社会联系——并没有变化。我们必须意识到，个人与他人、个人与企业之间以一种共同促进双方福祉的方式结合在一起，这要求我们以一种恰当的方式开展商业行为。同时，我们也应该意识到，斯密所指的"消极美德"仍然是企业商业活动的不可触动的底线，但似乎我们更加需要一种积极美德——企业及其领导者在能力和职权限度之内积极地担负社会责任、达到关怀他人的要求，这或许更符合当代社会对企业伦理精神的期望。

---

① 斯密. 道德情操论：2020 年：全译本. 张春明，译. 北京：经济管理出版社，2021：182.

② 同①242.

二、资本主义精神生成的伦理基础：韦伯的观点

马克斯·韦伯的著作《新教伦理与资本主义精神》讨论的是 18 世纪古典资本主义兴起时期的伦理价值基础。今日"资本主义"一词的含义与韦伯那个时期已经有了较大的区别，或许更接近韦伯"资本主义"一词原意的是"市场化"或"自由市场经济"。在这本书中，韦伯分析了新教如何塑造了一种伦理意义上的生活风格，而正是这种生活风格和精神气质标志着资本主义在人的"灵魂"中的胜利。[1]

虽然学界对韦伯有关资本主义精神的理论有各种争论和批判，但不能否认，韦伯对资本主义的理解贡献了非常重要的视角。在他看来，资本主义的产生和发展并不仅仅是生产力发展和生产关系变革的问题，也关乎文化和集体意识问题。就像韦伯所说："我们所乞求的不过是弄清楚，在我们这个由无数历史个别因素所形成的、近代特有的'此世'取向文化的发展之网中，宗教动机曾提供了什么丝线。"[2] 他并未意图对资本主义的起源做出全面解释，而是想强调"精神"性因素在此过程中的作用。

韦伯给"资本主义"冠以"精神"之名，似乎是为资本主义安上了颇为崇高的名签，因为从黑格尔的《精神现象学》到狄尔泰的《精神科学引论》，"精神"这一概念所表达的都是社会与历史中具有统领意义的高贵内涵。韦伯用"精神"一词来指涉"将工作奉为天职、有系统且理性地追求合法利得的心态"，因为"那种心态在近代资本主义企业里找到了其最合适的形式，另一方面，资本主义企业则在此心态上找到了最合适的精神推动力"。[3]

---

[1]　李猛. 韦伯：法律与价值. 上海：上海人民出版社，2001：118.

[2]　韦伯. 新教伦理与资本主义精神. 康乐，简惠美，译. 上海：上海三联书店，2019：67.

[3]　同[2]39.

在《新教伦理与资本主义精神》的开篇，韦伯引用了美国国父本杰明·富兰克林的"致富箴言"来说明功利式地追求财富是对资本主义精神的误读。美德的"有用"，恰恰是上帝对人们的启示，以使人们心向美德。资本主义精神提倡的是以合法合理的方式赚取钱财，同时保持勤勉自律，回避享乐主义的欲望，让商业营利成为一种极具伦理色彩的"修行"，成为一种具有超越性的追求。

韦伯指出，"贪财"和"营利欲"等诸如此类的贪欲，是贯穿人类历史始终的，在任何国家和地区都会存在，因此，贪婪和对金钱的欲望并不是资本主义的原始动力。资本主义"精神"不是要去放纵这种无止境的欲望，而是要对这种非理性的冲动进行抑制与调节。在资本主义生成的过程中，追求财富的内在动力并没有和现世享乐连接在一起，这是一个令人费解的现象。韦伯认为，有一种超越己身之外的力量，使得人们将"利己"转变为"克己"。他提出，在资本主义产生的最早期，宗教价值观作为一种内在动力的约束，让新教徒将其工作和经济行为和宗教救赎的目标联系在一起，他们唯一的渴望就是获得救赎，"正是基于这种渴望，他们才甘愿成为理性改造和控制尘世的有益工具"①。

"天职"（calling）是马克斯·韦伯总结西方近代资产阶级经济伦理的核心观念。德语的 beruf（职业、天职）一词或英语的 calling（职业、神召）一词，都包含着浓郁的宗教意味。天职是上帝对人们世俗生活的要求，是人们完成现世所处地位赋予他的责任和义务的方式，"这一天职观引出了所有新教教派的核心教理：令上帝满意的唯一生活方式，不是以修道院的禁欲主义超越世俗道德，而只是履行个人在尘世的地位所加诸他的义务"。

在韦伯看来，作为宗教改革的成果，马丁·路德最大的贡献是确立了劳动在"天职"中的核心地位，令世俗职业有了道德含义。早期的基督徒将工作本身作为人生的目的，而路德更加强调工作是人本身的职

---

① 叶响裙. 由韦伯的"新教伦理"到"责任伦理". 哲学研究，2014（9）：113－118.

责，是人们在日常生活中荣耀上帝和服务他人的事务。在路德那里，人从事什么样的职业并不重要，重要的是从事职业要尽职尽责，因为所有的工作都是荣耀上帝的行为，所有正当类型的工作都是圣洁的，因此没有好坏优劣之分。尽管路德最早引进了"天职"的观点，但韦伯认为，路德的职业概念仍未摆脱传统主义的束缚，因为路德的职业观强化了天意信仰的表现，即人应该无条件地服从神，服从既定环境，职业就是"人应将之视为神的旨意而甘愿接受且'顺从'的事"①。这样，路德的天职观在伦理意义上是消极的、保守的，因此并不能充分地体现"资本主义精神"。

加尔文派新教继承并发展了路德的天职观新教伦理，"预定论"被视作加尔文宗最典型的教理。"预定论"指出，世人当中只有一小部分才能蒙召得到救赎，而神的旨意是人不可探究、不可僭越的，且神的旨意不可更改，因此，现世的生活仅仅是为了神的自我光耀而存在。加尔文宗对预定论的强调，斩断了人与神之间借助教会建立的联结，将人抛入虚空的无意义状态，用韦伯的话来说，这一教义"悲壮得不近人情"②。而正是由这种不可知状态引发的焦虑，这种空前的孤独感，驱使人们通过积极地生活和行动来取得内心获得神之恩典与救赎的证明。加尔文把天职观与预定论有机地结合起来，提出上帝选民的唯一证据就是现实中的个人要通过孜孜不倦地职业劳动来增加上帝的荣耀，并通过不断地检视自身行为的伦理价值形成一种积极的自制（selbstbeherrschung）、理性的禁欲。"近代的资本主义精神，不只如此，还有近代的文化，本质上的一个构成要素——立基于职业理念上的理性的生活样式，乃是由基督教的禁欲精神孕生出来的……"③ 这种入世禁欲的理性表现为通过正当的理性的活动，全力以赴地追求财富，但又对财富的使

---

① 韦伯. 新教伦理与资本主义精神. 康乐，简惠美，译. 上海：上海三联书店，2019：62.

② 同①80.

③ 同①177.

用极为节制，将获取财富仅仅作为增添上帝的荣耀、确证自身"选民"身份的途径，此一种勤俭禁欲的伦理，就是韦伯所说的现代资本主义精神的特征。

这样，韦伯通过对新教伦理的深入分析，向人们展示了新教伦理与资本主义精神的内在关联：正是怀揣信念积极行动、理性克制的伦理要求，让庸俗的资本主义获得了"精神"，让追求财富之行为必须受到伦理的约束和审视。韦伯想要强调的不是新教的教义和信仰本身，而是希望找到能够驾驭资本主义、具有伦理风格的现代社会的生活之道。他所说的包含自我克制、节俭勤劳、理性牟利、恪尽职守等"现代资本主义精神"，实际上正是市场经济的工作伦理和道德基础。

然而，这种新教伦理与作为一种经济形态的资本主义之间的"亲和力"只停留在资本主义发展的早期，一旦资本主义成为程式化的既定秩序，它就舍弃了激发其迅速发展的伦理基础，新教伦理的作用日渐走向衰微，资本主义从"清教徒肩上轻飘飘的斗篷"，变成了禁锢现代人的"铁的牢笼"。伦理价值的衰微，加剧了现代资本主义社会卷入不停追逐效率和经济效益的理性化过程，工具理性逐渐取代价值理性成为现代社会的主导模式。对物质财富的追求本是宗教伦理的一种彰显方式，然而最终，物质财富取代了宗教信仰，成为现代资本主义社会不可动摇的控制力量。"清教徒是为了履行天职而劳动；我们的劳动却是迫不得已。"①

因此，根据韦伯的观点，新教伦理的"天职"观体现了西方资本主义社会在其发展早期人们职业劳动背后的宗教精神动力，这种精神动力的作用一方面推动了人们积极地开拓事业、追求财富，另一方面，其巨大作用在于对人们的职业作为和追求财富的行为进行了严格的伦理约束。我们需要意识到，韦伯并未认定新教伦理就是导致资本主义产生的

① 韦伯. 新教伦理与资本主义精神. 康乐，简惠美，译. 上海：上海三联书店，2019：274.

原因，而是强调新教伦理和资本主义的产生具有某种选择的亲和性，新教教义中对人创造财富义务的强调与对人挥霍财富权利的否定，成为资本主义精神的一体两面，一面是动力，一面是约束力。伦理价值观对于人的尊严、人的社会生活而言是至关重要的。然而随着现代社会的"祛魅"，以伦理为精神基础的职业动力日渐缺失，取而代之的是追求享乐和功利主义，这不仅会带来种种社会问题，更重要的是会让人性扭曲、灵魂破碎，让人成为资本等外物的奴隶。"在我们这个时代，因为它所独有的理性化和理智化，最主要的是因为世界已被除魅，所以它的命运便是，那些终极的、最高贵的价值已从公共生活中销声匿迹，它们或者遁入神秘生活的超验领域，或者走进了个人之间直接的私人交往的友爱之中。今天，唯有在最小的团体中，在个人之间，才有着一些同先知的圣灵相感通的东西在极微弱地搏动，而在过去，这样的东西曾像燎原烈火一般，燃遍巨大的共同体，将人们凝聚在一起。"[1]

　　韦伯生前已经看到日本资本主义的兴起，但并未用神道教来给日本资本主义的发展做辩护，他没有看到 20 世纪七八十年代新加坡、韩国、中国台湾等东亚国家和地区的资本主义发展以及 90 年代中国经济的起飞。这些国家和地区的现代化速度，一个个超过了美国、英国，后来居上。韦伯当时所处的是早期资本主义大工业生产的时代，而今天我们所面对的现代化生产方式，所面临的社会问题比那时复杂多了，我们应透过韦伯的分析对中国的现代化进行反思。

　　因此，关于如何走出商业伦理困境，我们尤其需要重视韦伯观点的当代价值。韦伯为资本主义带来的工具理性的膨胀和人因被现代铁笼束缚而忧虑，也是马克思以来的许多西方思想家共同的担忧。或许东亚文化或中国文化恰恰可以对此提供更有价值的解决方案。从某种意义上讲，中国传统的儒商精神虽然没有宗教信仰上的动机，但也表现出一种

　　① 韦伯. 学术与政治. 3 版. 阎克文，译. 北京：生活·读书·新知三联书店，2013：48.

超越的精神，"以世俗动机而论，中西商人大致相去不远。甚至中国人所谓'为子孙后代计'的观念在西方也并不陌生。更值得我们重视的是超越型的动机。明清商人倒是没有西方清教商人那种特有的'天职'观念，更没有什么'选民前定论'。但其中也确实有人曾表现出一种超越的精神。他们似乎深信自己的事业具有庄严的意义和客观的价值"[①]。正如我们将在第七章中提到的，明清商人已经用"贾道"一词来表达超越商业道德层面的价值了。但是，中国传统哲学的超越性与西方宗教意义上的超越性有着极大的差异。西方宗教意义上的超越性，发挥了强大的内在张力作用，人与世俗世界之间巨大的张力是社会进步的原动力。而中国的文化中从来没有过对世界整体的否定性和超越性精神，中国文化中"天道"等超越性概念，不是为了将人与世界分开，而是为了人更好地融入世界，成为世界整体的一部分。

目前，有大量关于"儒家思想可以赚钱"的商业研究，这在某种程度上会造成儒家思想的庸俗化。关于财富，儒家并不反对，就像孔子所言，"富而好礼"。中国儒家传统对致富的态度既不像西方中世纪教会那样全然反对，也不像基督教新教一样主张勤劳致富但禁欲。根据中国儒商的发展史（见第七章），我们看到商业活动是社会伦理所要调节的一部分，商人的经济收益要在伦理体系中进行分配，由近及远，由己及人，惠及众人。商人的经济活动内嵌在社会、文化系统之中，受到伦理规范的制约。

新教伦理曾在西方资本主义发展的前期产生过重要的约束作用，而这种约束力恰是资本主义精神的重要体现。由彼及此，儒家在当代中国，其价值和意义不应是那种功利性的，而是要成为对资本主义之弊端进行约束和矫正的伦理价值。在社会主义市场经济发展的过程中，要解决目前中国商业领域存在的种种困境，我们除重视法律层面对商业行为的约束之外，还要充分认识和调动伦理对现代商业的制约价值，重塑儒

---

① 余英时．中国近世宗教伦理与商人精神．合肥：安徽教育出版社，2001：244.

家伦理价值对人们在追求财富过程中的约束作用。

三、企业社会责任的伦理基础：阿马蒂亚·森的观点

阿马蒂亚·森在经济学和哲学领域做出了广泛而具有开创性的贡献。在经济学领域，他对社会选择理论、福利经济学、女性主义经济学和发展经济学等的研究可谓成就斐然，其中，他在福利经济学上的贡献使他获得了 1998 年诺贝尔经济学奖；在哲学领域，他对伦理学、政治哲学、正义理论和身份理论也有着重要贡献。

20 世纪 70 年代，新自由主义经济学崛起，著名代表包括以米尔顿·弗里德曼为代表的"芝加哥经济学派"和以迈克尔·詹森为代表的哈佛商学院。前者强调有效市场假说、股东利益最大化等，后者把前者的经济学观点翻译应用到企业管理情境中，强调交易成本经济学和以代理理论为核心的公司治理等。最早的代理理论将公司描述为"个体之间契约关系的联结"。这些个体，包括法人，被认为是公司的利益相关者。可是，代理理论并没有去研究公司管理者如何能够与其利益相关者一起创造和分配经济价值，它更多地把重点放在管理经理人和委托人之间的关系上，并且只关注唯一的利益相关者，即股东。

于是，从 20 世纪 70 年代开始，关于企业社会责任的争论主要聚焦于这样一个基本问题：在法律与社会习俗的社会规则范围内，营利性企业除了有使股东利益最大化这个经济义务之外，是否还有社会义务或道德义务。非伦理的管理理论（诸如基于股东视角的管理理论）在管理手段和策略上只考虑法律法规的约束，认为追逐利益只要合法即可，在相关利益者的范围上只考虑股东，至多也只考虑到雇员和顾客。股东视角（shareholder view）将企业看作其所有物，即公司股东的个人财产，企业只对其他可能受到影响的人承担有限责任。股东理论认为，公司和经理人应当代表股东行事，并且股东们的目标就是利润最大化。在这种情况下，公司被视为实现股东目标的工具，公司或经理人没有义务去考虑

公司营利之外的其他问题，如果擅自承担额外的社会责任则会给股东带来非必要的损失。当然，这并不意味着股东作为个人没有道德义务，股东可以以个人的名义投身于社会公益活动或慈善活动，但公司本身除了追求利润最大化之外，不应被强加道德义务。

作为经济学家和哲学家的森认为，这种股东视角代表了公司的工具性观点，如果公司的责任就是在法律和社会伦理习俗的框架下为股东谋求最大的利润[①]，那么无论从字面意义还是从道德层面上来说，公司本身和其在社会中所扮演的角色都是毫无道德的。他提出，人们的社会价值和道德价值与自身的利益息息相关。

在《商业伦理能让经济更有意义吗？》这一文章中，森分析了道德行为对于经济活动的必要性。[②] 文章开篇，森就指出：许多人都认为商业伦理是不必要的，我们需要去思考人们为何会有这样的误解。事实上，从亚里士多德和考底利耶到中世纪的哲学家包括阿奎那、奥卡姆，再到早期现代的经济学家例如威廉·配第和弗朗斯瓦·魁奈，都在不同程度上对经济活动提供过伦理道德层面的考量。人们对商业伦理的误解起自对亚当·斯密思想的误读，森深刻分析了这种误读是如何发生的。斯密指出人有自利心，然而更重要的是，斯密强调社会的生产、组织、交换、交流所依据的绝不仅仅是自利心，而是人与人之间基于道德而产生的普遍的信任感。[③] 因此，社会需要广泛存在的道德行为来培养普遍的信任感，有了信任，交流、合作、生产才能够有效进行。

森指出，在法律和社会习俗未能提供规则的地方，只关注和获取个人利益可能会破坏社会整体的信任感。股东理论虽然也强调社会中普遍信任感的重要性，但由于它建议个体在法律和习俗允许的范围内追求个人利益，这就意味着个体并不必须始终以值得信任的方式来行事。当个

---

① Friedman M. The social responsibility of business is to increase its profits. The New York times，1970 - 12 - 13.

② Amartya S. Does business ethics make economic sense. Business ethics quarterly，1993，3 (1)：45 - 54.

③ 同②.

人利益和道德行为发生冲突的时候，如果没有法律规则约束或者个体有机可乘，那么个体就可以选择前者，而非后者。① 事实上，我们已经见过太多的商业伦理丑闻来自企业领导者及其员工对法律规则的忽视，甚至是以相当"聪明"的方式钻法律规则的空子。更重要的是，法律规则本身并不是人类社会生活的意义和价值所在，相反，它们是为了促进人们获得更好的生活而被设定的。人类社会首先需要的是有关美好生活的意义和价值的追问，而这与道德判断有关。

对于现代商业企业，森认为，企业总体上的成功是一种"公共利益"（public good），它包含非常强的外部性（externality），即会对他人和社会产生正面或负面的影响。与无法与别人分享的"私人利益"（private good）不同，所有人都能够从公共利益中获益，所有人都参与其中并为之做贡献。所以，森对于"商业伦理能让经济更有意义吗？"这一问题的回答是，如果经济的意义包括达成一个良善的社会的话，那么企业的诸如交换、生产、分配等活动当然是该意义的组成部分。但如果经济的意义仅仅是增加利润和商业回报的话，那么企业对他人的关注就得从工具性的角度进行判断。比如，承担企业社会责任的公司往往能够得到更丰厚的回报。然而，虽然将这种工具视角的手段应用于实践会产生不错的效果，但这只能说是工具模型所提倡的行为符合道德的要求罢了。更具有内在价值的企业行为是通过帮助他人的方式，以及通过促进人们在社会中的道德行为的普遍意识，来致力于使社会取得整体性的进步。②

和前两节我们提到的斯密及韦伯类似，森也强调伦理在商业活动中重要的限制和约束作用。对于个人而言，他受到的约束不仅包括一个人所能做的极限的"可能性约束"，也包括他在遵循道德、习俗或策略性立场中所选择的"自我强加的约束"。③ 虽然存在不同程度的个体差异，

---

① 希斯，卡尔迪斯. 财富、商业与哲学：伟大思想家与商业伦理. 宋良，译. 杭州：浙江大学出版社，2021：397 - 415.

② Amartya S. Economics，business principles and moral sentiments. Business ethics quarterly，1998，7（3）：5 - 15.

③ 同②.

但一般来说，人们是否选择接受自我强加的约束，取决于其文化中所承认的社会和道德规范。人们受到激励和约束的因素是非常复杂的。"的确，在人们实际观察到的商业行为中，跨地区和跨文化的差异很好地说明了一个事实，即商业原则可以拥有更丰富、更多样化的形式，且具有不同结构的多个目标。"① 这对于那种关于商业行为的唯一原则就是利润至上的片面认知是一种有力的驳斥，而森的驳斥的基础也来自对于人类行为动机的思考。

在《伦理学与经济学》一书中，森指出，人们的行为并非完全根据理性选择，他认为把人假设为纯粹的工具理性代理人是对人类行为的愚蠢简化，人们受到激励和约束的内在动机，远不只利润最大化，也远不只更广义上的利己主义。虽然有些动机可以通过个人利益的角度来解释，但不是所有的动机都可以归结为以自我为中心，更不能被定义或简化为利润最大化。现实世界的人类行为往往不会按照经济学教科书中所描述的理性假设那样发生，我们不能把理性等同于自利最大化（maximization of self-interest）。这种"自利理性观"（self-interest view of rationality）意味着对"伦理相关"的动机观的断然拒绝。② 行为者有时候会受到某种承诺（commitment）的激励，这种承诺超出了他们对自身利益的考虑，他们会因为原则、诺言、群体规范或是对未来福利的期待去做某些事情。③ 正如森所指出的那样，既没有证据表明自利最大化是对人类实际行为的最好近似，也没有证据表明自利最大化必然导致最优的经济条件。在各种团体组织的活动中，从家族到党派再到贸易组织和经济利益集团，自利行为总是与非自利行为相伴随。森以自由市场经济为例解释说明了这个问题，比如在日本，日本社会以规则为基础行为，系统地偏离了自利行为的方向，并且责任、荣誉和信誉都是取得个

---

① Amartya S. Economics, business principles and moral sentiments. Business ethics quarterly, 1998, 7 (3): 5 - 15.

② 森. 伦理学与经济学. 王宇，王文玉，译. 北京：商务印书馆，2018.

③ Amartya S. Rational fools: a critique of the behavioral foundations of economic theory. Philosophy and public affairs, 1977, 6 (4): 317 - 344.

人和集体成就的极为重要的因素。同样地，包括受儒家思想影响的东亚工业化成功的一系列案例都说明，人们的行为不能仅仅依据个人私利和追求经济利益来解释，人们的行为背后有诸多其他影响要素。

无论是现代商业实践还是经济学、管理学研究，目前主流的观点总是认为伦理价值属于非理性而将其排除在行为原则和研究模型之外，然而这造成了商业实践中的法律底线化和经济学、管理学研究的价值中立化。正如阿马蒂亚·森指出的，现代伦理学文献的内容远比已经进入经济学研究中的伦理学内容更加丰富，是经济学（实际上也包括管理学）中极为狭隘的自利行为假设，阻碍了它对一些非常有意义的经济伦理关系的关注。现实生活远比教科书上的理论模型要丰富多彩，真实的人类行为动机也远比某种单一的人性假设要复杂。我们应当认识到，不论是真实世界中的商业行为，还是学术上的经济学、管理学研究，在根本上都必须回到人类行为的动机，即"一个人应该怎样活着"，这是一个重要的伦理道德问题。

四、伦理为商业活动提供价值和意义

从斯密、韦伯和森这三位学者的观点中我们可以看到，商业与伦理是难以割裂的。没有伦理根基，现代商业社会就会失去分工、合作和交易的人性基础；没有伦理约束，市场经济就会失去内在进取的精神动力；没有伦理考量的维度，企业就会沦为单向度的经济工具。

商业活动创造的社会繁荣产生于人性所共有的诉求，因此商业活动并不仅仅关于财富创造，正如斯密提醒我们的那样，这也是一个关于社会价值的问题。社会繁荣给人的自由发展提供了空间，一个正常运作的商业社会是在个人自由、勤奋工作、诚信合作、互帮互助、责任心、进取心、创造力等基础上发展出来的。运作良好的市场经济能够带来人们的创新、合作和信任；美德缺失则表明经济运转的方式或者其深层逻辑可能出现了问题。

在现代商业社会，虽然快速发展的城市化进程造成了熟人社会的退却和陌生人社会的兴起，但这并不必然意味着人与人之间需要保持冷漠的关系。相反，在古代社会，陌生人意味着危险和敌意，人们只能在本部落和氏族间交往。正因为商业社会中"更多元、更广泛的交流增进了陌生人之间的相互了解，倾向于消除彼此间的偏见和敌意，从而使他们在对待彼此时更为友善"①，所以，即便商业社会意味着陌生人社会，但其给予了一种在更大范围内团结人类、增进人们彼此间交流和情感联结的可能性。商业社会塑造了比以往社会更大、更普遍的文明，在这种文明形态中，人的社会性得到长足发展，美德在更大范围内得以塑造。然而，就像斯密早已预见的，商业社会也隐藏着种种伦理危机：劳动分工会带来人们智识上的衰退，人们对富人的羡慕和对个人私利的专注会让人们抛弃真正崇高的东西，商人逐利的行为往往会损害和压迫公众的利益。这些危机在很大程度上来自斯密所说的商业社会对于其伦理根基的偏离、韦伯所说的工具理性在现代社会的泛滥和森提及的经济学和商业研究的狭隘化。

在《清华管理评论》2022 年刊载的一篇文章中，陈劲和魏巍提出了"有意义的管理"范式，即组织的信念愿景、创新、组织中个人的尊严以及社会与个人的福祉，事实上都关乎管理之意义。② 那么什么才是"有意义的管理"呢？追问意义和价值必须回到伦理判断，即从价值层面回答什么样的管理方式才是好的、善的，通过管理是否能够给人们带来幸福。其实早在 1923 年，也就是距今一百多年前，科学管理思想风头正盛的时期，英国管理哲学家奥利弗·谢尔登就曾经在其著作《管理哲学》一书中，对企业管理和工业经济的意义进行过深度的反思和追问。他呼吁，管理的责任是一种对人的责任，管理者的任务不仅仅是完

---

① 苏光恩."文明社会"与"商业社会"：苏格兰启蒙思想中的双重现代社会想象.现代哲学，2021（2）：90-98.

② 陈劲，魏巍.有意义的管理：以幸福和意义为核心的中国特色管理范式.清华管理评论，2022（4）：46-53.

成物质和经济方面的任务，重视的不仅仅是执行具体管理任务的能力和方法，更重要的是树立管理的精神、目标和理想，工业管理或企业管理应该是一种具有"善"和"美德"的存在。[①] 如果经济行为的动机是单纯的自利，对商业活动的评价主要基于经济绩效，那么人与人、个人与企业、个人与社会、企业与社会之间就不可能呈现出一种和谐互益的关系，反而是一种相互掣肘的制约甚至是互害的关系。

总之，对商业与伦理不可分离的认知，既需要经济学、管理学和伦理学以更加开放和融通的姿态去吸纳彼此的理论视角、方法，也需要这些学科以一种更贴近真实社会和人类活动的方式去进行商业伦理研究。同时，更重要的是，需要企业家、管理者和所有商业领域中的实践者们重视自身的道德修养和道德行为，通过真实的、合乎伦理道德的商业作为来证明有伦理精神的商业才是有意义的、能够促进社会共同繁荣的商业模式。

[①]　谢尔登 . 管理哲学 . 刘敬鲁，译 . 北京：商务印书馆，2013.

第二章　儒家思想及其现代商业意义

自汉代以来，儒家思想在中国 2 000 多年的历史中始终占据着重要地位，并奠定了中华文化的核心价值与道德规范。儒家思想体系不仅是一个思想流派的经典，而且是中华文明的经典，儒家思想在塑造中华民族的民族精神方面起到了不可替代的作用，这几乎已成为学术界的基本共识。20 世纪 40 年代，贺麟先生曾说："中国当前的时代，是一个民族复兴的时代……民族文化的复兴，其主要的潮流、根本的成分就是儒家思想的复兴，儒家文化的复兴。假如儒家思想没有新的前途、新的开展，则中华民族以及民族文化也不会有新的前途、新的开展。换言之，儒家思想的命运，是与民族的前途命运、盛衰消长同一而不可分的。"[①]李泽厚先生也曾说："我至今认为，儒学（当然首先是孔子和《论语》一书）在塑造、构造汉民族文化心理结构的历史过程中，大概起了无可替代、首屈一指的严重作用。"[②]近代以来，儒家思想的命运几经沉浮。在五四新文化运动时期，儒家思想被认为是中国古代封建文化的代名

---

①　贺麟. 文化与人生. 北京：商务印书馆，1988：4-5.
②　李泽厚. 论语今读. 合肥：安徽文艺出版社，1998：3.

词，受到了强烈的批判与否定，甚至一度成为被打倒的对象。随着中国社会逐渐繁荣稳定，儒家思想的地位再次得到了肯定。

然而，也有一些学者对儒家思想究竟是否还能对当代中国人的生活产生足够的影响存疑。比如，美国学者列文森认为，儒学"只是博物馆中的陈列品"，已经无法影响社会现实。有些学者则认为，儒学虽然从政体和制度中隐退了，但在中国人的日常生活和思维习惯中仍具有强大的生命力。陈来指出，"儒学并未死亡，它在离散之后作为文化心理的传统仍不自觉地以隐性的方式存寓于文化和人的行为之中"①。宋志明也提出，中国儒学有两个栖息地，一个是家庭，另一个是人们的心灵深处，"尽管封建君主政体解构了，但是这两个栖息地没有消亡，这正是儒学在中国社会生存的空间"②。

本书认为，一种思想的生命力并不取决于其所呈现于社会表象的暂时兴衰，而是取决于思想内在的深厚意蕴和它与文化生活之间是否存在融洽的适配度。中国近代以来的历史证明，儒家思想与现代科学、民主能够相融合，而儒家思想是否已经成为余英时所说的"游魂"，或成为某种过时的东西，要看它在当下是否能够对现存的社会问题继续提供可供借鉴的思想养分。

关于儒家思想与商业经济的联结，马克斯·韦伯曾经有个著名的观点，即认为在传统中国占主导地位的价值系统——儒家伦理，无法像西方新教伦理那样成为与之相对应的资本主义生成和发展的基础，并且，儒家思想由于不提倡理性化的"经济训练"而阻碍了东亚资本主义的发展。③ 韦伯关于中国为何没有产生资本主义的分析，影响了几代汉学家、历史学家和社会学家的研究。然而，在 20 世纪六七十年代，"亚洲四小龙"的经济出现了飞速发展，创造了当时的经济奇迹。这使得学者们开始反思韦伯等人的观点，试图重新探讨儒家文化与经济发展的

---

① 陈来. 二十世纪中国文化中的儒学困境. 浙江社会科学，1998（3）：27-33.
② 黄万盛，李泽厚，陈来，等. 儒学第三期的三十年. 开放时代，2008（1）：43-61.
③ Weber M. The religion of China. New York：Free Press，1951：237-249.

关系。

一、韦伯主义的"障碍论"

马克斯·韦伯在其著名的《新教伦理与资本主义精神》一书中提出，新教伦理在形成资本主义伦理价值体系的过程中起到了决定性作用，并从根本上促成了西欧资本主义的发展。[①] 韦伯声称，新教教义，确切地说，加尔文主义新教教义，生来就与资本主义精神有着紧密的亲缘关系。根据加尔文主义新教教义，人的命运是注定的，无论一个人怎么努力，都无法影响上帝早就做出的关于他在来世是否能够获得救赎的决定；然而，一个人在职业上的成功，包括获得财富，被认为是上帝赐福的标志和最终获得救赎的预示。因此，资本主义精神具有确定的特征，包括：获取金钱，赞许追求成功和盈利，有努力工作、遵守纪律和服从管理的责任，等等。

韦伯从社会体制和文化两个方面来阐明新教伦理对经济发展的促进作用，指出资本主义的出现是近代西欧社会理性化（rationalization）过程的产物，理性的技术、理性的组织管理、理性的法律、理性的经济伦理带来了理性的资本主义。

在谈及中国传统社会为何没能发展出西欧资本主义的问题时，韦伯认为，除了一些制度性的因素以外，中国发展大规模资本主义缺少一个"精神上的基础"。他指出，作为中国文化的基本精神，儒家伦理无法提供新教伦理那样适合发展资本主义的精神基础。比如，新教伦理把"禁欲、节约、创业、自律"等视为完成上帝的召唤，要求人们去征服世界、征服自然，因此具有一定程度的扩张性。相较之下，中国的儒家文化缺乏超越世俗、否定世俗的宗教精神力量，主张人们适应社会生活，顺应外界，修养德性，达济天下。并且，由于古代中国社会中，共同行

---

① 韦伯. 新教伦理与资本主义精神. 康乐，简惠美，译. 上海：上海三联书店，2019.

为往往基于亲缘关系和私人关系，因此缺乏像新教国家那样建立在理性基础之上的组织和商业关系，而中国传统社会士阶层的"反商业"文化，也阻碍了经商创业精神（entrepreneurial spirit）的传播。

根据韦伯所说，中国的儒家缺乏"古典清教徒所特有的那种发自内心的、主要的、虔诚的和理性化的生活方式"。他并没有否认儒家伦理也具有某种理性主义，但儒家伦理的理性主义和新教伦理的理性主义有着实质性的区别：儒家伦理的理性主义意味着理性地适应现世，即适应现实生活；而新教伦理的理性主义意味着理性地控制现世。只有新教伦理才使经济理性主义完善化。① 由于以上种种因素，韦伯总结道：即使中国传统社会具有一定的有利于经济理性化的制度条件，也难以发展出近代意义上的理性经济行为。

受韦伯影响，列文森认为，现代文明的特征是科技化和专业化，儒家官僚的业余理想（amateur ideal）不适合培育专业技术型人才，不适合精密的现代经济体系。② 费正清在其专著《美国与中国》中指出，在与西方接触之前，中国社会几乎处于静止的状态，没有经历过任何大规模的社会变迁，而儒家文化与社会存在着结构性的缺陷，缺乏应有的生机与活力，因此他认为，是儒家传统阻碍了中国的工业化进展，使中国无法走向现代化。③ 除了费正清以外，著名汉学家芮沃寿的观点在 20世纪六七十年代的汉学界也产生了很大影响。芮沃寿在分析同治中兴之后中国维新变法失败的原因时指出，孔教孕育的社会制度是中国实现现代化的最大障碍：士阶层花费大量的财力和精力从事诗书词画，附庸风雅，而经商则是受人轻视的低贱行当；政府关心的是恢复政治-道德秩序，而非促进经济发展。因此芮沃寿认为，在这样的文化和社会条件下，内生性的资本主义是不可能产生于中国的。

---

① 柏思德，刘世生. 马克斯·韦伯论中国社会和儒家思想. 齐鲁学刊，1991（1）：36-48.

② Levenson J R. Confucian China and its modern fate: a trilogy. Berkeley: University of California Press, 1968.

③ Fairbank J K. The United States and China. Cambridge: Harvard University Press, 1979.

20世纪50年代末开始，韦伯主义的"障碍论"逐步受到了挑战。学者罗伯特·贝拉在其《德川宗教——现代日本的文化渊源》一书中指出，儒家文化对日本明治维新的成功和经济的起飞产生了重要的作用，在日本，儒家文化孕育了一种目标取向的政治文化和理性的经济伦理。① 至于为什么儒家文化在中日两国发挥了不同作用，贝拉认为，日本的儒家文化重视"目标达成的价值观"（goal-attainment values），而中国的儒家文化倡导一种"体制-维持-整合的价值观"（system-maintenance-integrative values），后者更倾向于维持社会秩序的现状、维系和谐的人际关系，而非鼓励人们去创新冒险、追求财富。

还有一些学者认为韦伯误解了儒家思想。狄培理指出，新儒学并非单纯地适应现世，而是能够对缺乏传统理想的社会风气进行激烈的批判，而且真正的儒者也像新教徒那样坚持自己的立场，不愿趋附堕落的风气。② 类似地，墨子刻认为，韦伯曲解了儒家文化的"精神"，因为儒家思想并非一成不变的，比如朱熹的新儒家思想就不缺乏活力，并且儒家文化不一定会成为社会经济发展的障碍。韦伯研究的是内生型资本主义的发展，而当今世界各国的经济发展不仅受到内部社会因素的制约，还受到国际环境的影响。他指出，韦伯关注的是近代资本主义没有出现在古代中国的原因，而我们今天面临的主要任务是解释泛中国文化区经济成功的文化和社会原因。③ 学者马克·埃尔文（又译伊懋可）指出，中国宋代的经济发展水平曾居世界首位，而且在技术上不乏创新精神，但在公元1300年后，这种创新精神消失了。然而19世纪以后，在那些同世界市场建立起广泛联系的地区，它又随着现代经济的增长迅速

---

① 贝拉. 德川宗教：现代日本的文化渊源. 王晓山，戴茸，译. 北京：生活·读书·新知三联书店，1998.

② De Bary W T. The unfolding of neo-Confucianism. New York：Columbia University Press，1975.

③ Metzger T A. Escape from predicament：neo-Confucianism and China's evolving political culture. New York：Columbia University Press，1977.

地再现了。因此，他认为导致这种变化的原因是经济，而非某种儒家文化。[1]

二、东亚经济发展与儒家文化的再审视

二战结束后，日本经济迅猛崛起，经过近 20 年的发展，成为仅次于美国的"二号资本主义国家"。日本经济的迅速发展引起了全球的瞩目，随之而来的"亚洲四小龙"的经济腾飞和 21 世纪中国经济的高速发展，像一股飓风席卷了整个世界。东亚经济的惊人表现让韦伯的论断遭遇到来自经验事实的巨大挑战，不少学者重新研究儒家文化在经济发展中的作用，思考为什么自 20 世纪中叶开始，世界上经济发展最快、最具活力的地区，恰好都集中在儒家文化圈。

金耀基指出，学者们对东亚经济成功的解释主要有两种观点：一种是结构的观点，强调经济与政治的制度安排；另外一种是文化的观点，强调文化观念与价值。[2] 持文化的观点的学者倾向于将东亚经济的崛起归功于儒家思想。由于东亚社会属于中国文化圈，而中国传统文化的主流是儒家思想，因此，儒家思想似乎自然而然地成了解释东亚经济奇迹的一个重要的角度。

学者卡恩认为，儒家文化倡导忠诚、献身精神、责任感、集体主义等价值观，这是社会和经济协调发展的有利要素，使东亚国家和地区具有迎接未来挑战的文化优势。[3] 卡恩的观点影响了一批社会学家的研究方向，他们开始用实证研究考察儒家文化在东亚经济奇迹中所扮演的角色。比如，一些研究结果显示：在日本，企业家由于受到儒家伦理的影

---

① 柏思德，刘世生．马克斯·韦伯论中国社会和儒家思想．齐鲁学刊，1991（1）：36-48.

② 金耀基．儒家伦理与经济发展：韦伯学说重探//张文达，高质慧．台湾学者论中国文化．哈尔滨：黑龙江教育出版社，1989：308-309.

③ Kahn H. World economic development：1979 and beyond. London：Westview Press，1979.

响，比西方企业家更有责任感和合作精神①；在韩国，由于受到儒家文化中"仁"的影响，企业的上下级之间、企业与顾客之间，不仅有利益关系，还有同情、关爱和责任②；在我国台湾地区，儒家家庭主义文化是个人辛勤劳动的重要驱动力③。

还有一些学者试图用更为精确的量化研究来说明儒家文化和经济发展之间的联系。比如，20 世纪 70 年代末，荷兰学者霍夫斯泰德在对分布在 40 多个国家和地区的 11.6 万名 IBM 员工进行文化价值观调查和分析的基础上，探究了文化与经济行为之间的关联。他在第一轮调查之后总结出四个重要的文化维度，来区分各个国家和地区之间的文化取向，这四个文化维度分别是：权力距离（power distance index）、个人主义/集体主义（individualism/collectivism）、男性化/女性化（masculinity/femininity）以及不确定性规避（uncertainty avoidance index）。在 20 世纪 80 年代后期，霍夫斯泰德在覆盖了更多的国家和地区的基础上，又重复了一轮十年前的研究，并且这一次他采纳了彭迈克对中国价值观调查的研究结果，归纳出第五个文化价值观的维度，即长期取向/短期取向（long-term/short-term orientation），又被称为儒家动力维度（Confucian dynamism）。④ 该维度主要指某一文化中的成员是否具有以未来为导向做出行为的倾向。长期取向的社会群体注重节俭、耻辱感（面子）和人情往来，具有更强的毅力和韧性；而短期取向的文化注重保守稳定，尊重传统，追求及时行乐。研究结果显示，儒家动力维度指标高的国家和地区经济发展迅猛，包括中国大陆、中国香港地区、中国台湾地区以及日本和韩国等；而儒家动力维度指标低的国家和地区恰好

---

① Dore R P. Taking Japan seriously: a Confucian perspective on the leading economic issues. Stanford: Stanford University Press, 1987.

② Brook T, Luong H V. Culture and economy: the shaping of capitalism in eastern Asia. Ann Arbor: University of Michigan Press, 1997: 107 - 124.

③ Harrell S. Why do the Chinese work so hard?: reflections on an entrepreneurial ethics. Modern China, 1985, 11 (2): 203 - 226.

④ Hofstede G, Hofstede G J, Minkov M. Cultures and organizations: software of the mind. 3rd ed. New York: McGraw-Hill, 2010.

经济发展滞后，比如巴基斯坦、尼日利亚和菲律宾等。因此学者们认为，长期取向/短期取向维度与各国经济增长有着较强的关系，且长期取向是促进 20 世纪中后期东亚国家经济迅速发展的重要原因之一。

20 世纪 90 年代初，S. 戈登·雷丁在其代表作《华人资本主义精神》中，依循韦伯命题提出了一个问题，即"什么是东南亚海外华人企业赖以成功的精神资源？"通过对包括中国香港地区、中国台湾地区、东南亚等在内的 72 家华人企业进行深度访谈，雷丁研究了海外华人企业背后的文化要素，最终得出结论——对应西欧的"新教伦理"，"儒家文化"是海外华人企业的经济发动机。[①]

关于东亚经济与儒家文化的关系的争论中，还有一种声音认为，或许存在不同视角或不同层次的儒家文化。比如，美国社会学家彼得·伯格就将儒家文化分为"雅儒文化"（high Confucianism）和"俗儒文化"（vulgar Confucianism），前者是维护皇家贵族和国家政权意识形态的儒家文化，后者则是作为日常生活伦理的儒家文化。[②] 伯格认为，雅儒文化是保守的，是反现代化的，是韦伯所说的那种阻碍社会理性化发展的文化，而俗儒文化则真实存在和发展于人们日常生活的方方面面，是在国家政权和帝国官僚之外的，是有益于社会经济发展和促进现代化的。因此，如果要讨论儒家思想和东亚经济发展之间的关系的话，应该聚焦于后者。伯格进一步指出，俗儒文化包括根深蒂固的等级观念以及承担家庭义务、遵守行为准则、简朴、自爱等价值取向，它深深地根植在人们的行为模式之中。他强调，东亚的儒家伦理已经同传统儒学有所分离，很多普通人实际上并未受到过儒家经典著作的熏陶，或只接受过很少的儒学教育，但这并不妨碍儒家文化已经以一种通俗的方式潜移默化地影响了东亚社会人们的生活方式，当然也包括经济行为模式。

---

① 雷丁. 华人资本主义精神. 谢婉莹，译. 上海：格致出版社，2009.

② Peter L B. Secularity：West and East//Institute for Japanese Culture and Classics Kokugakuin University. Cultural identity and modernization in East Asian countries：proceedings of Kokugakuin University Centennial Symposuim. Tokyo：Kokugakuin University，1983.

实际上，儒家思想究竟能不能够，以及如何促进和推动商业发展是一个极为复杂的问题。不管是结构的观点还是文化的观点，实际上都有其重要的诠释价值，并且两者在诠释的过程中是不可完全割裂的。文化传统会影响社会体制的形成与发展，而社会体制的发展变化也会带来文化的变化。比如，新中国走上社会主义道路后，男女平等的观念取代了旧社会男尊女卑的观念。并且，我们也必须意识到，文化的存在需要载体，社会制度就是其重要的载体，它影响着社会生活的运行和发展。儒家文化强调政府的领导作用、孝道、社会的纪律与和谐，这和培育欧美传统政治体制的文化土壤有很大区别。如果忽略文化的载体，只谈文化，就会陷入唯文化决定论。而实际上文化因素和社会因素是相互嵌入的，否则便无法解释为何虽然儒家历史悠久，但只有近几十年来东亚国家才发生了经济奇迹。

并且，社会体制应该契合其根植的文化，二者一旦撕裂，就会产生严重的后果。正如美国思想家丹尼尔·贝尔指出的，经济政策作为一种手段可能非常有效，但只有发生在塑造它的文化价值系统之内才相对合理。他指出，在资本主义发展的早期，作为一对矛盾的冲动力，"禁欲苦行"（宗教冲动力）和"贪婪攫取"（经济冲动力）被锁合在一起，相互牵制也相互成就。但后来，随着宗教冲动力的衰微，经济冲动力变得肆无忌惮，最终导致资本主义陷入难以自拔的发展困境，出现了种种社会弊端。[1] 因此，中国在发展经济的同时，也需要警惕以儒家伦理为内核的宗教冲动力的衰微。如果没有伦理秩序的牵制，那么市场制度的完善与经济发展的进程将会面临严峻的文化矛盾。因此，不少学者清醒地认识到，只有依靠中国传统文化内在精神力量的支撑，中国的经济繁荣才会长久。[2]

---

[1] Bell D. The cultural contradictions of capitalism. New York：Basic Books，1976.

[2] 张杰．儒家伦理与中国经济发展的文化逻辑．金融评论，2013（6）：1-38.

三、当代有关儒家思想与商业关系的讨论

关于儒家文化和东亚经济增长之间的关系的讨论，20 世纪八九十年代中国的主流经济学所持有的基本观点是：儒家文化妨碍了经济增长。对此，姚中秋的解释是，这或许与新兴主流经济学家群体的学习背景有关[1]：活跃于 20 世纪上半叶和中期的经济学家，尽管主要学习西方和苏联的经济学理论，但所受教育中仍有传统文化的影响，因此对儒家的态度不会过于负面。而 20 世纪 50 年代左右生人的新生代经济学家在其受教育经历中，没有接触过儒家思想，又赶上"文化大革命"等历史时期，因此成了近世中国第一代与传统彻底断裂的知识分子和社会精英，持有激烈的反传统文化立场。

不过，也有一些经济学家对儒家文化持有肯定的态度。林毅夫被西方媒体称为"儒家经济学者"，他在《经济发展与中国文化的复兴》一文中，肯定了中国文化的根本是以"仁"为核心的价值伦理，认为近代中国的落后并非因为文化有问题，而是经济基础有问题。林毅夫指出，中国文化能否复兴取决于三个问题：第一，儒家文化以"仁"为核心的伦理价值是否能支撑起经济基础？第二，在儒家伦理价值基础上形成的组织层次能不能与经济基础的发展相适应而不断演进？第三，儒家伦理价值在经济基础不断提升以及政治、经济、社会组织不断演化的过程中能否保存，并形成一个完整的器物、组织、伦理三个层次自洽的文化体系？林毅夫对这三个问题都给出了肯定回答。[2]

张维迎提出了"制度企业家"的概念，用来指代那些在轴心时代创立教化体系的先知和圣人，他们确立了社会中人们的基本行为准则。比如，张维迎认为，孔子就是一位伟大的制度企业家，他所创立的儒家思

---

① 姚中秋. 儒家经济学之百年探索与展望. 天府新论，2016（3）：38-48.

② 林毅夫. 经济发展与中国文化的复兴. 北京大学学报（哲学社会科学版），2009（3）：5-10.

想之所以能在诸多思想中胜出，就是因为它是一套有效地促进人们合作的模式和方法。张维迎指出，"中国现代化的许多问题，可能需要我们更进一步地思考，需要深入地理解中国固有的治理之道，尊重和运用中国人在过去几千年积累的智慧"①。

中国当代著名哲学家汤一介认为，虽然中国现代企业的发展不能够仅仅基于儒家伦理，但儒家以修身为本的理念应该对中国企业的建设有着积极的意义，对中国现代企业家精神有着积极的意义。若以有着2 000多年历史的儒家伦理作为指导原则，致力于解决人类社会发展所存在的"人与自然的矛盾""人与人的矛盾""自我身心的矛盾"，就可以发挥中国企业家的中国风格和气派。② 中国现代企业虽然是管理制度规范的企业，但也应该用道德来教育其企业家和员工。

随着中国经济的持续增长，在管理学领域，关于儒家思想对经济管理、企业经营模式、战略影响的研究逐渐兴起，有不少学者提出了儒家管理哲学。比如，美籍华裔学者、第三代现代新儒家的主要代表人物成中英提出，基于儒家伦理的中国管理哲学是"人性论的管理哲学"，其所开创的"C理论"管理哲学中一个非常重要的理论基础就是儒家伦理思想③；台湾地区学者曾仕强基于儒家的中庸思想提出了"M理论"④；黎红雷教授提出了"企业儒学"以及"儒家商道智慧"，认为儒家思想是中国企业家创造经济奇迹的"文化资本"⑤。

然而，并没有充分的证据能够表明，中国企业的成功与儒家思想的影响有直接联系。不管是思孟心学，还是以荀子为代表并在宋明时期被叶适、陈亮大力强调的经济伦理学派，面对今日全球化的商业环境，繁杂的金融、法律、财务制度，快速发展的人工智能、大数据等

① 张维迎. 博弈与社会. 北京：北京大学出版社，2013.
② 汤一介. 儒家伦理与中国现代企业家精神. 江汉论坛，2009 (1)：5 - 9.
③ 成中英，吕力. 成中英教授论管理哲学的概念、体系、结构与中国管理哲学. 管理学报，2012 (8)：1099 - 1110.
④ 曾仕强. 中国式管理. 北京：中国社会科学出版社，2005.
⑤ 黎红雷. 儒家商道智慧. 北京：人民出版社，2017.

技术，都难以提供在实践中直接、快速、有效应对问题的"工具"。目前大多数基于儒家思想的中国管理哲学的研究都并非原创性理论，也并非基于实证性的考察，更多的是受西方现有管理理论启发，回到儒家思想传统中寻找可与现代西方理论进行比附的资源，进而根据需要将其改良的产物。这样的研究路径，很难提供儒家思想和商业成功之间存有必然联系的证据，以至于儒家思想的"实用性"仍然遭受到很大程度的质疑。

针对这种质疑，白宗让提出，研究儒学与商业之间的关系要采取一种"曲通"的视角，即在道与术之间、理论与实践之间呈现某种开放的、动态的、非精确性的联系。[①] 他认为，儒家思想和商业实践之间并不存在实证的、逻辑的关系，而是存在某种迂回的、动态的、体验的、时间性的联系，譬如《史记·货殖列传》中所记载的成功的商业案例就是对儒家哲理智慧的"曲通"式应用。因此，不能简单地得出结论说儒家思想阻碍了中国商业的发展，或直接肯定儒家思想对经济有推动作用，而是要保留儒家思想可供商业活动借鉴和发展的丰富性。至于这种思想资源的潜能如何发挥作用，则主要基于商业、管理者本身对儒家思想的理解和应用。

"曲通"的视角当然更具有弹性，也更接近中国古代思想具有"丰富的模糊性"[②] 的特质，但如果将儒家思想和商业之间的关系处理得过于模糊，就会停留在儒家思想被诠释可能性的层面上，而在具体的商业实践中，则难以真正与实际问题建立联系。

杜维明认为，研究儒家商业伦理可以从两个方面进行考量。首先，

---

① 白宗让. 儒商研究的"曲通"范式：基于"道术"关系的考察. 商业研究，2017（10）：1-9.

② 美国汉学家史华慈（Benjamin I. Schwartz，1916—1999）在《古代中国的思想世界》（*The Word of Thought in Ancient China*）一书中提出了"丰富的模糊性"的概念，认为中国古代思想倾向于用简单的词语来表达深刻的道理，用一种模糊性预留了多种阐释的可能性，因而是丰富的。相反，一旦用清晰的逻辑理性对某些道理进行表达，其解释空间就会减少，哲理也会减损。

要弄清楚儒家商业伦理不是什么。杜维明指出，不能将当代儒家商业伦理混同为儒家经济思想史研究，后者是对儒家经典中与经济思想相关的论述进行历史性的考察。而将儒家思想放在历史语境中，会预设儒家代表小农经济、家族社会、威权政治等。① 并且，在一些学者那里，儒家思想被认为是中国存在有缺陷的商业行为的根源。例如，《中国经济思想通史》中写道："从孔丘经济思想对后代的消极影响来说，最严重的、最深远的是他的分工思想。他把社会分工划分为'谋道'和'谋食'两大类，并把二者分属'君子'和'小人'，这不仅是从政治、社会地位上贱视生产劳动和经济工作，还从道德层次上贬低了它们，为儒家轻视生产劳动和经济工作奠定了理论基础。"② 其次，杜维明认为，我们今天看待儒家伦理在商业活动中的意义、建构当代儒家商业伦理，要创造性地转化儒家传统，以回应时代之问，而非仅仅停留在历史性的分析层面，忽视其所富含的超越历史的意义和价值。因此，儒家商业伦理研究，不是关于儒家经济思想史的研究，"不能把产生一种观念的历史因缘，和这个观念自身的哲学意蕴混为一谈"③。

四、儒家伦理的当代商业内涵

文化是一个国家和民族的灵魂，对一个社会的经济发展有着重要的影响。党的十八大以来，以习近平同志为核心的党中央高度重视传统文化的传承发展，明确提出要将中华优秀传统文化提升为"中华民族的基因"，并转化为实现中华民族伟大复兴的强大精神力量。2023 年，习近平总书记在文化传承发展座谈会上指出，中华优秀传统文化是中华文明的智慧结晶和精华，塑造了中华文明的连续性、创新性、统一性、包容

---

① 杜维明. 诠释《论语》"克己复礼为仁"章方法的反思. 台湾："中央研究院中国文哲研究所"，2015：66.

② 赵靖. 中国经济思想通史：修订本. 北京：北京大学出版社，2002：111.

③ 同①.

性与和平性的突出特征；传承中华优秀传统文化是实现马克思主义中国化时代化的必然要求，也是推进文化自信自强的必然要求，更是推进中国式现代化的必然要求；传承中华优秀传统文化必须坚持创造性转化、创新性发展。2014 年 9 月 24 日，习近平总书记在《在纪念孔子诞辰 256 5 周年国际学术研讨会暨国际儒学联合会第五届会员大会开幕会上的讲话》中指出，中华优秀传统文化中蕴藏着解决当代人类面临的突出难题的重要启示，我们要多从儒家经典中寻找解决现实难题的办法。

对于中国社会而言，儒家思想是影响最为广泛和深刻的传统文化符号，是中华传统思想中影响最持久的力量，蕴含着长期以来中国社会组织和个体普遍尊崇的道德规范与行动指南。[1] 杜维明指出，儒家传统不但塑造着中国企业的精神，也是中国现代化进程中的重要精神支柱，在社会经济的各方面都具有重要影响。[2] 徐淑英等人也指出，中国企业家的价值观中普遍渗透着儒家思想，这在他们的经营决策中得到了反映和体现。[3]

诸多关于儒家思想与社会经济之间关系的争论中，核心的问题在于儒家伦理的内涵到底是否与市场经济的要义相矛盾。有一种观点认为，儒家伦理是商业发展的绊脚石。但如果我们梳理儒家思想发展的脉络，就能够发现，总体而言，儒家伦理并不反对商业，它只是主张商业在伦理要求的基础上运行。不可否认的是，由于历史阶段的局限，商业问题并非传统儒家关注的主要问题。儒家思想包罗万象，从个体人生到社会秩序，都在其关怀和实践的范围内，有关商业活动的思考散见于儒家经典之中，但未能形成体系化的理论。同时，经济问题在农业社会本就不占据重要地位，甚至"经济"一词，也是现代化的产物。与其认定"抑商"是儒家思想内在的特性，不如说其是儒家在特定历史时期内基于经世致用而表现出的思想倾向。包括物物交换在内的商业行为自古就存

---

① Ip P K. Is Confucianism good for business ethics in China. Journal of business ethics，2009，88（3）：463-476.

② 杜维明. 儒家伦理与东亚企业精神. 北京：中华书局，2003.

③ Fu P P，Tsui A S. Utilizing printed media to understand desired leadership attributes in the People's Republic of China. Asia Pacific journal of management，2003，20（4）：423-446.

在，儒家学者们对经济、商业问题的探讨大多夹杂在他们对社会问题和政治问题的观点中。虽然所有商业行为概都涉及生产、交换、分配、消费这四大部分的内容，但不同于西方式的侧重经济要素和实践的理论结构，儒家商业思想包含了重要的伦理要素，比如义利、本末、仁义、薄敛、富民、养民、理财等。[①] 并且，经济行为只是人们交往行为的一部分，它本身受到伦理原则的约束，且服务于更高层面的社会整体和谐的理想。

首先，儒家重视国家的富强与社会秩序的和谐、政治统治的成败之间的关联。比如，荀子就提出，富国要"兼足天下"或"上下俱富"，即富国与富民要统一。如果统治者一味地通过强取豪夺来富国库，则会导致富国的失败，因为"下贫则上贫，下富则上富"。宋代以来，孔子的义利观总被误解，人们认为孔子完全反对"言利"，但事实上，孔子的"罕言利"只是在个人利益（利）和社会利益（义）发生冲突的时候提出的一种抉择标准。儒家之所以重视"义利之辨"，正是源于对个体自利心的深刻洞察。

一方面，儒家承认追求物质财富是人的基本欲望和需要。"饮食男女，人之大欲存焉。死亡贫苦，人之大恶存焉。"孔子认识到，饮食吃喝与男女情爱是人生存所必需的欲望，也是人类生存发展的基础，并且"富与贵，是人之所欲也""贫与贱，是人之所恶也"，世人皆是如此。孟子也说："好色，人之所欲……富，人之所欲……贵，人之所欲"。他批判告子讲"食色，性也"，不是否认人的物质欲求，而是反对把人的物质欲求作为本性之固有，将物质欲求作为人之根本。因此他说："口之于味也，目之于色也，耳之于声也，鼻之于臭也，四肢之于安佚也，性也，有命焉，君子不谓性也。仁之于父子也，义之于君臣也，礼之于宾主也，知之于贤者也，圣人之于天道也，命也，有性焉，君子不谓命

---

① 曾晓霞，韦立新. 儒家思想与经济发展的世纪论争及启示. 湖北社会科学，2022（5）：89-95.

也。"人在生理层面的欲求能否得到满足或在何种程度上获得满足，主要视外在的客观条件而定，所以是"求之有道，得之有命，是求无益于得也，求在外者也"。荀子亦是如此，将物质欲求看作人之本性使然。他说："饥而欲食，寒而欲暖，劳而欲息，好利而恶害，是人之所生而有也，是无待而然者也，是禹、桀之所同也。"在荀子看来，因为人本性"恶"，或者说具有这种本性的、先天的欲求，所以要规范人的欲求，要"化性起伪"。

另一方面，儒家不反对甚至鼓励人们追求物质财富。孔子虽然说"君子喻于义，小人喻于利"，但并非要彻底贬低逐利。孔子还说："富而可求也，虽执鞭之士，吾亦为之。如不可求，从吾所好。"富贵可求，即便是低贱的活计也可以去做。孔子自身的确做过委吏、乘田这样的小吏。并且孔子说："邦有道，贫且贱焉，耻也"。如果国家政治清明，那么一个人还安守贫贱便是耻辱的，也就是说，在一个"有道"的环境下求取富贵是正当的，甚至在某种程度上是社会责任。

因此，儒家所提倡的是，求取富贵无可厚非，但必须在符合"道义"的条件下去求取。并且，由于人性是自私的，人们天生就知道追逐狭隘的利，社会已经是功利的社会，因此不需要再教导他们如何追求私利，反而更要强调"义"的重要性，用道德来限制人们对"利"本能的欲求，如此才能保证社会交往和交易的和谐平顺。

其次，儒家伦理思想有助于调节商业领域人与组织的关系，塑造新时代商业精神。儒家伦理虽然产生于前现代的农耕社会，但其内涵并不限于农耕社会。正如冯友兰先生所说，儒家阐述的不仅仅是农耕社会之理，更是"社会之所以为社会"之理。在市场经济时代，个人在社会中仍然扮演某种社会角色，"不论一个人所有底伦或职是什么，他都可以尽伦尽职。为父底尽为父之道是尽伦；为子底尽为子之道亦是尽伦。当大将底，尽其为将之道，是尽职；当小兵底，尽其为兵之道，亦是尽职"[1]。

---

[1]　冯友兰. 新原人. 北京：商务印书馆，1943：165.

儒家传统的家族伦理在现代社会转变为职业伦理，在市场经济条件下仍旧发挥着重要的调节人与人之间关系、人与组织之间关系的作用。

贺麟先生对儒者进行了时代化的诠释，指出"何谓'儒者'？何谓'儒者气象'？须识者自己去体会，殊难确切下一定义，其实也不必呆板说定。最概括简单地说，凡有学问技能而又具有道德修养的人，即是儒者。儒者就是品学兼优的人。我们说，在工业化的社会里，须有多数的儒商、儒工以做柱石，就是希望今后新社会中的工人、商人皆为品学兼优之士，参加工商业的建设，使商人和工人的道德水准、知识水平皆大加提高，庶可进而造成现代化、工业化的新文明社会"①。所谓儒者，"圣之时也"，在市场经济时代，儒者不再是耕读传家之士，而是人格高尚的职业者。在市场经济时代，商人是重要的儒者代表，对于社会良好道德风尚的树立和商业道德精神的塑造有着重要作用。

全球化时代的市场经济强调法治和契约，然而诚信似乎成了奢侈品。在追逐利润最大化的过程中，越来越多的人认为，社会行为只要不违背法律和契约就足够了。事实上，法律法规只是对人们行为进行约束的最底线，遵纪守法未必成就高尚的道德品格。在资本向全球扩张的商业时代，没有触犯法律但"缺德"的行为比比皆是。例如，臭名昭著的美国"辛普森杀妻案"，凶手居然在所谓程序公正的幌子下逍遥法外，这说明理性设计的法律法规虽然程序公正，但实质上未必公正。一般而言，契约建立在平等协商、自主、自愿和互利的基础之上。契约与诚信目的相同但手段和形式不同。在市场经济社会中，虽然契约已经上升为一种基本制度，但其运作的好坏归根结底还是取决于人的德性修养。真正的现代法律精神的内涵是道德、是诚信，儒家的诚信传统在现代社会，尤其在商业活动中仍然具有重要的价值。

西方代表性的代理理论认为，在缺乏有效监督的激励的情况下，经理人倾向于做短期决策，即选择能够在短期内提升组织经营绩效的商业行

---

① 贺麟. 文化与人生. 北京：商务印书馆，1988：11-12.

为，而非坚守风险高、周期长但有利于组织长远发展的创新研发项目。① 孔子曰："民无信不立""儒有不宝金玉，而忠信以为宝"。曾子也说："为人谋而不忠乎？与朋友交而不信乎？"儒家思想能够为当下的市场经济和无处不在的商业化趋势提供具有补充和约束作用的伦理价值，比如，儒家思想中"忠信"的价值观，能够使组织管理者形成内在的道德约束，塑造其职业伦理，为组织负责，为社会负责，从而抑制其机会主义行为，促使组织开展有利于长期发展的经营和研发活动。

最后，儒家伦理中蕴含着重要的"共富"思想，有助于组织积极参与推进社会的"共同富裕"。儒家主张民本、民有、惠民、富民、教民、保民、养民、与民同乐、民贵君轻、载舟覆舟、扶助社会弱势群体等思想。孔子肯定藏富于民，把老百姓的生存权和受教育权看作为政之本，主张"因民之所利而利之，斯不亦惠而不费乎？择可劳而劳之，又谁怨？"孟子也主张，老百姓有恒产以后才能有恒心。他指出："无恒产而有恒心者，惟士为能。若民，则无恒产，因无恒心。苟无恒心，放辟邪侈无不为已。及陷于罪，然后从而刑之，是罔民也……是故明君制民之产，必使仰足以事父母，俯足以畜妻子，乐岁终身饱，凶年免于死亡，然后驱而之善，故民之从之也轻。"从孟子与齐宣王的对话中我们可以看出孟子"保民而王"的王道思想及富民、教民的政治主张。儒家的治政智慧体现在用礼乐教化和各种制度规范来解决最基本的民生问题：除了用调均来防止社会分配的严重不均、贫富差距加大外，还在救济弱者、养老、赈灾与社会保障等方面进行制度设计，以维护、保障老幼鳏寡孤独等贫弱者的利益。

治国之道，富民为始。"小康"和"大同"自古以来是中国人民对美好社会的期待。作为社会经济发展的重要参与者，在高质量发展中促进共同富裕成为中国企业的重要课题。这要求中国企业摒弃西方主流的

---

① Jensen M C, Meckling W H. Theory of the firm: managerial behavior, agency costs and ownership structure. Journal of financial economics, 1976, 3 (4): 305-360.

股东利益至上的管理理念，秉持共富的理念，承担社会责任，将自身的发展与实现共同富裕的总体目标密切关联；承担道德责任，促进社会美德，把增进人民福祉、促进人的全面发展作为企业发展的出发点和落脚点。

第三章　伦理型领导力研究：提出与发展

在主流的管理或领导研究中，伦理道德并不是一个关键词，大多数的研究都以企业经济绩效最大化为导向。20世纪以来的领导理论的主流，包括领导特质理论、领导行为理论、情境领导理论、领导权变理论等，都未能足够重视伦理道德维度的领导力研究，如今讨论较多的价值观领导、魅力型领导、变革型领导也大都将研究重点放在领导者的个人魅力、价值观和对下属的能力激发方式等对领导效能和组织绩效的影响上，而并未将伦理道德维度作为领导力研究的核心维度。

在这一章，我们将从第一章有关商业伦理的学理分析转向现实。随着社会生活诸领域的飞速经济化和经济全球化趋势的急剧扩大，"商业无关道德"的隐喻自20世纪60年代末开始遭遇极大挑战，其直接原因是大量的企业伦理丑闻被集中披露和曝光。西方国家的企业在取得巨大的科技和经济成就的同时，被指责为了经济利润而不惜进行商业欺诈、侵犯消费者权益、侵犯劳工权利、造成环境污染等大量不道德的行为，引起了学界的重视和公众的强烈不满。20世纪70年代初，一些有声誉的大公司接连不断地被爆出贿赂、欺诈、歧视、霸王条款等商业丑闻，如美国洛克希德公司行贿案引起全美轰动，成为企业丑闻的典型代表。另一则震惊中外的商业丑闻是美国安然公司的财务造假案，经常被管理学教科书作为经典的商业伦理案例。从 1996 到 2001 年，安然公司连续六年被《财富》杂志评为"美国最具创新精神的公司"，不过在这极度辉煌的成就背后，是其财务造假技巧的极尽展示。2001 年，安然公司及其管理者因涉及腐败和会计欺诈受到了法律制裁，随后安然公司这个能源巨人彻底破产、崩塌，整个过程不仅给股东们带来了巨额损失，还造成了万名员工的失业。破产之前的安然公司曾经无上辉煌，甚至辉煌到了让美国投资者坚信"就算美利坚倒闭，它也不会倒闭"的程度。安然事件的影响并不仅仅在于它是雷曼兄弟倒闭之前美国最大的企业破产案件，还在于它的财务造假让美国人感觉到"自己的智商受到了侮辱"，人们对企业的信任受到了重挫。即便是被认为有着完善的市场经济制度、严密的监管体系以及科学的会计制度的美国，也无法避免企业的不道德行为，这说明制度与法律监管在防范企业出现伦理问题方面的有效性极其有限。

随着商业组织非道德丑闻事件频发，企业被认为社会责任感低下。如今，商业伦理和企业社会责任成为商业领域最值得探讨的话题之一，商业组织越来越希望被公众看作是有道德的、认真履行社会责任的。因为目前主流的管理学研究认为，企业管理者负责任地开展商业行为，会使企业自身和社会的双重受益。[①] 也就是说，从商业的角度而言，企业之所以要认真对待自己的道德形象，是因为这样做符合自己的经济利益。而领导者作为企业决策的制定者，其道德状况与企业社会责任行为有着直接关系，因此，领导者的伦理道德问题越来越受到社会的广泛关注，学者们亦加强了对企业领导者在道德规范方面所承担责任的探讨，"伦理型领导"的概念应运而生。

---

① Bridgman T，Cummings S. A very short，fairly interesting and reasonably cheap book about management theory. London：Sage，2021：97.

一、现代领导理论的简要回顾

从古代到现代，从国际到国内，只要有人类的群体性活动，就有领导现象。"领导"话题往往是人们最感兴趣的话题之一，因为对于不同时期的不同群体的人们来说，领导者的决策和行为往往与普通人的命运休戚相关。因此，什么样的人能够成为领导者？什么样的领导方式是有效的？诸如此类的老问题被反复探索和追问，无数学者试图从不同的角度给出答案。虽然学者们在不同的历史时期都曾对领导现象进行过研究，但直到现代，领导研究才走上了一条相对科学的道路。

对领导力的研究最早基于对领导的研究。通常来说，字典中对"领导"（lead）的定义是在一个过程中正确引导别人，并提供一种正确的引导方法，而领导者（leader）是具有权威、影响力的人。在学界，学者们从不同角度、不同侧重点对"领导"给出了各种定义。比如，克雷奇和克拉奇菲尔德认为领导是群体过程的一个不可缺少的组成部分[1]；巴斯[2]和卡特赖特[3]把领导看成一个影响过程；霍曼斯认为领导是指某种构想的开始，也是实现目标的一种手段[4]；我国领导学研究者凌文辁等人从组织机能达成的视角定义"领导是指领导者通过组织赋予他的职权和个人所具备的品德魅力去影响他人（部下），以实现组织目标并维系组织的生存与发展"[5]；还有一些学者，比如格林利夫认为领导是为下属提供

①　Krech D, Crutchfield R S. Theory and problems of social psychology. New York：McGraw-Hill，1948.

②　Bass B M. Leadership, psychology, and organizational behavior. New York：Harper & Row，1960.

③　Cartwright D C. Influence, leadership, control//March J G. Handbook of organizations. Chicago：Rand McNally，1965.

④　Homans G C. The human group. New York：Harcour Brace，1950.

⑤　凌文辁，柳士顺，谢衡晓，等. 建设性领导与破坏性领导. 北京：科学出版社，2012.

服务的行为①。

综合学者们从各自的研究角度出发对"领导"给出的不同解释，我们可以总结出领导定义中的基本要素：首先，领导是一种群体现象，群体生活是领导得以诞生的前提。领导必须要有追随者和被领导者，不存在没有被领导者的领导。其次，领导者要有影响部下的能力，这种能力可以是职务或职位赋予他的权力，也可以是领导者个人的影响力。再次，领导过程要以目标为导向。领导的目的是引导、指挥、激励下属去达到组织的目标。最后，领导的存在依赖于一个群体内部存在等级关系，并需要考虑开展领导活动的组织内外部环境。

（一）传统的领导理论

早期的研究者从不同的切入点提出了不同的领导理论，对领导的研究主要经过了领导特质理论（trait theories）、领导行为理论（behavioral theories）和领导权变理论（contingency theories）三个阶段。

从 19 世纪末到 20 世纪上半叶，人们普遍相信，"领导者是天生的"，即领导者具有某些先天的个性和品质，而拥有这些特质意味着，一个人不管在什么情况下，都会因为这些特质而被推向领导者的位置。领导特质理论假定领导者具有区别于下属的特殊品质，包括社会敏感性、情绪稳定性、支配性、男子气概、外形等许多方面。基于这个假定，学者们对当时的领导者和下属进行了样本观察与分析，设定和测量了包括年龄、体质、性格、智力、自信心等在内的各种参数。然而，经过 40 年的研究，大多数研究结论并不支持"领导者是天生的"这个论断。领导者的品质固然重要，但如果不在具体的情境中发挥作用，它们不能确保使一个人成为领导者，更不用说使其成为一个有效的领导者。

由于特质研究没有产生预期的结论，因此在 20 世纪 40 年代中期到 70 年代早期，学者们开始从研究领导特质转向了研究领导行为。领导行为理论强调一个有效的领导者应该如何行为，而不是判断某个人是否

---

① Greenleaf R K. The power of servant-leadership. San Francisco：Berrett-Koehler，1998.

是一个有效的领导者。这一时期，大量学者纷纷使用等级评定量表、访谈和观察等形式，来识别领导者的特定行为。由于行为能够被观察、测量和训练，因此行为理论不仅从研究方法上看起来更为科学，而且它主张领导行为的后天可塑性，更强调对有效的领导行为技能的培训，这使领导研究有了更积极的意义。然而，和特质研究一样，领导行为研究只注重领导者的行为，忽视了情境因素。学者们一直试图识别"最佳"的领导模式，却没有意识到没有哪种领导模式在所有的情境和环境中都是最佳的。领导学理论家经常会发现他们识别的领导模式并不和组织的实际情况相符合，这说明特质研究和行为研究在对领导现象的诠释上具有局限性。

从 20 世纪 60 年代起，领导过程中的情境因素开始受到学者的重视，领导研究逐渐由只考虑领导者本身因素的简单模型向包含情境因素的复杂模型转变，这一倾向在当今的领导研究中仍然占据支配地位。领导权变理论的主要假定是，领导者的个性、行为方式以及行为的有效性高度依赖他所处的情境，包括领导者与成员的关系、任务结构、职位权力等要素。领导权变理论主张，没有最好的领导方式，也没有唯一的领导品质，具体的情境及各种相关因素决定了不同领导风格和行为的有效性。

如果说"领导"偏重于强调领导者、领导行为和领导过程的话，那么领导力（leadership）更多是指一种影响力。[1] 领导特质理论和领导行为理论都预设领导者是领导力的来源，而领导权变理论更加关注领导者与情境因素的调节效应。比方说，路径-目标理论认为，环境是领导力的潜在来源，而领导效能是偶然的[2]，员工的个性和任务特征会影响领导者激励的效果。情境领导理论（又称为领导生命周期理论）[3] 认为领

---

　　[1]　伯恩斯.领导论.常健，孙海云，等译.北京：中国人民大学出版社，2006.

　　[2]　House R J, Mitchell T R. Path-goal theory of leadership. Journal of contemporary business, 1974, 3（4）：81-97.

　　[3]　Hersey P, Blanchard K H. Management of organizational behavior：utilizing human resources. Englewood Cliffs：Prentice-Hall, 1972.

导力来源于领导行为和下属成熟水平的相互作用，只有在领导风格和下属的成熟度相匹配后，才能产生有效的领导力。

总体而言，领导学的传统理论主要是从管理层面研究领导，更强调对被领导者的监督和控制，局限于在现有组织文化中分析不同领导风格对于被领导者个体的影响，在很大程度上倾向于维持组织现状。传统领导理论模型曾经能够在一定程度上阐释领导现象，但是到了 20 世纪 70 年代后期，全球范围内的商业竞争日益加剧，组织成员对组织的承诺和忠诚度开始减退，人们期望领导者能够有效地激发组织成员的内在动机与热情，进而提高组织绩效。学者们认为，传统领导理论具有明显的局限性，必须寻找新的研究视角来解释和预测领导者对被领导者的情感激发和对组织发展的影响。

（二）领导研究的新发展

20 世纪 80 年代开始，比较流行的领导研究有变革型领导（transformational leadership）理论和魅力型领导（charismatic leadership）理论。变革型领导理论主张通过让下属意识到所承担任务的重要意义，激发他们的高层次需要，建立互相信任的氛围，促使下属使自己的利益服从于组织的利益，从而达到超出预期目标的效果。[①] 变革型领导理论主张通过领导者自身的魅力和个性化的关怀方式，激励和影响下属去改变自身的信念和价值观，让员工的需求与组织的目标达成一致，激发员工的工作潜能，进而将企业利益视为自我利益，全身心地投入为领导者服务的过程中。

经济全球化对企业在全球市场的竞争能力提出了更高要求，于是，有些学者提出领导者的魅力更能提高组织成员的积极性，增强其对组织的认同度。马克斯·韦伯提出了三种不同的领导权威来源，分别是传统型权威、法理型权威和魅力型权威。[②] 韦伯将这种"魅力"解释为一种

---

① Bass B M. Leadership and performance beyond expectations. New York：Free Press，1985.

② 韦伯. 经济与社会：第 2 卷. 阎克文，译. 上海：上海人民出版社，2010.

存在于个人身上的品质，这种品质超出了普通人的品质标准，因而会被看作一种超凡的、超自然所赐予的力量，这是一种与众不同的力量和品质。由于这种品质是普通人难以企及的，所以具有较大的吸引力和感染力，让人们自发地追随。美国管理学家罗伯特·豪斯指出，魅力型领导者具有三种个人特征，分别是高度自信、支配他人的倾向和坚定不移的信念。① 同变革型领导类似，魅力型领导也强调领导者对下属的影响作用。魅力型领导者具有诸如高度自信、支配他人的倾向和坚定不移的信念的特征，而下属则会由于领导者的个人魅力而建立与其的信任或崇拜关系。②

　　针对不断出现的商业丑闻和领导者的不正当行为，越来越多的学者开始将关注点放在领导者的价值观和道德水平上，于是提出了伦理型领导（ethical leadership）、精神型领导（spiritual leadership）和真实型领导（authentic leader）等新的领导力模式。伦理型领导理论着重强调领导者的道德品质对组织成员的影响作用，伦理型领导者不仅通过角色榜样影响下属的行为，而且通过伦理规范和组织伦理氛围的树立来影响下属。③ 精神型领导的概念根源于"精神"，精神代表着个体的某种最重要的本质。精神型领导理论聚焦于领导者的精神力量以及领导者满足下属的精神需求的能力上，领导者的精神品质和下属行为以及组织绩效之间有着密切关联。④ 许多学者主张，员工在职场上不仅追求物质上的回报，也具有精神上的追求。一些诸如诚实、正直的品质被看作精神领袖必备的个人品质，这些品质使他们具有可靠感和可信任感，能够有效提升组织中的员工士气。真实型领导理论来源于积极心理学和积极组织行

---

① House R. Theory of charismatic leadership//Hunt J G, Larson L L. Leadership: the cutting edge. Carbondale: Sourthern Illinois University Press, 1977: 189 - 207.

② House R J, Howell J M. Personality and charismatic leadership. The leadership quarterly, 1992, 3 (2): 81 - 108.

③ Brown M E, Treviño L K. Ethical leadership: a review and future directions. The leadership quarterly, 2006, 17 (6): 595 - 616.

④ Fry L W. Toward a theory of spiritual leadership. The leadership quarterly, 2003, 14 (6): 693 - 727.

为学，以"你是谁?"作为领导类型研究的重点，认为领导者个人的信仰和价值观（真诚）会影响下属的工作行为和态度。一般来说，学者们认为真实型领导者对自身的思想和行为有深刻的认识，他们秉持自身的真实信念，致力于构建与他人和下属之间的真实信任关系，从而激励下属在组织行为中展示较高绩效。真实型领导者的行为遵循真正的自我认知而非满足别人的期望，能够真诚、坦诚地表达自己的想法和情感，不会隐瞒或矫饰，这种真诚更能打动下属，由此建立相互之间的深度信任关系。因此可以看到，真实型领导理论强调领导者和下属的"关系真诚"，这种真诚的关系支持共同目标的实现和协同发展。①

伴随社会、文化和组织的飞速发展，20 世纪 80 年代以来，对领导力的研究呈现出以下趋势：一方面，人们对于领导者品质的兴趣有所回温，虽然情境非常重要，但人们相信领导者至少在某些方面的确有天赋，而这种天赋和品质在某种程度上确定了他的经验和选择，一些诸如诚实和坚韧的品质并不能通过培训获得，而与个人因素以及文化传统相关。另一方面，由于全面质量管理和扁平化组织的出现，组织结构和功能已经发生了巨大的变化，因此，越来越多的研究开始关注领导者的职能和角色的改变。除此之外，对女性领导者、多层级领导模式、领导创新、领导责任、破坏性领导等方面的研究也是近年来重要的研究方向。

总而言之，大多数的领导力研究都沿着两条主要的轴线展开，一条关于领导特质和风格研究，另一条关于领导者与组织成员的互动产生的领导风格。现有的领导理论一般涉及领导者、被领导者、领导者-被领导者互动关系以及情境等几个要素。领导特质理论和精神型领导理论倾向于认为领导力完全或部分地源于领导者本身所具有的某些特质或优秀的品质；领导权变理论注重领导行为所处的情境因素；路径-目标理论更强调被领导者作为领导力的来源，领导力是否有效取决于被领导者的

---

① Gardner W L, Avolio B J, Luthans F, et al. "Can you see the real me?": a self-based model of authentic leader and follower development. The leadership quarterly, 2005, 16 (3): 343 - 372.

认知和态度；领导-成员交换理论、变革型领导理论、魅力型领导理论和真实型领导理论认为领导者和被领导者之间的互动关系是领导力的来源，领导者和被领导者之间良好互动，才能发挥领导力的作用；伦理型领导理论和精神型领导理论将重点放在领导者的道德品质和精神力量对被领导者和组织文化的影响上。

二、伦理型领导力研究：一种新的领导研究趋势

近年来，领导者非伦理的行为致使组织和社会遭受到严重损害的现象，不仅引发了公众的普遍关注，也让学者们对领导者的伦理水平和影响产生了研究兴趣。领导者作为组织决策的制定者，他们的道德水平以及道德行为与企业社会责任行为有着直接的关系，因为领导者的道德水平和决策的价值导向给组织带来的影响，无论在深度还是广度上都要比普通人更加显著。于是，领导者的道德问题越来越受到社会和学界的广泛关注。事实上，近年来的一些领导理论，不论是变革型领导理论、真实型领导理论还是精神型领导理论，都包含了伦理的成分和维度。比如，领导力大师詹姆斯·麦格雷戈·伯恩斯在提出变革型领导的概念时就指出，道德提升是变革型领导的重要方面。[①] 他明确表示，道德领导力（moral leadership）是他最为关注的层面，因为由卓越领导者驱动和塑造并且经过不断磨炼强化的道德公正原则与价值观念会成为重大变革的源泉。

乔治·恩德勒最早在管理领域提出了伦理型领导力（ethical leadership）的概念，认为伦理型领导力之所以重要，是因为在复杂的商业环境中，公司需要管理者做出负责任的决策。公司是否只需要致力于实现生产目标，而置员工于不顾？公司是否只需要关心人际关系，而不服从技术、财务和经济要求？公司是否只需要关注组织自身，而不考虑社会

---

① Burns J M. Leadership. New York：Harper & Row，1978.

利益？公司是否只需要关注实现社会目标，而不以有效的方式来经营公司？公司管理层是否只需要处理概念、结构和战略问题，而不用考虑人际关系？面对复杂的商业情境，领导者不能忽视道德维度的重要性，他既要有管理能力，也应有道德责任。恩德勒提出，伦理型领导的目标主要有两个：一个是阐明管理决策中的伦理道德问题，另一个是制定相应的伦理原则。①

随后，诸多学者和管理实践者就"伦理型领导力是什么""伦理型领导力有何作用"等基础性问题展开探讨，从伦理型领导力这一概念出发，发展出一系列有关伦理型领导之于组织发展效用的研究。

一些学者诸如吉尼把伦理型领导力定义为个体领导者的品格以及领导行为中包含着伦理或道德的特征。② 特雷维尼奥等人指出，伦理型领导包含以下两方面含义：一是对于合乎伦理道德的个人（ethical person），即具备诚信等个体特征，并执行合乎伦理道德的决策；二是对于合乎伦理道德的管理者（ethical manager），即采取影响组织道德观与行为的合乎伦理道德的策略。也就是说，伦理型领导在个人生活和职业活动中均表现为道德行为。③ 布朗等人基于社会学习的视角，认为伦理型领导是指领导者通过个体行为和人际互动，向被领导者表明什么是规范的、恰当的行为，并通过双向沟通、强化等方式，促使他们执行。④ 社会学习理论认为，个体会通过关注和效仿来学习榜样的态度、价值观和行为，几乎每个个体都会向其他个体寻求道德规范的引导。通过对企业高层管理者的访谈，梅达把伦理型领导定义为榜样领导以自身的道德

---

① Enderle G. Some perspective of managerial ethical leadership. Journal of business ethics，1987，6（8）：657-663.

② Gini A. Moral leadership：an overview. Journal of business ethics，1997，16（3）：323-330.

③ Treviño L K, Hartman L P, Brown M E. Moral person and moral manager：how executives develop a reputation for ethical leadership. California management review，2000，42（4）：128-142.

④ Brown M E, Treviño L K, Harrison D A. Ethical leadership：a social learning perspective for construct development and testing. Organizational behavior and human decision processes，2005，97（2）：117-134.

模范作用来激励下属做出道德反应。① 梅达认为伦理型领导是领导者与追随者之间的一个持续的道德对话过程，伦理型领导的目标是创建一种鼓舞人们发展美德的组织文化。

总体看来，对伦理型领导力的研究一般可以总结为两种路径。第一种路径采取了规范取向，也就是侧重于描述"伦理型领导力"的内涵、特征和（应当的）表现形式；而另外一种路径是科学取向，重点探讨具有特定内涵的伦理型领导的操作化定义并通过实证研究验证其有效性。

规范取向的伦理型领导力研究主要关注的是对伦理型领导力本身的理解，即"什么样的领导是伦理型领导"。采取这一路径的学者们从不同角度探索了伦理型领导者应当具备的道德品质和特点。比如，诺斯豪斯经过研究认为：（1）伦理型领导者尊重他人。（2）伦理型领导者为他人服务。（3）伦理型领导者是公正的。（4）伦理型领导者是诚实和正直的。② 特雷维尼奥等人对伦理型领导者进行了归纳，认为伦理型领导者作为有道德的个人，具有正直、诚实、值得信任的品质，他们关爱他人、公开透明、品德高尚，他们秉持价值、客观公正、关爱社会，遵循伦理的决策规则；而作为有道德的管理者和领导者，他们通过可见的行为把自己塑造成角色楷模，设置明确的道德标准，并采取奖惩策略确保这些标准得以执行等。③ 昆蒂亚和苏亚提出，伦理型领导力由个性正直、道德意识、关注社区、以人为本、鼓励下属和授权以及道德责任感六个部分构成。④ 雷西克等人基于 GLOBE 项目⑤所涉及的 62 个国家和

---

① Meda A K. The Social Construction of Ethical Leadership. Lyle：Benedietine University，2005.

② Northouse P G. Leadership：theory and practice. Thousand Oaks：Sage，1997.

③ Treviño L K，Brown M E，Hartman L P. A qualitative investigation of perceived executive ethical leadership：perceptions from inside and outside the executive suite. Human relations，2003，56（1）：5 - 37.

④ Khuntia R，Suar D. A scale to assess ethical leadership of Indian private and public sector managers. Journal of business ethics，2004，49（1）：13 - 26.

⑤ GLOBE 项目是指 Global Leadership and Organizational Behavior Effectiveness Research Program。

地区的跨文化样本，总结出伦理型领导者具有五个特征：伦理型领导者是品格高尚和正直的；伦理型领导者具有伦理意识；伦理型领导者以人/社区为本；伦理型领导者善于鼓舞和赋权，这有助于被领导者获得独立的个人特质；伦理型领导者肩负着管理道德的责任。[①]

与规范取向的研究路径略有不同，科学取向的伦理型领导力研究在吸收了前者对伦理型领导力的定义的基础上，更关注领导者如何表现出符合伦理的领导风格，以及影响被领导者的过程。[②] 一般来说，科学取向的伦理型领导力研究主要基于实证研究来分析领导者行为模式与组织成员行为和组织绩效之间的关系，以及伦理型领导力效能的产出机制。比如，基于荷兰 73 家中小企业的企业家和 249 名员工有关几种不同类型的领导力的感知评价数据，德·霍赫和邓·哈托发现，伦理型领导力明显有助于提升组织高管团队的整体合作水平和决策效能，并且能够提升组织成员对组织的乐观态度。[③] 迈耶等人选取美国东南部 160 个组织的 195 个部门作为研究样本，调查了 195 名中层管理者和 905 名员工，结果发现中层伦理型领导者在高层伦理型领导者与各项员工效能之间起到完全中介的作用，因此中层伦理型领导力的缺失或低效是导致高层伦理型领导力效能无法传递到员工行为的关键原因。[④]

一般来说，伦理型领导者可以通过以下几种方式影响组织的道德行为。首先，伦理型领导者会影响组织的伦理氛围和组织价值观的形成。组织的领导者可以将个人的价值观融入组织价值观，并通过建立奖惩制

① Resick C J, Hanges P J, Dickson M W, et al. A cross-cultural examination of the endorsement of ethical leadership. Journal of business ethics, 2006, 63 (4)：345 - 359.

② 孙健敏，陆欣欣. 伦理型领导的概念界定与测量. 心理科学进展，2017 (1)：121 - 132.

③ De Hoogh A H B, Den Hartog D N. Ethical and despotic leadership, relationships with leader's social responsibility, top management team effectiveness and subordinates' optimism: a multi-method study. The leadership quarterly, 2008, 19 (3)：297 - 311.

④ Mayer D M, Kuenzi M, Greenbaum R, et al. How low does ethical leadership flow?: test of a trickle-down model. Organizational behavior and human decision processes, 2009, 108 (1)：1 - 13.

度和资源分配等措施来传达核心价值观，从而形成组织的伦理氛围。其次，伦理型领导者与被领导者的关系会影响下属的伦理价值观和行为。最后，伦理型领导者的行为会为被领导者和追随者提供示范。伦理型领导者不仅制定合乎伦理的行为规范，还通过自身的行为示范来表达合乎伦理的行为的重要性，巩固组织成员对于道德标准的认识。

虽然从整体而言，伦理型领导力对于组织的发展有积极的影响效应，但是在真正发挥作用的过程中，伦理型领导力的影响效果还会受到其他一些因素的影响。[①] 比如，组织在培育伦理型领导力的时候，需要借助管理措施的辅助，如建立员工建言的保障制度，通过良好的上下级关系来帮助下属发展心理安全感，从而发挥伦理型领导力的积极效应。并且，伦理型领导力效果的真正提升，也有赖于整个组织的领导合力，不同层级的领导者均需要发展伦理型领导力，这是组织整体的伦理氛围形成的关键。因此可以看出，虽然伦理型领导力强调的是领导者对组织和个人的影响，但在实践层面，它涉及整个组织的管理运行机制，其现实效果受到个体因素、群体情境因素和外部环境因素等多重因素的影响。

现有的国内外实证研究大多采用布朗等人在 2005 年提出的对伦理型领导力的定义，并在此基础上进行测量和模型建构。然而，正如艾森贝斯所指出的，科学取向的实证研究在领导力的"伦理"界定上做出了妥协，这在一定程度上侵蚀了伦理型领导力的基础。正如何为对错、善恶是一个必须深入、严肃思考的话题，何为伦理型领导力也不具有唯一标准的答案。如果直接使用某种现成的定义而不对其进行符合具体情境的调整的话，那么很容易造成对伦理型领导力本质的误解，也难以揭示文化的潜在影响。关于这一点，我们将在后续部分进行更为深入的探讨。

---

① 潘清泉，韦慧民．伦理型领导及其影响机制研究评介与启示．商业经济与管理，2014
（2）：29 - 39．

三、伦理型领导力与相关领导类型的区分

正如我们之前提到的，许多领导类型都把伦理要素作为领导力的一个重要因素，但从内涵的角度分析，它们之间仍有差别。

具体而言，变革型领导强调领导者的道德水平，领导者要促进被领导者的道德提升，与伦理型领导具有某种程度的相似性。两者都强调关心被领导者和他人，为其提供角色示范等，但变革型领导强调激发被领导者更高层次的自我关注、自治和自我实现的需求，关注的是组织成员对组织使命的认同感，而伦理型领导更突出领导者通过道德管理或道德魅力影响被领导者的道德行为，并且伦理型领导的概念并不侧重于强调愿景和智能激发这样的意思。值得注意的是，如果变革型领导者不恰当地使用权力，则可能导致行为方式是非伦理的，即便他有效地激发了被领导者的潜能，成功地提高了其工作绩效。

尽管在一些个性化特征上，伦理型领导也和魅力型领导看起来非常相似，比如都强调对被领导者的非物质性的精神感召，然而魅力型领导可以区分为伦理的魅力型领导和非伦理的魅力型领导，后者只满足于自我利益，依靠权威进行沟通，其魅力影响的目标只是为了满足自我利益。这说明"魅力"似乎是一个偏中性的词语，并不完全符合伦理道德的要求。

真实型领导虽然也强调领导风格的道德成分，认为领导者应该坚持道德准则，关心决策对他人和社会的影响，强调角色的示范作用，但比较起来，真实型领导更强调领导者本真的自我意识以及积极的心理因素，而伦理型领导不仅关注领导者自身的道德水平，更关注他人。并且，真实型领导强调领导者的真实性，也就是"做自己"，但这种做自己的举动有时候会与合乎道德的选择相冲突，因为真实的自我并不一定总是道德高尚的自我。[1] 有些学者也非常犀利地指出，领导者实际上更

---

① Bridgman T, Cummings S. A very short, fairly interesting and reasonably cheap book about management theory. London：Sage，2021：85.

应该忠实于被领导者的需要，而非仅仅忠实于自己的心理。[①]

　　精神型领导同样强调领导者的道德品质，即领导者要具备无私、正直和关怀他人的道德品质，但精神型领导所关注的领导愿景和信念更接近于宗教式的精神感召，而非以现实为导向的道德实践指南。并且，精神型领导也被认为经常使用与交易型领导方式相联系的影响机制去进行领导，即通过精神奖励和利益交换来驱动被领导者工作，而伦理型领导则不认为用符合道德的方式进行领导是一种利益交换。当然，不少关于伦理型领导力的实证研究也关注伦理领导手段和员工工作绩效之间的相关性，主张领导者为了提高员工的工作绩效而采用伦理的方式进行领导。但本书的整体观点并不赞同这种"交易"的视角，而是更倾向于将伦理型领导力的有效性理解为领导者的道德魅力影响被领导者的道德水平，进而影响被领导者的行为的自然结果，这也是为何本书主张"德性领导"这一表述方式的原因。

　　综上，伦理型领导力与其他传统的领导类型，比如变革型、魅力型、真实型、精神型等不同，这些领导类型只是从某些角度强调了领导的道德性，但道德要素只是这些领导者品质和行为类型的组成部分，其重要性经常会在具体实践情境中被弱化。伦理型领导力主要的侧重点则是领导者本身的伦理品质及其对组织的影响。[②] 伦理型领导者不依赖组织的愿景、价值观、梦想和个人性格魅力来激励和引导组织成员的行为，而是重视个人的道德品质和道德规范，通过制定道德标准以及奖惩措施来影响被领导者在道德规范方面的行为表现，强调领导者在组织中的道德榜样作用。

　　[①]　Pfeffer J. Leadership BS: fixing workplace and careers one truth at a time. New York: Harper Business，2015.

　　[②]　Brown M E，Treviño L K. Ethical leadership: a review and future directions. The leadership quarterly，2006，17（6）：595 - 616.

四、伦理型领导力的效果：来自实证研究的结果

伦理型领导力之所以在当前的理论研究与管理实践中受到高度重视，是因为它对于组织实现持续、健康发展而言至关重要。诸多研究表明，伦理型领导与领导的有效性呈显著正相关。当一个组织的领导者为伦理型领导者的时候，他会影响组织的伦理气氛（ethical climate）或伦理价值观的形成，提高组织成员的工作满意度、情感承诺和对组织的忠诚度，并且减少组织成员的不道德行为。

大多数实证研究关注伦理型领导与被领导者行为和表现之间的关系。布朗等人的研究发现，伦理型领导与被领导者的积极态度和行为相联系，伦理型领导者的公平、诚实和可信赖等方面的特质能够预测被领导者对领导者的满意度、工作投入度等。[①] 昆蒂亚和苏亚指出，在伦理型领导者领导的组织中，很少出现操纵组织成员、绩效欺骗和资金浪费的现象，并且有道德的领导者会提高组织成员的工作绩效、工作参与度和情感承诺。[②] 德·霍赫等人发现，伦理型领导者的榜样作用会促进组织成员的利他行为，使其更易于合作，更愿意献身于组织。[③] 郑志强和刘善仕的研究表明，采用伦理型领导风格能够较好地预测组织成员的积极态度，能给其带来正面的、积极的心理感知和体会，有助于在组织内部形成积极的组织氛围和组织环境。[④]

[①] Brown M E, Treviño L K, Harrison D A. Ethical leadership: a social learning perspective for construct development and testing. Organizational behavior and human decision processes, 2005, 97 (2): 117 - 134.

[②] Khuntia R, Suar D. A Scale to assess ethical leadership of Indian private and public sector managers. Journal of business ethics, 2004, 49 (1): 13 - 26.

[③] De Hoogh A H B, Den Hartog D N. Ethical and despotic leadership, relationships with leader's social responsibility, top management team effectiveness and subordinates' optimism: a multi-method study. The leadership quarterly, 2008, 19 (3): 297 - 311.

[④] 郑志强, 刘善仕. 好的领导能带来好的绩效吗: 对伦理型领导有效性的元分析. 科技进步与对策, 2017 (15): 148 - 153.

有些学者指出，伦理型领导有助于企业承担社会责任。基于对242 家中国企业的抽样调查，一些学者研究发现，CEO 的道德领导力通过构建组织道德文化对企业承担社会责任有正向影响。① 格罗韦斯和拉罗卡调查了 122 名组织领导者和 458 名追随者，调查数据表明，持有义务论道德观的领导者经常被其追随者评价为变革型领导，而持有功利主义伦理观的领导者经常被其追随者评价为交易型领导，前者与追随者怀有企业社会责任的信念有关。② 帕斯里查等人对 28 家印度医疗社会企业相关的 350 名中高层管理人员的样本进行研究，结果显示，道德领导力直接和间接地影响着企业社会责任的实施，道德领导力的间接影响包括培育宗族和民主文化，而这些文化又会影响企业承担社会责任。③

一些研究指向了伦理型领导与企业整体的经济绩效之间的关系。比如，艾森贝斯等人认为商业道德和企业经济绩效之间并非互相排斥，通过对 32 个商业组织的 145 名参与者进行调查，并用客观的绩效数据对组织经济绩效进行评估，他们发现 CEO 的伦理领导力通过组织的道德文化发挥作用，而组织的道德文化通过强大的企业道德计划促进企业的经济绩效。④ 通过对 147 家不同行业的韩国公司的 4 468 名员工进行实证检验，有学者发现，高层管理者的伦理领导力能够显著影响组织的道德氛围，形成程序性正义的氛围，这能够提升公司层面的组织公民行为

---

① Wu L Z, Kwan H K, Yim F H, et al. CEO ethical leadership and corporate social responsibility: a moderated mediation model. Journal of business ethics, 2015, 130 (4): 819 - 831.

② Groves K S, LaRocca M A. An empirical study of leader ethical values, transformational and transactional leadership, and follower attitudes toward corporate social responsibility. Journal of business ethics, 2011, 103 (4): 511 - 528.

③ Pasricha P, Singh B, Verma P. Ethical leadership, organic organizational cultures and corporate social responsibility: an empirical study in social enterprises. Journal of business ethics, 2018, 151 (4): 941 - 959.

④ Eisenbeiss S, Knippenberg D, Fahrbach C. Doing well by doing good?: analyzing the relationship between CEO ethical leadership and firm performance. Journal of business ethics, 2015, 128 (3): 635 - 651.

和公司的财务业绩。① 一些学者对从 264 家中国企业那里收集到的多源调查数据进行了实证分析，结果表明，由领导者人性化导向、领导者责任和可持续发展导向以及领导者节制导向组成的伦理型领导力对企业绩效尤其是财务绩效有利。②

随着跨国商业合作越来越普遍，一些学者开展了基于伦理型领导的跨文化研究。雷西克等人对美国以及亚洲、欧洲的六个国家和地区中管理者所持有的伦理型领导（和不道德领导）的含义进行了研究，发现每个地区的人都倾向于用本地区的道德传统作为道德评价的标准，在美国尤其是这种普遍主义文化要比中国这样的特殊主义文化体现得明显的地区。③ 在一种文化中因其道德价值而受到拥护和赞扬的领导者行为，在另一种文化中可能遭遇忽视。不过，研究也发现，不同地区会有一些关于伦理型领导的共识，包括领导者的性格、对他人的态度、是否按照个人私利采取行动、是否滥用权力等，这些要素可以作为判断领导者道德高下的标准。

伦理型领导在领导力研究中属于比较新的课题，虽然近年来涌现出不少伦理型领导的相关实证研究，但是一方面，主要的国内外研究路径基本上还是依据一种西方式的量化研究，并且研究中变量间的关系较为简单；另一方面，已有研究多局限于对组织内领导行为与员工的反应的考察，而伦理型领导对组织文化以及其他利益相关者，乃至社会整体的责任仍旧值得深入探讨。另外，是否应该构建本土的伦理型领导力模式？社会文化传统在人们对中国伦理型领导的期待中扮演了什么样的角色？这些也是非常值得关注的问题。

---

① Shin Y, Sung S Y, Choi J N, et al. Top management ethical leadership and firm performance: mediating role of ethical and procedural justice climate. Journal of business ethics, 2015, 129 (1): 43 - 57.

② Wang D, Feng T W, Lawton A. Linking ethical leadership with firm performance: a multi-dimensional perspective. Journal of business ethics, 2017, 145 (1): 95 - 109.

③ Resick C J, Martin G S, Keating M A, et al. What ethical leadership means to me: Asian, American, and European perspectives. Journal of business ethics, 2011, 101 (3): 435 - 457.

五、中国本土伦理型领导力研究

我们可以看到，伦理型领导是一个在西方情境下发展起来的概念，从内涵而言，可能并不适用于中国情境，并且它的研究方法和测量工具也可能会在中国情境中受到限制。① "什么是符合伦理的行为"，在不同文化和社会中有理解上的较大差异。② 有些学者指出，西方伦理型领导虽然已经取得较大的进展，但是在解释华人领导伦理行为时，有时候会出现"失效"的现象。③ 近年来，一批学者越来越关注本土管理研究和本土领导研究，提倡运用当地的语言（local language）、当地的事物（local subjects）和当地的概念（local meaningful constructs）来构建本土的理论④，以解释本土领导的行为方式和作用。鉴于中国文化与西方文化相比具有不可忽视的特殊性，因此在中国情境下去研究伦理型领导力需要充分考虑中国文化与中国社会的特殊性和现实性。

比如，根据霍夫斯泰德的文化维度理论⑤，中国社会具有明显的权力距离和集体主义特征，在这种情况下，领导者对被领导者行为和态度的影响相较于西方文化应该更为突出。受儒家传统文化的影响，自古以来，在对领导者的评价方面，中国人倾向于将"品德""道德"和"德行"放在十分重要的位置。⑥ 中国学者根据国外 PM 模型发展出的本土

---

① 张笑峰，席酉民. 伦理型领导：起源、维度、作用与启示. 管理学报，2014（11）：142 – 148.

② Eisenbeiss S A. Re-thinking ethical leadership：an interdisciplinary integrative approach. The leadership quarterly，2012，23（5）：791 – 808.

③ 李建玲，刘善仕. 中国企业伦理型领导的结构特征、伦理渗透与伦理反思：基于Z公司的案例分析. 管理案例研究与评论，2017（3）：262 – 276.

④ Tsui A S. Contributing to global management knowledge：a case for high quality indigenous research. Asia Pacific journal of management，2004，21（4）：491 – 513.

⑤ Hofstede G. Culture's consequences：international differences in work-related values. London：Sage，1980.

⑥ 杨齐. 伦理型领导、组织认同与知识共享：心理安全的调节中介作用. 华东经济管理，2014（1）：123 – 127.

CPM 领导行为模型，特别强调了品德对于一个领导者的重要性。[1] 并且，中国情境下对于伦理的理解和西方文化中对于伦理道德的理解有一定的差异。比如，黄光国指出，西方文化中的伦理强调尊重个人的自由意志和与生俱来的权利，而东方文化更强调符合社会秩序和人际规范的伦理。[2] 中国传统文化中对于伦理的理解含有浓厚的"关系"与"情境化"色彩。从被领导者的角度而言，在不同文化中，被领导者接受和认可领导者的影响的方式也是有差别的。比如，在西方，被领导者倾向于基于契约接受他人的领导；而在中国，受传统儒家道德观念的影响，组织成员除了遵从组织规定以外，还会接受个人内在道德的约束。[3]

有些学者结合中国传统文化，尝试提出构建中国本土伦理型领导力的建议。比如，原理认为，德性作为儒家思想的首要价值，对构建中国本土伦理型领导力有重要的作用，建议基于儒家传统的德性伦理来构建中国本土伦理型领导力模型，即具备"仁、礼、忠恕、中庸"等德性的领导者通过提高自身道德修养，由内而外地将德性转化为德行实践，从而影响整个组织的伦理价值观，形成组织伦理氛围，进而影响组织成员的道德行为。[4] 胡国栋提出以传统儒家絜矩之道作为建构德性领导的运行机制基础，由此缓解现代工具理性思维影响下领导与员工的对立关系以及员工意义缺失的问题，消解领导中心化的弊端，使德性领导在后现代扁平化组织中具有高度的适应性。[5] 一些研究基于中国传统文化在组织领导实践方面的应用，考察了中国特色伦理型领导的特征。晁罡等人的研究指出，包括"内求自省"在内的中国传统的"君子"品质是德性

① 凌文辁，陈龙，王登. CPM 领导行为评价量表的建构. 心理学报，1987（2）：89 - 97.
② Hwang K K. Introducing human rights education in the Confucian society of Taiwan: its implications for ethical leadership in education. International journal of leadership in education, 2001, 4（4）：321 - 332.
③ 张晓军，韩巍，席酉民，等. 本土领导研究及其路径探讨. 管理科学学报，2017（11）：36 - 48.
④ 原理. 基于儒家传统德性观的中国本土伦理领导力研究. 管理学报，2015（1）：38 - 43.
⑤ 杨朦晰，陈万思，周卿钰，等. 中国情境下领导力研究知识图谱与演进：1949—2018 年题名文献计量. 南开管理评论，2019（4）：80 - 94.

领导的形成与影响员工的中国特色领导路径，这既建构了企业领导与员工的行为及品质特征，也在领导与员工的伦理互动机制中发挥着关键作用。[1] 该研究证明，"家文化"仍然是中国社会重要的文化资本，企业成员和其领导者之间并不只是单纯的上下级和同事关系，领导者对员工有着重要的道德示范作用。

　　一些研究聚焦于研究伦理型领导与绩效之间的关系。赵瑜等人的研究发现，伦理型领导通过影响心理授权、压力感知和公正感知，将压力源产生的心理资源转化为员工的工作绩效和满意感。[2] 林新奇等人考察了领导类型与创新绩效之间的关系，发现伦理型领导对于伦理的强调有利于员工动机的内化，员工容易因为伦理道德约束而产生羞愧感，这种内化的动机比交易型领导的外化控制更容易激励员工创新。[3] 伦理型领导的结果变量研究主要基于社会学习理论和社会交换理论。根据社会学习理论，员工通过观察和模仿与之有重要联系的人的行为来与其进行互动。领导者通常在组织中负责资源分配和绩效评估，因此组织成员倾向于观察领导者的行为并改变自身行为。基于这一视角，一些学者对伦理型领导与下属员工行为之间的关系进行了研究。范恒和周祖城的研究发现，伦理型领导会对员工的组织公民行为产生显著的正向影响，对员工的工作场所偏常行为产生显著的负向影响。[4] 洪雁和王端旭用社会交换理论来理解伦理型领导，指出社会交换理论将领导者对下属的伦理影响视作一个互惠的过程，伦理型领导保护成员的权利、尊重成员的需要，

---

　　① 晁罡，邹安欣，张树旺，等. 传统文化践履型企业的领导-员工伦理互动机制研究. 管理学报，2021（3）：317-327.
　　② 赵瑜，莫申江，施俊琦. 高压力工作情境下伦理型领导提升员工工作绩效和满意感的过程机制研究. 管理世界，2015（8）：120-131.
　　③ 林新奇，栾宇翔，赵锴，等. 领导风格与员工创新绩效关系的元分析：基于自我决定视角. 心理科学进展，2022（4）：781-801.
　　④ 范恒，周祖城. 伦理型领导与员工自主行为：基于社会学习理论的视角. 管理评论，2018（9）：164-173.

从而使团队成员产生真诚回报的强烈责任感，提高工作绩效。[1] 涂乙冬等人的研究表明，伦理型领导的社会交换过程不仅对组织和下属有益，对领导者本身也有益。[2] 领导者收益包括下属对领导者的信任和团队及领导者的绩效。有研究证明，通过社会交换构成，伦理型领导的下属具有更高的信任度和忠诚度，以及更高的工作绩效，并有效降低了员工的离职意向。[3]

这些聚焦于伦理型领导与绩效之间关系的研究普遍发现，伦理型领导能够为员工和组织甚至领导者本身带来效能的正向影响，因此大都建议伦理型领导应该在组织内部与成员建立较紧密的交换关系，以期获得更多的下属认同和信任。同时，这些学者鼓励领导者们更多地采用伦理型领导的方式、建立相应的团队机制，以提高团队绩效、改善组织成员之间的关系。

根据杨朦晰等人对 1949—2018 年国内外顶级期刊发表的中国情境下领导力的相关研究的分析，作为一种新兴的领导力类型，伦理型领导开始受到越来越多的关注，中国价值观和哲学对领导的影响也成为领导力研究的潜在趋势。[4] 由于伦理型领导能够对组织中员工的行为、忠诚度、绩效、创新行为等产生重要的影响，并最终可能提高组织整体的绩效，因此具有重要的研究价值并引起更多学者和管理者的关注。一般来说，在目前有关伦理型领导的研究中，"伦理"和"道德"被认为是可以互换的概念，因此一些研究也用道德型领导来指代伦理型领导。

大体上，不管是国内的还是国外的伦理型领导力研究，都缺少对于伦理型领导本质的深入分析。目前有关伦理型领导所强调的种种品质，

---

① 洪雁，王端旭．管理者真能"以德服人"吗?：社会学习和交换视角下伦理型领导作用机制研究．科学学与科学技术管理，2011（7）：175 - 179.

② 涂乙冬，陆欣欣，郭玮，等．道德型领导者得到了什么?：道德型领导、团队平均领导-部属交换及领导者收益．心理学报，2014（9）：1378 - 1391.

③ 肖贵蓉，赵衍俊．伦理型领导与员工离职倾向：领导-成员交换的中介作用．科学学与科学技术管理，2017（3）：160 - 171.

④ 杨朦晰，陈万思，周卿钰，等．中国情境下领导力研究知识图谱与演进：1949—2018年题名文献计量．南开管理评论，2019（4）：80 - 94.

诸如诚实、正直、守信和关爱下属等要素，实际上在其他领导风格中也有所体现。比如，变革型领导也包含着伦理影响的过程，服务型领导也体现了对员工的关爱，真实型领导也注重行动的真实表达。不仅如此，虽然目前的研究证明了领导者的社会责任感、道德认知发展、道德认同、人格特征、自恋、政治技能等个人因素对伦理型领导具有影响，但这些已有的研究仍旧无法完全解释为什么有些领导者会在道德行为方面更具有稳定性，而有些领导者只在一些情境下遵守道德原则。

并且，目前本土的伦理型领导力研究，甚至包括其他领导力研究，主流的研究路径都是运用西方的量表、用量化的方法探讨变量之间的关系和调节效应，而对本土领导所处的社会、文化、历史等思想和行为根源因素缺乏深入的剖析。还有，大量伦理型领导力研究倾向于将伦理型领导的过程视为互惠性的交换过程，或以经济和员工工作绩效为评价标准，这种研究路径无法解释伦理型领导在没有激发员工工作效能或没有获得员工正面响应时，是如何保持其领导行为的伦理性的。① 如果伦理型领导只是出于工具性的目的，那么当其他领导方式更有利于员工的工作效能和组织的经济绩效时，伦理型领导就仅仅是诸多领导模式中的一种可能性选择，而不是必然选择。或者更进一步，如果有更利于员工工作绩效的领导方式的话，那么领导者应该会衡量结果而放弃成为伦理型领导者。

因此，我们必须清晰地分析和界定到底何为伦理型领导。伦理型领导不仅体现为领导行为表面的合道德性，组织决策执行结果的合道德性，也不应当体现为出于其伦理行为可获取经济绩效的工具性。所有这些都不足以保证一个领导者可以被称为"伦理型领导者"，也不能保证其道德行为的稳定性。伦理型领导区别于其他领导模式的独特性恰恰应当在于，领导者自身必须成为一个有道德的个人，也就是说，作为一个

---

① 晁罡，邹安欣，张树旺，等 . 传统文化践履型企业的领导-员工伦理互动机制研究 . 管理学报，2021（3）：317 - 327.

伦理型领导者，他对伦理道德本身的认知是根本性的，不管其道德品质和道德行为是否会带来实用效果，他都首先将其作为自我认同和定位的最根本要求。和真实型领导者会面临自我真实性和行为合道德性的冲突不同，伦理型领导者的"真实性"恰恰体现在道德层面的知行合一。

令人遗憾的是，在现实世界，尽管人们越来越重视商业道德，越来越提倡企业承担社会责任，但商业丑闻仍然层出不穷。实际上，商业道德面临的一个真正重要的问题在于组织领导者和管理者的美德与良知的问题。因为，如果企业的道德行为只是一种以经济利益为目的的理性算计，那么当不道德的行为获益更大的时候，就很难保证企业行为的合道德性。而管理者（或管理层）在事实上主宰了组织决策，定义了组织的道德规范并在某种程度上影响了组织的道德氛围和文化的建构。虽然我们习惯于将企业作为一个整体并对其提出承担社会责任和进行合道德行为的要求，但不可否认，在商业决策和实践过程中，企业高层管理者的道德水平对于组织成员的影响以及组织发展的方向而言是至关重要的。只有富有美德的人，才更有可能实施基于美德的领导。这是我们接下来以美德为中心探讨企业中伦理型领导力的重点。

第四章 德性伦理：伦理型领导的内在要求

特雷维尼奥等人在《管理要合乎道德：揭穿商业伦理的五个迷思》一文中指出，人们对商业伦理有五个常见的误解。①

第一个误解是低估了商业伦理的复杂性。经常有媒体暗示，在商业活动中做一个有道德的人是很容易的，只要一个人想做有道德的人，那么就能做有道德的人，但这种观点忽视了道德决策的复杂性，尤其是在商业组织的背景下。商学院的学生被教导要运用多种规范性伦理的框架来解决价值观冲突的困境。这些框架包括考虑潜在决策或行动对社会产生后果的功利主义框架，强调正义、平等等伦理原则的义务论框架，以及强调道德行为者美德的德性伦理框架。不同的伦理框架可能在解决伦理冲突的情境下有不同的方案，而实际的商业伦理问题的复杂程度远比人们惯常所认为的要高得多。道德判断的重点是决定什么是正确的，但实践是要做正确的事。很多时候，即便人们做出了正确的认知，但由于情境的复杂性和现实压力，他们会发现很难坚持去做正确的事。

---

① Trevino L K, Brown M E. Managing to be ethical: debunking five business ethics myths. Academy of management executive, 2004, 18 (4): 69-81.

第二个误解是认为商业中的不道德行为仅仅是"坏苹果"（bad apples）现象导致的。所谓"坏苹果"理论，是指组织内部有一些不道德的害群之马，如果把这些成员从团队中剔除，那么一切都会好起来。但事实上，一个组织很难被几个不道德的普通人影响，相反，大多数人是他们所处环境的产物，企业的不道德行为在很大程度上受其所处环境（尤其是领导者）的影响。也就是说，领导者的价值观和组织整体的道德氛围对于组织成员道德行为的影响更为关键。

第三个误解是，组织道德可以通过正式的道德准则和计划来管理。目前，大多数大型组织都有正式的内部道德规范和法律合规计划。这些计划通常包括：组织向所有员工传达和传播的书面道德行为标准，开展道德培训、提供道德咨询热线和开设合规办公室，以及设立匿名举报不当行为的系统，等等。研究表明，正式的道德规范和法律合规计划可以对组织成员的道德行为产生积极的影响，但这本身并不能保证有效的道德管理。员工必须认识到，正式的道德规范不是装点门面的东西，而是代表着组织真正的道德文化。而领导者的价值观是什么，他到底是怎么做的，比他制定了什么规范和规定要重要得多。特雷维尼奥等人指出，和非正式文化要素，即高管和主管的个人道德状况相比，正式计划的作用相对不那么重要。要使正式的道德制度和机制影响员工的行为，它们必须是一个更大的、协调的组织文化系统的一部分，这个组织文化系统能够真正支持组织成员每天的道德行为。

第四个误解是，伦理型领导力主要关乎领导者个人的品质。毋庸置疑，伦理型领导者必须同时是"有道德的人"和"有道德的管理者"。领导者良好的个人品质，诸如诚实、正直和公平等，是伦理型领导的必要条件。但领导力不仅如此。它不仅聚焦于领导者的个人品质，还注重由此而产生的对他人的影响力。领导者之所以是领导者，是因为他们还负有"领导"他人以道德的方式行事的责任。伦理型领导者是一个在道德层面领导他人的人，他在组织内部制定道德标准，传达道德信息，引导组织成员的道德行为，并在一定程度上使用奖惩规则。当然，他在领导他人、传达价值观的时候，必须以身作则，否则就是一个虚伪的伦理型领导者。而且，在发生道德冲突的关键性时刻，伦理型领导者不能在道德问题上保持沉默，而是应当让被领导者确切知晓其在道德方面的立场，否则可能会误导被领导者做出不合乎道德的行为。

第五个误解是，人们的道德水平大不如前。实际上，自人类出现以来，就有着关于何为道德标准的讨论，对于何为不道德行为的理解也随着人类社会的发展而不断发生改变。商业道德丑闻和商业本身一样古老，商业交易比任何其他人类活动都更能考验人的道德水平。特雷维尼奥等人认为，或许不是人类变得比过去更贪婪，而是商业环境的复杂性和多变性，为人们提供了各种道德挑战以及表达贪婪和欲望的机会。不过，如果道德失范对于人类社会而言是一个持续的问题，那么组织所制定的解决道德问题的方案就必须是长期导向的，也就是要将对道德的重视嵌入企业文化，而不是以短期的、简单粗暴的或敷衍的方式来对待。

特雷维尼奥等人对这五个误解的剖析在很大程度上指出了商业伦理与组织领导者之间的密切关联，商业伦理问题往往涉及各种各样复杂的要素和矛盾重重的选择，组织领导者在很多情况下要在两难境地中进行艰难抉择。虽然如何进行道德选择、如何采取道德行为是人类社会由来已久的老问题，但商业活动的逐利性往往会让道德选择和道德行为变得更加富有挑战性。一个有道德的组织领导者会更倾向于在商业决策中选择合乎道德的选择，并且，他不仅会将其道德价值观充分体现在其自身行为上，也会将其体现在企业文化和伦理制度的建构中。

雷蒙德·鲍姆哈特在特雷维尼奥和布朗之前就曾提出，如果想让被领导者进行有道德的行为，那么他们需要一个有道德的领导者[①]，领导者对被领导者的影响是不可忽视的。在商业活动中具有高尚的道德并非易事，做正确的事和把事情做正确同样重要。面对全球化、民族主义、

---

① Baumhart R C. How ethical are businessmen? . Harvard business review，1961，39（4）：6-176.

技术进步和越来越复杂多样的商业活动，领导者的道德如何能够真正发挥作用，在多大程度上发挥作用，比起政府机构和法律监管，仍然是个值得探讨的问题。公允地说，今天的人不一定比过去的人更不道德，或许是因为我们今天的道德标准也随着时代的发展在变化，但不可否认的是，在商业领域，灰色地带比比皆是。在实践中，人们会发现，有许多方法和技巧可以避免不道德的商业行为带来的法律后果，但法律监管机制和组织内部的道德计划只是确保人们采取道德行为的"钝器"（blunt instrument），它在很大程度上并不能解决人们道德自控的问题。① 也就是说，人们真正的道德自律的产生并非来自法律条例和硬性的管理措施。并且，在商业活动中，除非领导者能意识到其行为和决策的道德性质，或者其自身具有足够的道德敏感性，否则就不会启动其内心的道德判断机制并及时调整不合乎道德的念头和行为。② 这意味着只有领导者自身是一个有道德的人，才能够产生稳定的道德选择和道德行为模式。因此，领导者个人的道德状况在极大程度上影响了组织的伦理作为。并且，在特定的文化背景下，对于商业领导者而言，应该有一套更加内在的、长期的道德要求，能够让他们将这些道德要求作为内心的准则和行为的标准。

为了辨别德性伦理作为商业领域领导伦理基础的适用性，我们有必要区分三种主要的规范性伦理——功利主义、义务论和美德伦理，并在领导伦理领域分别对它们进行比较。功利主义是一种后果主义的伦理理论。一个行为是否合乎道德，完全取决于这个行为的结果，而不是由行为人的意图所决定的。与此相反，"义务论"伦理学通过责任概念而非行为的结果来评价行为是否合乎道德。有道德的人是以善的意图行事的人。美德伦理关注的则是"一个人应该成为什么样的人"，把一个人的内

---

① Duffy J. Provocations of virtue：rhetoric, ethics, and the teaching of writing. Logan：Utah State University Press, 2019.

② Treviño L K, Brown M E. Managing to be ethical：debunking five business ethics myths. Academy of management executive, 2004, 18（4）：69-81.

在善性而非他的行为结果或外部规则放在其理论核心，鼓励人们去寻找"善"，在生活的各个方面都成为一个好人。本章会逐一详细分析这三种规范性伦理的内涵及其在领导伦理领域（或在更大的商业伦理的层面上）被应用的可能性，并指出美德伦理作为伦理型领导基础的内在优势。

一、功利主义和义务论

（一）功利主义目的论

人们在做行动选择的时候经常进行衡量和计算，衡量和计算的对象是可供选择的行动分别带来的结果。这种衡量和计算既在个人行动的层面上进行，又常常被用于社会决策。按照结果的好坏来确定行动对错的理论，被称为后果主义（consequentialism）。功利主义是后果主义中最重要的理论。

作为后果主义理论之一，功利主义（utilitarianism）根据行动的结果来做决策，如果一个决策的效用比其他选择都大，那么它就是道德的。功利主义的道德评价原则是，一个行为在道德上是否正确或正当，取决于它是否符合所有利益相关者的最大多数的最大幸福。这个原则也被称为"最大幸福原则"。功利主义的两个代表人物是英国功利主义者杰里米·边沁（1748—1832）和约翰·斯图尔特·穆勒（1806—1873）。

由于功利主义关注的是利益的最大化和伤害的最小化，那么到底什么是利益，什么是伤害呢？功利主义背后有两个主要的价值理论——"快乐主义"（hedonistic）和"多元主义"（pluralistic）。快乐功利主义者认为，快乐（或幸福）是唯一内在的好的东西，即唯一本身就是好的的东西。而其他东西，当它们是好的时，是工具性的好，比如金钱。虽然我们喜欢金钱，但它只是工具性的好，并非内在的好。因此，对于快乐功利主义者来说，终极的"善"或者终极的功利就是幸福（pleasure），而终极的"恶"或者终极的非功利就是痛苦（pain），所有行为和实践都应该根据它给所影响的人带来的幸福和痛苦的量来评判。多元主义的功利主义者则认为，虽然不存在所谓的终极之善（good），但是存在人们所追求的众善（goods），包括比如友情、美丽、健康、知识等，一个功利主义的决策应当考虑到这些所有的价值观。

边沁是快乐主义的功利主义理论的早期代表人物，他从心理学的快乐主义推演出伦理学的快乐主义，将快乐和痛苦比作人类至高无上的统治者，决定着人类行为的对错："自然将人类置于两个至高无上的主人的统治之下，这两个主人即痛苦和快乐。它们独自指出我们应该做什么，也决定着我们将做什么；在它们的宝座上紧紧联系着的，一边是是非标准，一边是因果链条。凡是我们的所行、所言和所思，都受到它们的支配。"[1] 边沁主张，痛苦和快乐统治着人类，是我们判断是非的标准。如果我们将人类行为看作"果"的话，那么对快乐的追求就是如此行为的"因"。人的义务就是将功利最大化，使痛苦最小化。这就是边沁的功利原则（principle of utility）。边沁认为，快乐是可以精确计算的，根据快乐的强度、持续的时间、确定性程度、感受的远近以及快乐的增殖性、纯粹性和广延性，可以总结出对快乐的计算方法。通过计算，可以确定一个行为会增加还是减少行为者的幸福，从而判断该行为的善恶。如果某个行为能够带来最强、最持久、最确切、最近、最广泛和最纯粹的快乐，那么这个行为就能带来最大的幸福，这样就使得伦理学成为一门可以量化计算的、精确的学科。功利原则不仅适用于个人行为，也是社会制度和法律体系的指导原则。边沁的功利主义具有一种理论上的优美，因为社会利益是社会中所有单个成员利益的总和，人们只需要在实践中反复应用功利原则，增进最多的个人利益和幸福，就是增进了社会总体的利益和幸福。

古典功利主义的另一个代表人物穆勒继承和发展了边沁的功利主义

---

① Bentham J. An introduction to the principles of morals and legislation. London：Athlone，1970：11.

学说。边沁对快乐只做了"量"上的比较，而没有探讨快乐的"质"，忽视了人的特质，将人等同于动物，只是沉溺于大量的快乐。穆勒试图区分快乐在质上的差异，而不仅仅是量上的差异。在他看来，人类一方面需要低级的肉体快感，另一方面，他们也需要文化、智力、友谊、知识和创造力这种精神上的快乐。他强调质对量的优先性，指出精神上的快乐要高于肉体上的快乐，"做一个不满足的人比做一头满足的猪好；做一个不满足的苏格拉底比做一个满足的傻子好"①。穆勒虽然和边沁一样强调个体利益，但他看到了人的社会性，认为理智和社会情感是区分人与动物的关键，社会性的情感能够帮助人们消除单纯的利己本性，通过社会情感纽带，利己和利他会融为一体。

从思想倾向性的角度，功利主义可以分为行为功利主义（act utilitarianism）和规则功利主义（rule utilitarianism）。一般来说，边沁的理论与前者相联系，而穆勒的理论与后者相联系。行为功利主义认为，一个行为，当且仅当它能使效用最大化时，它在道德上才是正确的。也就是说，当且仅当受到该行为影响的每个人通过计算得出的利益与伤害的平衡值大于其他替代行为所产生的利益与伤害的平衡值时，该行为在道德上才是正确的。规则功利主义则强调规则是一切行动的总原则，个人行为正确与否不取决于行为的结果，而取决于该行为是否符合规则。规则功利主义强调根据哪些规则会为大多数增进最大的普遍善来决定我们所采取的规则，这就是说，问题并不在于哪一个行为具有最大的效用，而在于哪一条规则具有结果上的最大的效用。行为功利主义最大限度地继承了传统功利主义思想。行为功利主义认为，如果行为可以促进功利水平的提高，该行为就是正确的；只有行为的经验后果可以作为行为判断的标准。在具体情形下，人们应该根据行为的最大效用行事，即考虑到该行为对相关者的影响，也就是说，根据功利主义的总原则，依照结果的效果来进行实用性的调整。比如，虽然在一般情况下做生意讲

---

① 穆勒 . 功用主义 . 唐钺，译 . 北京：商务印书馆，1957：8.

诚信对大家都有利，但如果发现对方不讲诚信，那么我方也就没有必要讲诚信。因此，行为功利主义并没有强调任何一种普遍性的规则，而是主张要在每一种具体情况下来进行计算、衡量和决策。

可以看出，总体而言，功利主义判断一个行为在道德上是对还是错，完全取决于行为后果的效用。用最直观的方式来说，假设两个行为，一个会给某人带来好处，而另一个会给他带来伤害，那么对这个人而言，那个会带来好处的行为更好。同样地，两个行为，一个能增加公司的利润，而另一个会使公司破产，那么我们通常会说后者损害了股东的权益，前者更好。虽然功利主义也是后果导向，但它与其他后果主义理论不同。一方面，功利主义要平等地考虑所有个体的利益。伦理利己主义（ethical egoism）也强调后果，也就是追求自我利益这个结果的最大化；利他主义（altruism）也强调后果，即一个行为的好坏取决于该行为是否有利于他人，也就是在计算利害关系的时候不考虑自己。而功利主义者在计算利益和伤害时，认为自己与他人是平等的，既不会多，也不会少。比如，一个功利主义导向的组织管理者可能会通过对利益的追求来使自己受益，但同时也要计算和平衡，以使客户、员工、股东和社会利益最大化，而自己只是这些利益相关者中的一分子。每个人的幸福都只能算作平等的一份，谁也不比谁多，谁也不比谁少，因此功利主义管理者只需要计算每一份的总量即可，然后根据计算结果来判断如何决策。另一方面，功利主义也不仅仅计算利益的最大化，而且会计算效用，即既要考虑伤害，又考虑利益。

总之，功利主义是后果导向的。事实上，在现实生活中，人们也总是会有考虑后果的倾向，并且时常为了一个特定的目标而采取相应的手段。可以说，在所有的大型组织形式的管理中，功利主义的思路往往占据着主导地位，而且它体现了 20 世纪经济的主要特征。①

---

① Jones C，Bos R T，Parker M. Business ethics：a critical approach. New York：Routeledge，2005.

（二）功利主义是否能够成为伦理型领导的理论基石

在经济领域和政治领域中，功利主义往往会带来一种取向，那就是好的决策应该符合大多数人的福利或满足其物质需求。功利主义强调为最多数的人提供最好的商品，可以说，大多数经济机构和商业行为都是功利的，因为它们的存在就是为了给大众提供更高质量的生活，而不仅仅是为少数享有特权的人提供财富和服务。

和其他道德理论相比，功利主义的一个重要特点就在于它承认不同效用之间可以进行通约，并可以进行效用的计算。因此，功利主义具有非常实际的倾向，在具体的情境下都能够根据对结果的计算而得出相应的答案。阿马蒂亚·森在《伦理学与经济学》中指出，功利主义原则的一个基本要求是"对任何一种状态的效用评价只能通过观察这一状态所包含的效用总和来进行"[1]。这意味着，无论是对于个人还是对于企业而言，评价其行为或决策的依据就是这一行为或决策所产生的效用。早期的功利主义者，比如边沁和穆勒，认为可通约的效用是可以归结为痛苦和快乐的幸福，而现代功利主义者更倾向于把"福利看成理性和私利的偏好的满足"[2]。这样，对于企业所面对的伦理冲突，功利主义者就可以通过效用通约，将企业盈利行为所实现的效用与所产生的社会影响效用进行比较，当两者发生冲突的时候，选择具有更大效用和更能实现企业目标的行为。由于功利主义的效用计算模式与经济发展的某种内在特质相吻合，因此功利主义近几百年来在经济领域产生了广泛影响，不但成为西方主流经济学和管理学的伦理前提，也成为经济决策、管理决策的一个主要理论依据。

义务论或美德伦理在解决道德冲突问题上存在一定的决策困境，经常会出现在实际情境中难以提供解决方案的困难，相比之下，功利主义的方案显得既实际又实用，因为它总是可以通过衡量和计算的方式来选

---

[1]　森. 伦理学与经济学. 王宇，王文玉，译. 北京：商务印书馆，2018：42.

[2]　豪斯曼，麦克弗森. 经济分析、道德哲学与公共政策. 纪如曼，高红艳，译. 上海：上海译文出版社，2008：121.

择最好的结果。但是，功利主义在作为商业伦理的基础时存在局限性。具体表现为，首先，由于它总是通过计算结果的效用来决定决策的好坏，因此一些学者认为，这不可避免地会带来道德相对主义。功利原则并不必然包含公正原则，片面强调效用和效率的计算，不可避免地会带来对社会真正福祉的忽视和对在计算时处于弱势的群体利益的损害。比如，在某些情况下，企业的确应当采取使利润最大化的行为，因为这符合功利主义的要求，但如果从另外的层面考虑，这似乎又不符合功利主义的要求。在《经济分析、道德哲学与公共政策》一书中，丹尼尔·豪斯曼等人讨论了这样一种情形："假设一个公司故意将有毒物倾倒进一条河流，并污染了一片沼泽地。如果以可能产生的诉讼或者名誉损失计算的倾倒成本低于以无害的方式处理这些有毒物的成本，那么倾倒有毒物而污染了沼泽地对于公司来说是增加了收入。"① 在这种情况下，确定那个影响最大多数人的利益的范围就至关重要了，因为它影响着计算的结果。如果仅仅从企业内部考虑，企业负责人就会做出倾倒有毒物的决策，因为他这么做，并非仅仅出自自身的利益，而是为了企业中的大多数人；但如果把利益范围扩大，考虑到这一举动可能给其他社会成员造成的损失，比如环境的污染和给消费者带来的损害，那么企业负责人也许会做出不同的决策。实际上，功利主义所建议的衡量和计算是十分困难的，尤其当我们意识到行为不仅具有小范围内的影响，还可能影响到那些更遥远甚至是未来的人的利益时，这种衡量和计算就变得更加困难。一些功利主义者强调未来子孙的利益也应该被考虑到，其他动物以及所有能感受到快乐和痛苦的生物也都应该被考虑到，于是，考虑的对象范围越广泛，功利主义的衡量和计算就越不切实际，尤其当确定考虑范围本身就是一个难题的时候。

其次，功利主义的另外一个局限是结果无法取代对过程的道德判断

---

① 豪斯曼，麦克弗森．经济分析、道德哲学与公共政策．纪如曼，高红艳，译．上海：上海译文出版社，2008：88.

和某些重要的道德原则。比如，在判断雇用童工的伦理问题时，功利主义倾向于分析所有雇用童工能够产生的结果。雇用童工会产生很多问题，比如儿童遭受身体和心理的伤害、失去受教育的机会、所获得的低工资并不能有效提高生活质量等。但如果禁止贫困地区的孩子当童工，那么后果是，这些孩子仍旧没有受教育的机会，而且他们如果不去工厂劳动，就可能会为了生存做出偷窃、抢劫等更恶劣的行为。功利主义者会比较两种方案的结果，并认为允许童工在工厂工作，对这些孩子来说是更好的选择。因此，如果基于功利主义的判断，由于雇用童工产生的后果比其他选择要好，那么这就是符合伦理道德的。然而这种判断显然与我们的直觉相违背，虽然雇用童工可能会为那些穷困的儿童带来一些收入，但并不能够因此认为这就是符合道德的行为。而且无论结果如何，总是存在一些领导者应该要做的决策和企业应该去遵守的道德准则，包括公正、尊重、诚信等。比如，即使结果不尽如人意，企业也应该遵守已经签订的合约和做出的承诺，安达信会计师事务所的审计师不应该为了谋取更多的不义之财而违背他们的职业道德。

再次，当存在诸多行动选项时，功利主义要求选择对大多数人的利益而言最好的方案，也就是说当最好与次好同时存在时，选择次好就是错误的，也是相对来说不道德的。这实际上是用计算的逻辑代替道德的逻辑，也就是说，用最有效率的计算方案来解决"到底什么是有道德的"这样的问题。在这个意义上，"功利主义伦理学可以理解为一种效率伦理学……道德的准则不是自我目的，而是对行为进行控制的、仅仅通过自己的功能来证明有存在理由的社会公约……可以被看作对目的和手段理性的技术和经济模式的一种普遍化……技术行为是典型的以特定的非技术目的为导向的手段行为。技术的优化也总是带有效用最大化的特征"[①]。比如，外卖平台和出租车平台通过算法为骑手和司机设计了最佳路程和时间要求，并据此形成判断骑手和司机的信用程度的标准，

---

① 格伦瓦尔德. 技术伦理学手册. 吴宁，译. 北京：社会科学文献出版社，2017：268.

这种大数据的计算方案正好符合功利主义的计算原则，但这是否是一种道德选择？再比如，大数据技术通过对用户的偏好的收集，定向为其推送喜好内容，淘宝、抖音、微博等软件都在收集用户的个人数据，以最高效率来让用户进行消费、观看、阅读。如果软件开发者不采取这样的手段，那么其开发的软件就没有考虑到广大用户的使用体验，没有符合大多数的利益最大化原则，就会被淘汰。然而，虽然大数据技术看似可以帮助实现计算"最大多数的最大利益"的结果，但人在此计算过程中被异化为了一个技术系统中的"符号""零件"或"数字"，丧失了一切规定性，被剥夺了作为一个"具体的人"的权利。这种对结果的计算和对结果效用最大化的追求，往往会以取消对行为本身的目的和意义的价值判断为代价。

又次，少数人的利益是否是可以被牺牲的？功利主义考虑大多数人的最大幸福，然而这不可避免地会牺牲少数人的利益。如果采用功利主义的视角，就意味着企业在进行商业决策的时候仅计算和考虑大多数人的利益，那些数量上占少数的人群的利益是可以被忽略的。但这种衡量和比较是不切实际的。到底谁是少数人群？或者说，谁与谁进行比较？一个商业决策，是否可以为了数量较多的顾客的利益，牺牲数量较少的组织内员工的利益？是否可以为了数量较多的利益相关群体的利益，牺牲数量较少的一部分利益相关群体的利益？不仅如此，如果少数人仅仅因为数量上的劣势就被认定可以放弃他们的利益，那么对于这些人而言是否是公平的？

最后，也是最重要的一点，功利主义作为一种伦理原则，不仅在作为商业伦理的基础时有局限性，在作为伦理型领导的基础时，更是有着不可忽视的硬伤。这是因为，如果按照功利主义的要求只看领导行为所产生的后果，那么是无法确定领导者本身的道德状况的。一个非道德的领导者，甚至一个不道德的领导者，都有可能做出效用后果对企业或社会有利的决策，但这仅仅代表领导者此时的行为本身符合功利主义伦理的判断标准，而不能确认领导者是一个有道德的领导。因此，当我们判断一个人是否是伦理型领导时，用功利主义的伦理标准来确认往往是不足够的。

（三）义务论

根据后果主义，一个行为的结果决定了该行为的对错；与之相对，义务论强调行为本身内在的道德价值。义务论（deontology）或称"道义论"，是指判断一个行为在道德上是否正确，既不是看结果，也与行为的收益计算无关，而是要看行为本身是否符合某些基于理性的规则，或者说是否遵循了某些义务。也就是说，伦理原则可以被看作规则，我们需要明白应该和必须遵守哪些规则，即使这些规则最后并没有带来好的结果，甚至会导致更坏的结果。

后果主义主张行为的目的决定行为的手段，或者说目的为手段提供辩护；而义务论仅考虑行为本身的正当与否，一个行为的目的和结果不能够为它的手段提供辩护。根据义务论，有些行为在任何情况下都是错的，比如撒谎和不守信用，即使在很多情况下它们能够使行为者所期待的利益最大化；而有些行为在任何情况下都是正确的，比如说真话和信守承诺，即使在很多情况下这种行为会带来伤害。再比如法律，即使它不一定会给我们增加"幸福感"，但也是一种我们应该遵守的规则。我们必须遵守交通规则，即使有时不遵守不会带来伤害，并且闯红灯可以更快到达目的地。有时候，即使能够增加利益，但由于事情本身并非出于好的目的，那么这件事就是不符合道德的。又比如，许多人都认为禁止雇用童工是符合伦理的，即使雇用童工会给社会带来好的经济结果。当代著名义务论者查尔斯·弗里德的一段话能够表明义务论中的强硬立场："有些事情是一个有道德的人无论如何都不会做的……你无论如何都不能做撒谎或谋杀这些事情，因为撒谎或谋杀是错的，而不仅仅是坏的。它们不仅仅是一个计算中的负数，更可以被你可能行的善或你可能避免的更大的恶压倒。如此一来，表达义务论判断的规范，例如不许谋杀，可以说是绝对的。它们并不是说'在其他情况相同时，避免撒谎'，而是说'不要撒谎，没有例外'。"①

简单而言，一个义务就是如此行为和不如此行为的理由，也就是约束行为的道德要求。有的义务来自我们所承担的社会角色。比如，作为父母，有抚养子女的义务；作为朋友，有不背叛对方的义务；作为家庭成员，有承担家务劳动的义务；作为老师，有认真备课的义务。一些职业由于其专业性而需要承担相应的责任和义务，比如律师、审计师等。我们所熟知的一个案例是，在安然事件中，安达信会计师事务所的审计师由于没有履行其职业义务而造成了道德沦丧。

义务论的伦理学说旨在说明人类所具有的道德义务的性质和内容。义务论对于行为的约束一般有两种方式，一种是列出一个或一组规则让行为者遵守，另一种是要求行为者在具体情形下做出特定的行动。这两种不同的方式代表了义务论理论的两种类型，即规则义务论（rule deontology）和行为义务论（act deontology），前者在当代义务论理论中占据绝对优势的地位。

（四）康德义务论

义务论传统的代表者是 18 世纪德国哲学家伊曼努尔·康德（1724—1804），他的道德理论是义务论中最有代表性的理论。康德主张，道德哲学应该准确地表述我们日常道德判断所依据的基本原则，并为此原则提供哲学上的辩护。他认为，真正的道德行为是纯粹基于义务而做出的行为，他称之为"绝对义务"（categorical imperative），为实现某个个人功利目的而做出的行为不能被认为是道德的。也就是说，一个行为是否符合道德规范，并不取决于该行为的结果，而取决于该行为的动机。理性是康德义务论得以建立的基础。他认为，人和动物的本质区别不在于感性欲望，而在于具有理性；人的意志之所以是自由的，就在于其本质是理性的。康德将道德内置于人的理性观念中，把道德看作

---

① Charles F. Right and wrong. Cambridge, Massachusetts: Harvard University Press, 1979: 9.

是由理性的意志决定的，是出于人的理性的一种善的行为，它不计功利、不看结果，纯粹来自一种义务感或由动机决定的善。他指出，理性"不但要考察本身为善或为恶的东西（只有不受任何感性利益所影响的纯粹理性才能判断这一层），而且要把这种善恶评价与祸福考虑完全分离开，而把前者作为后者的最高条件"①。一个人只有决定按照某种合乎理性的规则做出某个出于善意的行为，其行为才是善的。也就是说，如果某个行为具有道德价值，那么它不仅要合乎理性，而且必须源于做正确之事的意愿。比如，建造一座水坝，尽管这座水坝是按照理性的原则建造的，且为数百万人带来了巨大的福利，但是建造水坝的行为仍不具有道德价值。当然，康德不会认为这种行为是错的，或者恶的，只是不能称其为道德的。

康德用三个公式（formulation）来展开他的绝对命令。第一个公式是"普遍法则公式"，即除非一个人愿意让他的行为原则成为一个普遍法则，否则他绝不能如此行动。康德认为，一个人必须按照某个行为原则来行事，同时愿意将该原则作为普遍法则。也就是说，人们需要在脑海中构想一个世界，在这个世界中，每一个人的行为原则成为每时每刻规范所有人行为的法则。只有当所有人都可以遵循该原则的时候，它才可以被普遍化。如果指导行为的原则不是所有人所应当奉行的，那么这个原则就不具有普遍必然性，就不是绝对命令。第二个公式是"人性公式"，即把每一个人当作目的，而不仅仅是工具。康德认为，不论在什么时候，任何人都不应该把自己和他人仅仅当作工具，而应当将人自身看作目的。我们的基本义务是把他人视作独立的个体，每个人都有自己的目标，因此不能仅仅成为他人达到目的的工具。简单来说，就是不要利用别人，至少我们不能只是为了达到自己自私的目的而利用他人。不过，康德不是禁止人们将他人作为达到自己目的的工具，但这样做的前提是，人们必须将他人也作为目的，必须维护他人作为理性生物的尊严，人作

① 康德.实践理性批判.关文运，译.北京：商务印书馆，1960：63.

为理性者的存在是一律平等的。第三个公式是"自律公式"，即人在给自己确定行动准则的时候，要设想自己是一个立法者，在为全人类立法。换句话说，我们自身的行事原则必须能够被普遍化，成为统治这个理性世界的法则，否则我们的行为就会与自己的人类尊严以及他人的人类尊严背道而驰。所谓自律，是相对于他律而言的，自律是法由己出，而他律则是指外在的因素。人不是只懂得服从的物，也并非只知道立法的神，而是服从自己立法的主人。康德认为，这三个公式能够帮助我们判断行为是否道德，如果有一个不能通过，那么行为就是不道德的。比如，康德用说谎和自杀来举例说明这样的行为为什么不道德，因为这样的行为是不可能上升到普遍的层面的。如果说谎是被允许的，那么人与人之间将不再有信任，所有的承诺都会失效，一切交易和契约都会消失；如果自杀是道德的，那么上升到普遍的层面，所有人都自杀，那么人类也就灭绝了。那种只能成为个例、不能普遍化的行为都不能被称为是道德的。

康德义务论与道德权利的概念密切相关。每个人的内在尊严意味着我们不能随意对待他人。道德权利保证个体的尊严免受损害，不能随意把别人当成手段和工具。我们基本的道德义务是尊重他人的基本权利。即便是恐怖分子，即便是少数派，即便是那些不能够给社会带来利益的人，在康德的角度看来，也都应该享有最基本的权利，比如生命权、财产权、自由权等人权。这种权利观点为人类的核心利益提供了保障，避免了那种为了大多数人的利益而牺牲个人利益的行为的出现。

总的来说，康德义务论把人的理性放在了一个至高的位置，人具有理性，因此，人的行为只应当听从理性命令，而理性命令要求一个人应当遵循的行为准则必须能够同时成为所有人的行为准则。因此，遵循理性的行为不仅是人生目的或意义，也是道德行为的标准。康德义务论在很大程度上克服了后果主义的一个弊端，即为了善的目的可以不择手段；但也有其缺陷，比如，难以应用和难以理解。我们将在下一节具体分析康德义务论的缺陷，尤其是在商业领域实践中的缺陷。

（五）义务论能否成为伦理型领导的理论基石

以康德为代表的义务论，强调"人是目的""人为自然立法"，充分突出了人的主体性。在商业伦理研究中，义务论往往也被作为一种道德分析的维度。美国哲学家诺曼·E. 鲍伊是最有代表性的商业伦理领域中康德主义的推崇者。鲍伊认为康德义务论可以作为企业实践的伦理基础，企业必须信守承诺，将诚信作为一种普遍的原则，否则商业交易就不可能存在。[①]

按照康德的"普遍法则公式"，违背承诺这一原则之所以不被允许，是因为允许人们都违背承诺会让承诺本身成为不可能，因为"没有人会相信对自己承诺的东西，而是会把所有这样的表示当作空洞的借口而加以嘲笑"[②]。鲍伊指出，将企业的商业行为理解为遵循弱肉强食、欺骗狡诈的原则是不符合人的理性的。企业的领导者在进行决策时，也要考虑自己是否愿意使决策所遵循的依据成为商业领域内普遍的行为准则。如果答案是肯定的，那么他的行为就是绝对命令所许可的，反之则不被许可。比如，以商业合同为例，"合同是一种正式做出承诺的方式。雇用员工、使用信用、订货和供货、保单等都要利用合同。如果允许破坏合同的行动准则被普遍实行，这个世界上就不会有合同存在。要是人们相信合同对方不会遵守合同，就没有人会去订立合同。普遍实行的允许破坏合同的行动准则将会成为自我否定的"[③]。由此，我们也可以推导出欺诈、盗窃等都不符合商业社会可以遵循的普遍的行为准则。并且按照康德的"人性公式"，企业也不能违反合法的个人权利，企业要尊重员工的尊严，这是企业伦理的基本要求。企业不能把员工作为一种像机器和资本一样的生产工具，或仅仅依照利润最大化的经济法则来对待员工，而应该把所有员工作为人对待。有些企业为了经济利益随意延长员

---

① Bowie N. A Kantian approach to business ethics//Frederick R. A Companion to business ethics. Oxford：Blackwell publishers，1999.

② 李秋零. 康德著作全集. 北京：中国人民大学出版社，2005：430.

③ 鲍伊. 经济伦理学：康德的观点. 夏镇平，译. 上海：上海译文出版社，2006：16.

工的劳动时间，或让员工在极其恶劣、有害身心的环境中工作，或利用技术手段对员工进行毫无隐私可言的监控，这都是义务论所坚决反对的。"尊重人的人性的第一步要求是，人不能仅仅被利用。对于商业伦理学而言，这意味着商业关系应该既不是强迫的，也不是欺骗的。"①

总之，在经济领域，欺诈、贿赂、偷工减料等行为都不能成为普遍性的法则，因而在任何情况下都是不道德的。并且，对于企业而言，任何利益相关者的权利都必须考虑到，而不能仅仅将他们作为谋取利益的手段。鲍伊认为，康德义务论的优势在于，它所提出的道德准则具有普遍性和稳定性，是所有理性人类都必须接受的行为准则。而且，康德伦理原则与情境无关，它适用于一切场景，"如果（康德的原则）可以适用于微软、宝洁和通用汽车公司，那么它也可以被用于任何非美国的公司"②。

然而，虽然康德义务论在伦理学理论价值方面具有无可否认的重要价值，但它是否适合作为商业伦理的理论基础是值得商榷的。

首先，如果我们回到康德原本的道德分析上，那么有很大可能，商业实践是被排除在道德讨论之外的。商业领域所说的"道德"并不是康德所说的"道德"，后者基于"纯粹实践理性"，而前者是一个更为复杂、更难以界定的概念。康德本人并不反对商人逐利，但他反对为商人的逐利之举贴上道德的标签，这会降低康德对道德的标准。在《道德形而上学奠基》中，康德曾经举过一个商人的例子。他说，商人应该诚实守信地做生意，这貌似符合道德义务，但这既不是出于商人的道德义务，也不是出于商人对顾客的爱，而是出于盈利的自私目的。③ 商人之所以做出信守承诺、不牟取暴利的行为，只是因为他们知道，如果不如此行为就会破坏自己的名声，致使生意受损。因此，对于康德而言，这种商人的行为值得称赞和鼓励，但不应该受到尊敬。因此，只有当商人

---

① 鲍伊. 经济伦理学：康德的观点. 夏镇平，译. 上海：上海译文出版社，2006：49.

② Reynolds S J, Bowie N E. A Kantian perspective on the characteristics of ethics programs. Business ethics quarterly，2004，14（2）：275-292.

③ Kant I. Groundwork for the metaphysics of morals. New York：Oxford University Press，2002：13.

纯粹出于道德义务从商的时候，才能说其商业行为是道德的。可见，康德的道德标准不是一个容易的选项，而是一个挑战，康德邀请我们每一个人都能够直面自己的内心，寻求内心的真实想法。但纯粹出于道德义务的商业行为在商业领域显然是过高的道德要求，这意味着在商业领域，符合康德道德要求的伦理型领导几乎是不可能的。

其次，康德义务论要求人对道德原则的遵守是脱离具体情境的、不容置疑的、放之四海而皆准的。然而，在现实中，不是所有的情境中，企业所面临的都是非此即彼、非黑即白的情况，可以凭借纯粹理性轻而易举地进行选择。尤其在商业情境中，企业往往面临复杂的、不断变化和发展的情况，领导者的决策也需要根据各种相关因素的变化而变化。如果彻底取消商业决策的弹性，用刚性的、一元论的道德原则对领导者进行行为上的指导，那么在高举道德义务旗帜、严正商业领导行为的同时，也在一定程度上扼杀了商业发展的活力。

最后，义务论强调理性，否认情感在道德判断中的作用。康德义务论告诉我们，不管一些人的行为是多么负责、多么可亲，只要不是出于责任，其行为就不具有道德价值。从道德角度来看，康德更喜欢那些天生冷酷、没有共情能力、对别人的苦难无动于衷的人的善举。比如，康德举过的一个众所周知的例子是，一名遭遇黑帮追杀的无辜者到你家求助，你把他藏了起来，黑帮成员到你家追问这名无辜者的下落，你该如何回答？康德的意见是，说实话。你只要服从道德的命令，服从义务，就可以不顾后果如何。即使你知道说了实话会招致无辜者的杀身之祸，也无须在意，你的善良意志还是会像宝石一样闪耀着自身的光芒。因为这样的人的道德行为不依赖于对别人的同情，而仅凭借自身的义务，也只有在这种情况下，人在道德上才具有无与伦比的高尚。康德的结论，无论在理论上多么优美，与人们的直观判断都是冲突的。因此，许多康德的评论者认为，康德伦理学过于刻板和冷酷，它推崇的是一个没有同情心、没有爱心，但富有责任心的理想化形象，而这与我们在生活中对于行为好坏判断的真实体验相去甚远。

不仅如此，康德义务论在理解人与人的关系上，存在情感上的真空状态，要求等距地、无差别地对待所有人。在《饥饿、富裕与道德》一书中，彼得·辛格论证说，帮助那些处在疾病或营养不良危险中的遥远异乡儿童的义务，与援救一个在我们面前马上要溺水的儿童的义务的强弱程度是一样的。① 道德义务与距离并无关系。对于义务论者而言，不去捐助救济组织以让那些不为人所知的儿童免于饿死，与不去援救在我们眼前溺亡的儿童所犯的错误是没有分别的。但就人们真实的情感体验而言，拒绝帮助一个正处于溺亡危险的儿童带给人的情感冲击要强烈得多，也比不给救济组织捐款在道德上恶劣。因此，如果有人在其行为中更喜欢陌生人而不是自己的家人，或者对待家人的方式如同对待陌生人的方式，那么他们显然缺乏一种我们日常理解意义上的道德德性②，并且显得与真实世界格格不入。

如此看来，康德义务论虽然基于人的理性提出了崇高的、普遍的道德要求，但其在商业实践中的可行性十分有限。最关键的是，康德义务论要求商业领导者从商的动机必须是出于纯粹的道德义务，因此，尽管领导者的行为是正确的，可能带来了社会福利，但是不具备严格意义上的道德价值。这也使得康德义务论意义上的伦理型领导者在商业领域成为难以企及的理想。

二、伦理型商业领导力的德性伦理路径

（一）关于德性伦理

德性，或者说美德（virtue）是一个事物优秀或出色的特征或状态。一般来说，伦理学家所说的德性或美德是某种品格特征，正是这些特征将那些有德性的人，即值得赞扬和钦佩的人与其他人区分开来。如果一

---

① 辛格. 饥饿、富裕与道德. 王银春，译. 北京：中国华侨出版社，2021.
② 斯洛特，王楷. 情感主义德性伦理学：一种当代的进路. 道德与文明，2011（2）：28-53.

个人拥有德性，那么他应该具有某种恰当的道德品质，这种道德品质对应的是主体相对固定的、习惯性的行动倾向和行为模式。

德性伦理（the ethics of virtue）是一种最古老的道德文明样式和道德实践样式，它可以说是人类生活最基本的价值目标和意义向度。在古希腊伦理学传统中，"怎样成为一个好人"是伦理学关注的重心，即伦理学是关于人或人生何以美善的一门学科；而现代伦理学关注的重点是，怎样的行为才是好的（善的、对的）行为。在传统社会向现代社会转换的过程中，西方伦理学范式发生了重大变化，即从以亚里士多德为代表的传统的德性伦理学转向了以功利主义（功利论）和义务论为代表的规范伦理学。这种由关注人的品质到关注人的行为或结果的转变，体现了伦理思想发展的古今差异。

为了理解德性伦理作为领导伦理学基础的适用性，我们有必要将其与前面所提到的其他两种与领导伦理学领域相关的规范性伦理学——功利主义和义务论区分开来。现代"功利主义"伦理学主要关注的是可计算的后果：一个行为的正确性或错误性仅仅由该行为的后果决定，而不是由行为人的意图决定。相反，"义务论"伦理学通过提及责任和义务而不是后果来评价行为。有道德的人是那些根据其义务行动且具有维护道德标准责任感的人，不管其行动结果如何。在这两种情况下，个人的内在特质都不会被考虑在内。功利主义与义务论一个侧重后果的有效性，另一个侧重原则的普遍性，实际上它们都是以原则和理性的形式为行为提供普遍指导。但遵守道德行为规则的人，对规则实际上往往未必是认同的，即不意味着他是一个有道德的人，因此需要有美德鉴别与培养的道德学问。相较之下，德性伦理学关注的是"一个人应该成为什么样的人"，它把一个人内在的善而不是行动的后果或义务的行为规则放在其理论的中心，鼓励人们去寻找"善"，并在生活的各个方面成为一个好人。[1]

---

[1]　Solomon R C. Business ethics and virtue//Frederick R. A companion to business ethics. Oxford：Blackwell Publishers，1999.

不同于功利主义和义务论的理论进路，德性伦理以行为者为中心，它将行为者的行为和情感与行为者内在关联；并且，德性不仅是行为者的道德品性，它还必须通过行为展现出来。什么是正确的行为？功利主义认为是最大化好的后果，义务论认为是遵守普遍的道德规则。德性伦理以行为者为中心，认为一个行为是正确的，意味着有德性的行为者在某个具体的情境中会践行该行为。德性概念有规则的意蕴，如正义、勇敢、节制等，但相比义务论，它更强调在情境中对这些伦理规则进行恰当实践的重要性。康德的"出于责任"的动机论强调，只有符合道德的动机才具有道德价值；而德性伦理强调，有德性的行为者在一定情境中，发自其品格、品质做出的行为才具有道德价值。[①] 德性伦理也重视行为的结果，它将目的后果作为内在构成要素，认为人类有选择的行为应该都指向"善"，但它不像功利主义那样，仅仅强调后果具有的道德价值。德性伦理关注的是人的内在品质，一个人只有具备某种内在品质，才是一个有道德的人，也只有有道德的人，才能做出真正合乎道德的行为。

德性伦理的思想源头，一般会追溯到亚里士多德。在亚里士多德的伦理思想中，德性也被称为美德。亚里士多德认为，美德一般分为两类：一类是理智的美德，以知识、智慧的形式表现出来；另一类是道德的美德，以制约情感和欲望的习惯表现出来。知识和理智是美德的必要条件，但不是唯一条件，形成美德必须要有实际的训练，养成道德的习惯，从而全面地形成美德。美德是人类内在的、合乎理性的生活行为。一个有德性的人，就是内在地具有某些被称赞的或可贵的品质的人。人的美德使得人们能够合理、恰当地处理自己的激情、欲望、意志以及行为。可以看出，亚里士多德并非只注重行为者而不注重行为，他强调行为与行为者之间的内在关系。诸如公正、节制这样的行为之所以正确，不仅仅是由于它合乎规范，也是由于它是由有美德的行为者做出的。也

---

① 龚群. 回到行为者本身：当代德性伦理学的进路. 学术月刊，2022（11）：17-29.

就是说，只有当行为者出于公正或节制的品质去行为的时候，他的行为才能被称为公正或节制，否则只是看上去如此罢了。

美德包含主体优秀的品质及其习惯性的行动倾向和行为模式。但具有美德的行为并不是一种单纯的习惯。人们的习惯可能是天生的或无意中养成的，比如大部分左撇子是天生的，并不包含认知的成分；抽烟的习惯可能是无意中养成的。但美德不仅仅体现在合乎道德的规律性行为之中，还体现在判断、情感、知觉、选择等一系列心理要素和行为要素之中。比如，一个慷慨的人不仅总是具有完成慷慨举动的动机和倾向，而且在内心情感中认同慷慨之举，并欣赏他人的慷慨行为。同时，慷慨不是一时冲动，而是包含某种理性的判断。也就是说，一个慷慨的人知道在具体情境中采取慷慨的行为。

关于美德的获取，亚里士多德强调实践的训练和习惯。一个人并非天生就拥有美德，也并非在成长过程中自然而然地就能获得美德，美德是教化、训练和坚持的结果。亚里士多德认为："美德出现在我们身上既非天然如此，也不违反自然，但我们天生就能够获取它们，并通过习惯的养成达到我们的完善……我们获取美德，就像获取手艺一样……因此，我们是通过公正的行动变得公正，通过有节制的行动变得有节制，通过勇敢的行动变得勇敢……"[1] 因此，一个有美德的人值得赞扬，并不是他具有天生的才能，而是他坚持不懈、努力追求的结果。

美德是令人赞赏且值得追求的品格状态，那么，如何确定一种品格状态构成了恰当的美德呢？亚里士多德的"中道"观念具有代表性。亚里士多德指出："美德关系到感受和行动，在感受和行动中，过分和不足都是错误的，并且会招致责备，而中间状态是正确的，并且会赢得赞扬，是美德的真正特点。因此，就其目的在于中间状态而言，美德是中道"[2]。美德是在两个阶段之间寻求中道，过分和不足都是不可取的。

---

[1] Aristotle. Nicomachean ethics. Indianapolis：Hackett Publishing Company，1985：33 - 35.

[2] 同[1]44.

鉴于人类心灵中既存在理性的也存在非理性的欲望，因而美德必须恰当地安排这两种欲望之间的关系。亚里士多德给出了许多例子来说明美德是中道，比如，勇敢是中道，而鲁莽和怯懦分别是过分和不足；诚实是中道，而吹嘘和自贬分别是过分和不足；友善是中道，而谄媚和阴沉分别是过分和不足；慷慨是中道，而虚华和吝啬分别是过分和不足；节制是中道，而放纵和麻木分别是过分和不足；等等。当然，当代德性伦理学家对何为美德也有其他的界定方案。比如，有些人认为美德的内容由一个社会传统所确立；有些人认为美德体现了理想人格或道德榜样的道德品格；还有些人认为美德应该与道德原则相结合，比如，具有诚实美德的人就是那些遵守诚实原则的人。

重视德性伦理的现代哲学家中，比较有代表性的有安斯康姆、麦金泰尔（又译麦金太尔）、威廉斯、纳斯鲍姆、斯洛特等。比如，安斯康姆指出，诸如道德责任或道德义务的概念都属于伦理学的神法概念（divine law conception of ethics），它要求人们具有对神圣立法者的信仰，但是在当代社会，这种信仰已然面目全非，这种义务概念也显得单薄。麦金泰尔对以西方功利主义和权利为中心的现代西方道德生活和面临的道德危机做出了深入分析，认为现代社会将个人生活分割成不同碎片，不同的生活碎片中有不同的道德要求，自我被消解成一系列角色扮演的分离的领域，但实际上，我们仍然从精神层面上需要美德作为内在的支柱来克服种种自我认知的困境和道德危机。①

与功利主义和义务论相比，德性伦理更贴近人复杂的道德心理和丰富的情感经验。德性伦理从人的生活实践的内在性出发，以人的整体性为逻辑原点，关心人的存在和发展的全面性。现代社会将每个人的生活分割为一个一个的侧面和部分，每一个侧面和部分都有相应的准则、规则和行为模式。但是，人是作为整体而存在的，当人与其所承担的角色之间发生冲突和分离的时候，人的统一性和整体性就受到了挑战。比

---

① 麦金泰尔. 德性之后. 龚群，等译. 北京：中国社会科学出版社，1995.

如，一个人被分别评价为"好医生""好父亲"或"好兄弟"，是不足以说明此人是有美德的。"某人真正拥有一种德性，就可以指望他能在非常不同类型的环境场合中表现出它来。"① 也就是说，一个人的生活是一个整体，不能够从某一个侧面或部分来评价一个人的德性。

德性伦理强调它所产生的既定传统或文化②，美德的内涵反映了它所产生的文化和社区的价值、传统、记忆及叙述。德性伦理学并没有强加一个僵硬的、与背景无关的或与情况无关的道德要求；美德不是孤立的特质，而是与背景有关，因为美德使人能够做出良好的选择，在特定的、不断变化的环境中正确地行动和反应。③ 因此，德性伦理是那些生活在某种特殊道德文化共同体中的个人，在承诺并实践其独特的"特性角色"的过程中，所展示的优秀品质和良好的行为。④ 社会中的个人不能脱离共同体、仅仅作为个体来追寻善或者运用德性，因为任何具体的个人都与他人生活在共同体之中，任何个人的行为只有放在特定的历史背景和文化环境之中，才能够正确地理解其德性和品格。

现代道德哲学中德性伦理的兴起，是因为不论是义务论还是功利主义，在现代社会的道德实践中都遇到了难题。义务论者和功利主义者都欢迎相应的德性，比如，对义务论者而言，诚实的品格是履行诚实义务的保证；对功利主义者而言，实践智慧让人总是选择能够带来最佳结果的行为。但是，如果德性的价值仅体现在它为正确的行为提供了动机上的支持，那么德性就只是辅助性和补充性的，它不能够决定或解释为何这些行为在道德上是正确的，而只是有助于人们采取道德上正确的行为。

---

① 麦金泰尔．德性之后．龚群，等译．北京：中国社会科学出版社，1995：258.

② Jones C，Parker M，Bos R T. Business ethics：a critical approach. New York：Routeledge，2005.

③ Duffy J. Provocations of virtue：rhetoric，ethics，and the teaching of Writing. Logan：Utah State University Press，2019.

④ 万俊人．传统美德伦理的当代境遇与意义．南京大学学报（哲学社会科学版），2017（3）：137－147.

（二）德性伦理与现代社会的道德困境

现代社会的一个突出的特点就是世界的"祛魅"，正如马克斯·韦伯所言："我们的时代，是一个理性化、理智化，总之是世界祛除巫魅的时代；这个时代的命运是一切终极而最崇高的价值从公共生活中隐退。"① 世界由于启蒙而祛除了"巫魅"，人们对伦理的认识也一样，进入20世纪以来，人类正经受着一场不断蔓延的道德危机。启蒙的祛魅加速了科学技术的发展，但伦理道德的形成恰恰需要某种非理性带来的神圣性。② 伦理的价值根基以及道德的终极意义必须诉诸神圣性。正如康德在回答"一个定言命令如何可能"时，也提出理性存有局限，必须设定上帝的存在。然而，在这个宣布"上帝已死"的时代，在这个技术理性掌控一切的时代，一切都变得技术化、世俗化、标准化、可控制了，没有了崇高、神圣与超越，就连伦理道德也趋向成为约束人的外在规则和规范，对于人内在的精神世界和心性理想越来越缺乏必要的理论耐心。

祛魅使人们失去了前现代的神秘的、崇高的精神根基，但理智化的科学理性无法为人们的生活意义提供新的精神支柱，尤其是工具理性对价值理性空间的侵占，引起了诸多现代社会的问题，比如拜金主义、价值消解、孤独迷茫等。由市场经济催生的物质性价值目标社会导向，得到了现代科学理性和民主政治体制的支持，使得现代伦理倾向于建立一种像数学或物理学那样精密的知识体系，但这实际上对现代人类道德造成了严重挤压，即同质化或整齐划一的理性法则和普遍规范成为一种纯粹规则主义和法律主义的东西，越来越缺乏人类内在的价值动力和人格基础。

20世纪后期，伦理学家麦金泰尔在其颇具影响力的著作《德性之后》中指出，现代社会丢掉了传统的德性伦理，这是导致现代社会道德处于危机之中的根本原因，因此，他提出重建现代道德的方式就是回归传统的德性伦理。作为一种典型的传统型道德知识类型，德性伦理代表

---

① 韦伯. 以学术为业. 冯克利，译. 北京：商务印书馆，2018：38-39.
② 赵庆杰. 现代性社会的伦理命运与道德困境. 道德与文明，2008（4）：22-26.

着传统道德文化的基本理论形态和道德思维方式，它强调人格理想完善基础上的道德目的的圆满实现，具有内在自律的道德力量和"自我完善"的内在价值取向。

麦金泰尔认为，亚里士多德的德性论"所把握的不仅是希腊城邦范围内的人类实践的本质特征，而且是人类实践本身的本质特征"[①]。对于一个缺少正义美德的人来说，普遍的正义规范约束效果等于零。社会公共制度系统的强化和成熟对于整个社会的顺利运行而言的确必不可少，但人格典范、道德先进和品格卓越同样是公共文化价值的精神根基，是引领公共社会生活的内在价值力量。在法则与美德之间存在着标志人类道德伦理的现代与传统、普遍与特殊、社会道义与个人目的的深刻关联。麦金泰尔指出，当代自由主义伦理学之所以问题重重，其中一个很重要的原因是这些理论中所包含的"自我"是一个没有任何身份规定的自我，这种自我"不具备任何必然社会内容和必然社会身份"[②]。这样一种"自我"又被查尔斯·泰勒称为"自我定义的自我"[③]。基于这种"自我定义的自我"的个人，是脱离了情境的、没有美德品质的个人。但是，道德个人总是处于特定的时空、情境和社群之中，任何脱离了个人的家庭、国家、社群、政党等特殊的身份规定之外的普遍的道德规范，要么难以解决实际的社会问题，要么会引致更严重的道德困境。

德性伦理反对"现代性"的"普遍理性主义规范伦理"诉求，规范伦理学的研究聚焦于"我应该做什么"，规则是道德的基本概念。对于规范伦理学而言，人们在道德活动中最为重要的问题就是要遵守道德规则，而道德哲学的主要任务就是制定道德规则，"至于个人的道德修养以及德性的培养，则最后只被缩减到一种性向，这种性向就是对道德规则的服从"[④]。这种"只见规则不见人"的思维方式弱化了道德主体的

---

① 麦金太尔. 伦理学简史. 龚群，译. 北京：商务印书馆，2003：19.

② 麦金泰尔. 德性之后. 龚群，等译. 北京：中国社会科学出版社，1995：42.

③ Taylor C. Hegel. Cambridge：Cambridge University Press，1975：6.

④ 石元康. 从中国文化到现代性：典范转移？. 北京：生活·读书·新知三联书店，2000：108.

内在道德情感、对事物的直觉以及对复杂情境的把握。虽然德性伦理也强调规范，但德性伦理学是通过优秀的个人内在品质和理想人格来展示规范性的。和规范伦理学相比，德性伦理学能够正视并澄清人们行为背后的心理基础，从而为他们的道德行为和道德生活提供可靠的预期。

面对现代社会的种种困境，重返德性伦理有着充分且必要的理由。

首先，德性伦理是以促进社会繁荣为目的的更高的伦理要求。现代社会日渐理性化、标准化的趋势，带来了应用层面对伦理的消解的倾向。比如，不断开放的社会经济和日趋扩展的社会公共生活领域促使整个社会对于道德伦理的要求转向了普遍规范伦理，也就是"底线伦理"（minimalist ethics）概念的提出。底线是"最起码的要求"，也就是"不作恶"，这是一种不可让渡的最后伦理底线，意味着社会上的每一个人只要达到最起码的要求即可，也就是不伤害别人、不做坏事，但也不必去做什么好人好事。"底线"一词说明，这种伦理是一种最为基础性的要求，这种基础性有一种相对于价值理想的逻辑上的优先性①，同时，它是一种最起码的行为界限，划清了那些"不可为"的行为。这种对于社会全体成员而言最基本的行为规范能够保障社会的运行，而缺少这种底线的行为准则和规范会导致社会的崩溃。

然而，"底线伦理"概念本身只涉及保障社会的最基础的运行，而不能为社会成员主动行善，为积极创造一个更"善"的社会提供更多的理论依据。比如，个人的美德理想、社会的总体价值、人类的良知或良心、人生信念和意义，都超出了底线伦理所能解释的范围。正如万俊人所说："所谓的底线伦理就是起码要求，而起码要求其实还不是一个充分的伦理问题，而是一个法律和政治问题。对于道德的定位，应介乎法律和宗教信仰之间。"② 他的担忧是中国当代社会的伦理底线正在不断

---

① 何怀宏.良心论：传统良知的社会转化.北京：北京大学出版社，2017.

② 万俊人.传统美德伦理的当代境遇与意义.南京大学学报（哲学社会科学版），2017（3）：137-147.

后退，甚至出现"无穷后退"的迹象，社会道德呈现出一种无穷下沉的趋势。底线伦理是现代社会对人的最低要求，而不是人可以成为的那种更理想化、更善的模样。如果我们仅仅依赖底线伦理，就会导致伦理意义的消解，"（最低伦理）这种通俗化不仅把问题简单化，而且牺牲了太多的学理性，它们只谈论一些众所周知的规范，而不顾那些规范所涉及的深刻问题，这样的伦理学甚至不是伦理的普及教育，而是一种娱乐性的大众文化"①。

其次，德性伦理从人的内在道德出发，应对现代伦理规范的制度化趋势。有学者指出，从传统的"熟人社会"到现代"陌生人社会"的转变带来的道德生活方式的变化，要求将道德评价外部化、明文化，用强制力做后盾来发挥道德在现代社会的约束作用。由此，自 20 世纪 90 年代起，伦理学界兴起了一股"制度伦理"的潮流，提倡将伦理制度化、法制化，为道德立法，把过去软性的道德理念、规范变为具有硬性规定效力的制度。然而这种做法早就被孔子指出了其弊端，过分地依赖外在的强制性约束，虽然可能看起来效果不错，但对人本身发展道德素养毫无帮助，只会让人"免而无耻"。只有让人们发自内心地认同且遵守伦理规范，才会"有耻且格"。现代社会倾向于用程序合理性回避或掩盖实质合理性问题，但人们在遵守伦理规范的时候，应当能够从内心理解制度和规范如此规定的原因，明辨规定的伦理价值取向。真正的认同而非强迫的接受才是伦理道德发挥作用的应有之义。"没有人的正义美德或没有具有正义美德的人，正义的秩序和规则只能是一纸空文，一如仅有严格系统的交通规则并不能杜绝因闯红灯违章驾驶而造成交通事故一样。"②

最后，现代社会的道德平面化需要道德精英的引导。③ 一个社会需

---

① 赵汀阳. 论可能生活：一种关于幸福和公正的理论：修订版. 北京：中国人民大学出版社，2004：31.

② 麦金太尔. 谁之正义？何种合理性？. 万俊人，吴海针，王今一，译. 北京：当代中国出版社，1996：译者序言 16.

③ 万俊人. 传统美德伦理的当代境遇与意义. 南京大学学报（哲学社会科学版），2017（3）：137-147.

要最基本的道德规范，但也需要道德精英来发挥道德方面的示范引领作用。因为道德作为一种特殊的人文价值，除教化和意识形态宣传的作用以外，它的一个非常重要的作用就是为人类展示理想的生活境界。传统德性伦理正是在每一个社会中，基于共有的文化价值，树立符合自身价值取向的道德典范和人格典范的。我们在现实生活中，经常会感叹见义勇为、品格高尚的人越来越少见，每个人都"各人自扫门前雪，莫管他人瓦上霜"。这样的社会或许被解释为人们权利-义务意识的提高，但并不是一个充满温情和善意的社会。

当然，德性伦理学在现代社会也必然会面对一些诘问和挑战。比如社会心理学的情境主义者用心理学实验证明，行为者会采取何种行为取决于具体的情境，而不是作为品格特征的美德。美德论者尝试对作为个人品质的美德和受环境影响的行为之间的关系做出回应和解释。比如所罗门指出，情感是美德的一部分，由于情感是对他人和环境的反映，所以我们不能否认美德与情境的联系。他举例说，在米尔格拉姆的实验中，诸如服从等美德是相当稳定的，但事实上，就像所有美德一样，"服从"也不总是一种美德，是否算是一种美德必须放在具体的情境当中去判断。① 因此，当我们判断一个人的美德时，不是单纯地说他拥有哪些美德，而是看他在具体的情境中，尤其是在复杂的、不同寻常的情境中践行哪些美德。正如亚里士多德告诉我们的那样，要实践一种美德，我们必须在正确的时间、对正确的对象、为正确的目的、以正确的方式运用它。由此，美德才更接近智慧，因为它涉及情境中的判断和由此而产生的正确行为。

对德性伦理学的另一个反对意见是，美德只告诉我们应该是什么样子的，而不是我们应该做什么。② 我们必须承认，与规范伦理学相比，

---

① Solomon R C. Victims of circumstances?: a defense of virtue ethics in business. Business ethics quarterly, 2003, 13 (1): 43-62.

② Axtell G, Olson P. Recent work in applied virtue ethics. American philosophy quarterly, 2012, 49 (3): 183-203.

德性伦理学并未将关注点放在明确道德行为到底应该如何行为上。它所提供的那些用以规范和指导人们言行的建议，比如，"像一个有美德的人那样去做"，对于具体情境而言显得非常模糊。因此，来自德性伦理学的行动方案，都或多或少地缺少操作性。对于迫切需要明确性、标准性答案的现代人而言，一个不甚明确的建议显然是不能让人满意的。然而，从很大程度上来看，德性伦理的确为人们如何行为提供了指导。正如赫斯特豪斯所指出的，事实上，"每一种美德都在提供一条指令，比如'诚实行事''与人为善'，而每一种恶德都在提供一条禁令，比如'不要欺骗''切勿冷漠'"①。并且，美德对于具体行为指导所保有的"留白"给人们在实践美德的方式和方案方面留了足够的发挥余地和空间，从而使人们更好地去追寻更"善"、更为恰当的做法。

相较西方现代德性伦理学在实践指导上的不足，儒家德性伦理学却可以较好地应对这一点。儒家历来重身教甚于言教，强调身体力行、以身作则。孔子说："民可使由之，不可使知之"，"君子之德风，小人之德草，草上之风，必偃"。人们愿意服从和追随的是活生生的人格典范，而不是冷冰冰的规则教条，从那些圣贤和君子身上，人们可以看到最生动、最直观的德性与德行，在效仿的过程中也能够真正体悟这些品质，将其作为指导自身道德生活的准则。因此，高尚的示范作用在儒家道德教育中具有非常重要的意义。

（三）德性伦理与商业

近年来，人们对德性伦理及其在商业中的应用的兴趣日渐增加。②在西方，这是由亚里士多德思想所带动的德性伦理复兴潮流的一部分。以罗伯特·C. 所罗门为代表的西方商业伦理学者认为，作为重要的文

---

① 赫斯特豪斯. 美德伦理学. 李义天，译. 南京：译林出版社，2016：19.

② Hennig A. Three different approaches to virtue in business: Aristotle, Confucius, and Lao Zi. Frontiers of philosophy in China，2016，11（4）：556-586；Wang Y, Cheney G, Roper J. Virtue ethics and the practice-institution schema: an ethical case of excellent business practices. Journal of business ethics，2016，138（1）：67-77；Audi R. Virue ethics as a resource in business. Business ethics quarterly，2012，22（2）：273-291.

化资源，德性伦理可能有助于解决现代商业领域领导行为的种种伦理问题。① 德性伦理促使领导者自问，他想成为什么样的人，以及他如何通过具体的行动和存在于世界的方式成为这样的人。作为商业领袖，他还需要考虑自身的决定会如何影响他人的价值观和生活方式，他应该希望建立什么样的组织文化，以及他应该设定什么样的商业目标，以更好地与自身内在的美德相一致。② 莫雷尔和克拉克认为，一个有美德的领导者很少会以违反自己内在德行标准的方式行事。③ 古恩指出，当陷入内心的冲突和挣扎时，"决定性的因素莫过于一个人性格中的优势和劣势"④。

关于德性伦理与商业的契合性，我们大致可以做如下总结。首先，商业活动最终会落脚于道德主体。若没有诸如诚信、自律等美德，那么连最基本的交换、合作、分工等经济活动都将难以发生，整个市场发展的基础也将坍塌。正如所罗门所言："商业伴随着文明的产生而产生，而且已经成为文化的一个重要组成部分，这是因为它与美德、集体认识和最低限度的相互信任有着相互依存的关系。没有以上这些，就不会有各种生产、交换、互利互惠等活动，更不用说商业本身了。"⑤ 没有彼此的坦诚、信任和关爱他人的精神，良好的经济活动就难以为继，"商业的前提就是参与方的美德"⑥。商业活动中，企业的伦理决策、伦理

---

① Solomon R C. Aristotle，ethics and business organizations. Organization studies，2004，25（6）：1021-1043；Betta M. Aristotle and business ethics. Ethicmentality-ethics in capitalist economy，business，and society，2016，45：153-169；Koehn D. How would Confucian virtue ethics for business differ from Aristotelian virtue ethics？. Journal of business ethics，2020，165（2）：205-219.

② Fontrodona J，Sison A，Bruin B. Editorial introduction：putting virtues into practice：a challenge for business and organizations. Journal of business ethics，2013，113（4）：563-565.

③ Morrell K，Clark I. Private equity and the public good. Journal of business ethics，2010，96（2）：249-263.

④ Gough R W. Character is destiny：the value of personal ethical in everyday life. Roseville，CA：Prima Lifestyles，1998.

⑤ 所罗门. 伦理与卓越：商业中的合作与诚信. 罗汉，黄悦，谭昣昣，等译. 上海：上海译文出版社，2006：9.

⑥ 同⑤255.

行为最终还是会落实到企业家和员工这些道德主体身上，呈现出他们的美德。我们今天呼吁企业承担社会责任，但企业的诸多决策在很大程度上取决于其领导者或领导团体的价值取向，企业承担社会责任与否，取决于企业的领导层的决策。因此，领导者的美德对于企业的伦理行为和伦理决策而言尤为重要。组织领导者的诸如诚实、守信、公平、信任、坚韧等美德和员工的友善、荣誉、忠诚、廉耻等美德，当然属于德性伦理的范畴。虽然美德是个人的内在品质，但它总会通过道德主体的行为表现出来，组织领导者的个人美德在组织内部体现为关心员工、生产高质量的产品、营造组织伦理氛围等，在外则表现为诚信经营、承担社会责任、避免恶性竞争等。

其次，德性伦理是对"底线伦理"的一种更为积极的补充。之前我们提到社会底线式伦理可能会带来社会道德的倒退和消解，这种担忧在商业领域也是如此，以米尔顿·弗里德曼为代表的一些学者就持有一种商业伦理的底线思维。1970 年，弗里德曼在《纽约时报》杂志上发表了题为《企业的社会责任是赚取利润》的文章。他指出，让企业肩负促进社会共同利益的梦想不切实际，人们不能够期待企业必须承担诸如提供就业、消除歧视、避免污染和其他任何可能成为当代改革者口号的责任，否则这种对企业的干涉很可能会破坏资本主义自由社会的基础。对于一个私有企业来说，企业管理者应该对雇主即企业所有者负有责任，这个责任就是基于基本的社会规则为雇主尽可能地赚取利润。所谓基本的社会规则包括两个方面，一是遵守法律法规（law），二是遵守道德习俗（ethical custom）。① 结合分析弗里德曼的其他相关著述，尤其是他在 1962 年发表的《资本主义与自由》（*Capitalism and Freedom*）和 1980 年发表的《自由选择》（*Free to Choose*）可以发现，弗里德曼所持有的商业伦理观念是追求私利，但不以牺牲他人的利益为代价。② 弗里

---

① Friedman M. The social responsibility of business is to increase its profits. The New York times, 1970 - 12 - 13.

② 原理. 商业与道德：对斯密、弗里德曼和德鲁克观点的分析. 道德与文明，2021（2）：111 - 121.

德曼在其文章中经常将道德责任等同于法律责任，将道德责任作为一种被动的"遵纪守法"的责任：只要"不作恶"，只要不违反法律，企业就算是承担了社会责任。然而事实上，法律责任和道德责任并不完全一致，法律的正当性并非不容置疑，法律诸多的真空和灰色地带并非不需要伦理道德来审查。如果仅仅诉诸法律的限制，则仍然不能保证企业的行为不会损害社会的利益。即便是主张"底线伦理"的斯密也主张，虽然那种保障社会分工、协作、交换的最基本的道德要求是人类社会的基底，没有这个基底，"人类社会这个雄伟而巨大的建筑必然会在顷刻之间土崩瓦解"①，但拥有更多社会财富和权力的少数人需要更多的美德和智慧。

在市场经济高速发展的今天，人们面临着经济、利益与道德之间的选择困境。为了实现效用最大化或利益最大化，人们往往会忽视事物的道德价值，倾向于追求世俗的、功利的和物质性的价值。于是，近年来，虽然看上去不管是学界还是业界都越来越重视商业道德，但是各种商业丑闻仍不断见诸报端。比如，健康技术公司 Theranos 的首席执行官伊丽莎白·霍尔姆斯的欺骗行为。霍尔姆斯声称，公司已经开发出一种革命性的血液检测技术，利用该技术，血液检测仅仅需要使用极少量的血液，而这项技术的灵感来自她自己对于针头的恐惧。2015 年，霍尔姆斯在《福布斯》公布的最富有的白手起家女性名单中名列前茅，她的财富估值为 45 亿美元。但后来，她被指控犯有大规模的欺诈行为，公司被迫关闭。再比如，大众汽车的排放丑闻。2015 年，美国国家环境保护局发现许多在美国销售的大众汽车安装了一个"作弊神器"，当车辆在接受有害气体排放测试时，该软件会使汽车在测试期间排放的气体比在路上行驶时少 40 倍。这种欺骗消费者的行为导致大众汽车公司被处以 28 亿美元的罚款，1 000 万辆汽车被召回。以上只是诸多西方伦

---

① 斯密．道德情操论：2020 年：全译本．张春明，译．北京：经济管理出版社，2021：
3.

理丑闻的冰山一角。转向国内，亦是如此。康美药业财务造假案中，管理层和会计师受利益驱动，伪造财务报表、虚报营收、误导投资者和政府监管人员，给投资者和整个股票市场带来了严重损害；为了谋利，獐子岛高层虚增或虚减利润，六年间导演了四次"扇贝逃亡"闹剧，在给大量投资者带来损失的同时，对獐子岛海底的生态环境造成了极大破坏；三鹿集团为提高利润而生产销售伪劣"毒奶粉"，到目前为止致使30多万名婴幼儿患病，最终在自食其果的同时给消费者和社会带来了灾难性的后果。这些事例说明，如果没有内在的道德自律，那么法律规章和最底线的道德要求并不足以规范人或组织的行为，而且随着技术的发展，企业作弊和欺诈行为的复杂程度以及消费者发现它们的难度都在增加。如果没有内在的道德驱动力，那么规制企业不道德行为的社会成本将急剧提高。

商业中的美德论者认为，一般而言，企业仅仅依据某种普遍的规则要求是无法较好地实践企业社会责任的，因为企业活动的复杂性决定了人们无法通过仅仅遵守一些既定的规则来解决所有的商业伦理问题。哈特曼认为，功利主义者坚持利益最大化的原则，义务论者坚持具有普遍适用性的规则，但在企业实践过程中，这两种伦理理论的问题在于它们预设了企业的实践活动是以这些标准化的理论很容易调节为前提的。可是，义务论者所坚持的诚实原则在某些情境下并不适用，而功利主义者则根据实践结果的可计算性来支持某个最好的后果①，但这是对情境本身的一种不恰当的简化。企业在经营活动中要处理的是极其复杂的关系，涉及股东、雇员、经理人、上下游供应商、顾客以及方方面面的利益相关者，企业领导者要带领企业正确地处理这些复杂的关系，使企业经营活动顺利开展，依赖一些简单的标准和规则很难实现。

再次，德性伦理是进行有道德的商业行为的更为内在和稳定的保

---

① Edwin H. Virtue in business: conversations with Aristotle. Cambridge: Cambridge University Press, 2013: 26.

证。亚里士多德在论述美德时指出，美德是一种稳定的品质，这种品质"既使得一个人好，又使得他出色地完成他的活动"[①]，人并非天生就具有这种品质，而是需要后天养成。道德方面的美德"通过习惯养成，因此它的名字'道德的'也是从'习惯'这个词演变而来的"[②]。但是，这种习惯并非一种无意识的习惯，一个人的行为被视为有美德的行为，必须是这个人"出于一种确定了的、稳定的品质而那样选择的"[③]。因此，美德论者认为，美德是最具有稳定性的品质，是好的行为的根据。美德论者关注的是企业领导者如何成为一个有美德的人，因为一个具有美德和声誉的领导者在其日常行为中，会稳定地按照其价值标准而行动。

最后，德性伦理强调道德实践的重要性，这是良性商业活动的保证。不管是西方的德性伦理还是儒家德性伦理，都强调德性的践履。所罗门指出，"商业是一种实践，它有着深远的社会影响，并不是一种游戏"，"商业的目的是促进繁荣，提供人们所必须的和渴望获得的商品，使生活变得更宽裕"。[④] 当我们谈论商业伦理时，既不是谈论形而上学的哲学论证，也不是谈论某种以利益为导向的游戏规则，而是谈论以伦理为基础的商业实践。不管是领导者的美德还是员工的美德，都必须在商业实践中得以实现。由市场主导的现代经济社会不断催生和强化着社会的世俗功利主义导向，效率优先的社会总体价值取向成为个体自我行为决策的基础，很多人认为赚取利润是企业行为的唯一目的或首要目的，这极大地减弱了道德伦理对企业趋利行为的道义约束力。德性伦理将"成为什么样的人"和"过何种生活"作为目的，这为企业重塑商业行为的目的提供了道德依据。企业利润固然重要，但利润的获得是为了实现一种普遍的善，人们在从事商业的过程中能够成为更好的人，获得更高的精神价值。

---

① 亚里士多德. 尼各马可伦理学. 廖申白，译注. 北京：商务印书馆，2003：45.

② Edwin H. Virtue in business：conversations with Aristotle. Cambridge：Cambridge University Press，2013：35.

③ 同②42.

④ 所罗门. 伦理与卓越：商业中的合作与诚信. 罗汉，黄悦，谭旼旼，等译. 上海：上海译文出版社，2006：146，139.

当然，尽管德性伦理在为当今商业伦理诸多问题提供解决方案时具有诸多优势，但在实践过程中，规则伦理的辅助也是必要的。正如麦金泰尔所言："任何充分的德性伦理都需要'一种法则伦理'作为其副本。"①

（四）以德性伦理为基础的领导力研究

在以德性伦理为基础的领导力研究方面，最有代表性的当属美国当代著名经济伦理学家罗伯特·C. 所罗门，在其《伦理与卓越——商业中的合作与诚信》《商道别裁——从成员正直到组织成功》等著作和一系列文章中，他成功地将亚里士多德的德性论引入了企业伦理学。

所罗门认为，在商业伦理的讨论中，特别常见的有康德的"义务论"和边沁、穆勒的"功利主义"。一般而言，行为的三个要素——行为的原则、行为本身和行为的结果——组成了行为的完整过程，但无论是义务论还是功利主义都没有充分涵盖这三个要素。因此，所罗门提出，德性伦理或许是一个好的替代方案，因为德性伦理指向具有德性的行为者本身。② 所罗门明确指出，他所倡导的商业观和商业伦理来自古希腊哲学家亚里士多德，他希望用"亚里士多德的方式"来解决商业伦理问题。所罗门指出，亚里士多德有些关于商业的观点是偏狭的，因为商业在人类发展的过程中发挥了巨大的作用，它也是人类文明的一部分，但在从古至今的商业活动中，被亚里士多德鄙夷的缺乏道德的行为的确存在。所罗门主张，即便有非道德的商业行为存在，也不能因此否定商业活动本身，他希望人们能够重视德性在获取财富的过程中的重要作用。

具体来说，首先，商业的目的不仅仅是追求效率和财富，而应是

---

① 麦金泰尔. 谁之正义？何种合理性？. 万俊人，吴海针，王今一，译. 北京：当代中国出版社，1996：前言 2.

② Solomon R C. Business ethics and virtue// Frederick R. A companion to business ethics. Oxford：Blackwell Publishers，1999：30 - 37.

"通过繁荣，提供人们必须的和渴望获得的商品，使生活变得更宽裕"①。亚里士多德的德性论强调实践，同样，所罗门也认为商业是一种实践，但这种实践所涉及的美德不仅关于具体的商业技能，比如会计、财务分析、营销等，还包括诚实、勇气、节制和正义这样的公民美德。其次，所罗门运用亚里士多德关于团体的观点来观照企业及其伦理问题。企业是一个团体，有着统一的价值观和目标；企业的发展离不开成员间的和谐共处，也离不开企业间的合作。再次，亚里士多德强调人对幸福的追求，而德性是获得幸福的根本要素，所罗门把亚里士多德的幸福观引入企业伦理，认为作为一种实践活动的商业的目的也是追求某种幸福，这种幸福的追求也必须以德性为基础。最后，亚里士多德所说的 arete 意为 virtue（德性、美德）或 excellence（卓越、杰出）。所罗门把"卓越"运用到了企业伦理中，认为卓越不仅包含市场价值，也包含道德价值。企业是否成功取决于它能否激励卓越，激发从业者身上的美德。②

除了所罗门，还有一些学者也支持将德性伦理学作为领导力的伦理基础。普罗维斯指出，人们做决策的时候，往往不遵循某种固定的规则和计算结果的能力，而是充分与情境相结合，在情境中做出"适当的"决策。③ 因此商业决策和道德决策不是一种抽象的决策过程，而是充满复杂性的，是关乎事实和价值判断的，往往关乎决策者对情境的认知和决策者本身的道德水平，而分别以孔子和亚里士多德为传统的东西方德性伦理学更符合这种强调情境和决策者道德品质的商业伦理决策的要求。

基于德性伦理学的支持者玛莎·纳斯鲍姆的能力理论，伯特兰提出

---

① 所罗门. 伦理与卓越：商业中的合作与诚信. 罗汉，黄悦，谭昳昳，等译. 上海：上海译文出版社，2006：139.

② 同①193.

③ Provis C. Virtuous decision making for business ethics. Journal of business ethics，2010，91（1）：3-16.

了商业伦理的能力路径。[①] 能力理论的出发点是一种对全体人类的平等尊严的承诺，而通过将德性伦理与能力方法相结合，就有可能将德性伦理建立在人类尊严存在的基础上，这使德性伦理摆脱了对严格目的论的需要，取而代之的是人们必须具有发展他人的能力。一个有德性的管理者，不是简单地负责为公众服务，而是负责以发展他们的能力的方式为利益相关者服务。

杜斯卡和德贾斯丁指出，区分"有效的"（effective）领导者和"道德的"（ethical）领导者是非常重要的，"有效的"领导者可能是卑鄙的。领导手段本身的有效性和合道德性并不能说明某个领导者是道德的，因为领导者可能运用表面上道德的手段来达到某个目的；领导者的性格特征也不足以证明某个领导者是道德的，因为有些性格特征是有效的领导者所共有的。他们认为，"道德的"领导者是符合亚里士多德的实践智慧者标准的人。基于亚里士多德的审慎（prudence）概念，他们分析了何为"道德的"领导者。伦理感受力、道德想象力和对善的热爱是谨慎的人的基本特征，是拥有实践智慧的人的特征，也是道德领袖的必要特征。他们得出结论，道德领袖会将企业的正确利益定位为为人类繁荣的公共利益服务，而不是为利润或股东价值最大化这样的目标服务。[②]

很多学者认为，东方文化和西方文化有着不可调和的差异，不同文化的人们从事着根本不可比拟的道德实践。但科恩认为，如果采用德性伦理学的观点，我们就会发现东西方文化总是相通的，因为它们的美德有一个自然的基础和结构。[③] 他发现孔子和亚里士多德这两位东西方最

---

① Bertland A. Virtue ethics in business and the capabilities approach. Journal of business ethics，2009，84（1）：25 - 32.

② Duska R，DesJardins J. Aristotelian leadership and business. Business & professional ethics journal，2001，20（3 - 4）：19 - 38.

③ Koehn D. East meets west: toward a universal ethic of virtue for global business. Journal of business ethics，2013，116：703 - 715.

有影响力的思想家在人性和美德的发展方面的观点非常相似。这种深刻的相似性表明，东方和西方的文化传统中都有一种德性伦理，这种伦理思想可以用来弥合双方思维上的差异，以达成共同的、良好的实践。在商业全球化的时代背景下，德性伦理对于商业的良性发展具有特别的意义和价值。

第五章　儒家德性伦理：本土伦理型领导力的伦理基础

必须认识到，我们今天肯定儒家德性伦理在现代社会的意义，并不是因为西方出现了复兴德性传统的思潮，我们要去效仿它，跟随这个潮流，而是因为儒家伦理思想塑造了中国文化的核心价值，是中华文明的道德基础，赋予了中华文化最基本的道德精神和道德力量，是中华文明最突出的软实力。[①] 并且，它的价值和影响并不仅仅停留在理论层面，儒家伦理思想对于当今社会道德的工具化、形式化倾向，尤其是以利润最大化为中心的现代商业逻辑所带来的人性异化和社会两极分化等困境具有重要的针砭作用和重要的实践价值。

中国社会，按照梁漱溟先生的提法，是"伦理本位"的社会，此种说法获得了学界的普遍认同。梁漱溟先生曾指出："融国家于社会人伦之中，纳政治于礼俗教化之中，而以道德统括文化，或至少是在全部文化中道德气氛特重，确为中国的事实。"[②] 中国的伦理本位传统源自儒家思想的建构，如蔡元培先生曾指出："我国以儒家为伦理学之大宗。

[①]　陈来. 孔子思想的道德力量. 道德与文明，2016（1）：5-7.

[②]　梁漱溟. 中国文化要义. 上海：学林出版社，1987.

而儒家，则一切精神界科学，悉以伦理为范围。"① 如此，从伦理出发，"为政以德""孝制天下""礼治秩序"等也就成为中国古代领导实践中的基本原则。

一、作为一种德性伦理的儒家伦理

一般来说，德性伦理学强调，一是以行为者为中心，而非以行为为中心；二是关心"是什么"，而非"做什么"；三是更关注"我应当成为什么样的人"，而非"我应当做什么样的行为"。推崇和褒扬有美德的好人，是以美德为中心的古典伦理学与现代伦理学的区别。随着美德伦理最近几十年在西方世界的盛大复兴，人们开始反思近代西方哲学史上占统治地位的功利主义和义务论在现代社会的实践中所暴露出来的缺陷，同时也意识到被称为古代伦理学的美德伦理在当代人类生活中仍然具有不可忽视的重要作用。

西方著名哲学家罗素曾经提道："不管怎样，自希伯来先知时代以来，道德就有了两个不同的方面：一方面它是和法律类似的一种社会规定；另一方面，它又是关于个人良心的事情……类乎法律的道德，称为'积极的'道德；另一种则可称为'个人的'道德。"② 可以看出，在西方伦理学史上，律法式的规则道德与良心品格式的美德作为道德的两个面向始终存在。

目前，学界对儒家伦理的理解呈现出几种不同的角度，以牟宗三为代表的新儒家倾向于用康德主义伦理学来解释儒家伦理，以安乐哲为代表的学者倾向于用"角色伦理"来解释儒家伦理，现在有越来越多的学者认为儒家伦理本质上是一种德性伦理。正如余纪元所说："从前西方伦理学概念以元伦理学与规范伦理学（功利主义与康德伦理学）为主

---

① 蔡元培. 中国伦理学史. 北京：东方出版社，1996.
② 罗素. 权力论：新社会分析. 吴友三，译. 北京：商务印书馆，2012：186.

导。儒学算是什么样的一种伦理学一直不甚清楚。现在德性伦理学的确立使儒学的'哲学性'变得十分明显。德性伦理学以'做什么样的人'（而不是'应做什么样的行为'）为主要问题，以德性（而不是行为规范）为中心概念。而儒学正是以'如何修身成为君子'为主要问题，以仁义为中心概念。儒学是地地道道的'中国德性伦理学'，而不是'德性伦理学在中国。'"① 虽然儒家伦理思想中也具有规则伦理的要素，比如对"礼"的规定和要求，但总体而言，儒家伦理包含的"美德论／德性论"的层面在其伦理思想格局中处于非常基础的地位，以至于其中有关行为规则的设定也需要回到德性思想的层面来进行理解和说明。②

　　在古代中国文化中，"德"字兼具德行与德性之意。一般而言，西周和春秋时代的文献中出现的"德"多为德行，广义指行为及其状态，狭义则指道德的行为及其状态。与"德行"相比，"德性"的概念反而较晚才出现。在儒家伦理中，德行和德性是相结合的，儒家的德性伦理对行为也有具体的指导，而非仅仅关注内在的道德修养。

　　陈来在《儒学美德伦》中指出，按照西方美德伦理的定义，儒家有美德理论的部分，但如果仅仅从美德理论的角度并不能完全呈现出儒家道德人生理想的全部性质，因此儒家伦理与西方的美德伦理相比，有其特殊性。③ 传统儒家伦理是在塑造君子人格要求的基础上形成和发展起来的，然而早期儒家并不明确地区分德行与德性，"心与行不分，心与身不分，做人与做事不可分，西方文化中那种尖锐对立的东西，在中国古代儒家中却并非如此，而是在统一体中包含的，品质和行为是一致的……由孟子学派代表的儒家很注重从德性展开为德行的身心过程，包

　　① 余纪元. 德性之镜：孔子与亚里士多德的伦理学. 林航，译. 北京：中国人民大学出版社，2009：2.
　　② 李义天. 美德伦理的道德理由及其基础：关于亚里士多德主义与儒家伦理的比较. 道德与文明，2016（1）：54-63.
　　③ 陈来. 儒学美德论. 北京：生活·读书·新知三联书店，2019.

含了道德心理学的生成和延展，这是一种由内而外的'形于外'的过程"①。

除了德性与德行不分，儒家伦理亦是规范与美德的统一。正如张岱年先生所言，在孔子伦理思想中，"仁与礼是内容与形式的关系，礼的形式必须具有仁的内容"②。孔子将原先作为社会规范的"礼"注入了"仁"的道德精神，使"礼"具有道德性，成为"仁"的德性能够发挥作用的重要约束。《论语·泰伯》中说："恭而无礼则劳，慎而无礼则葸，勇而无礼则乱，直而无礼则绞。"如若没有礼的指引和约束，即使是诸如恭、慎、勇、直等德性也会走向其反面。

儒家德性伦理是一种立身处世，学以成人的艺术。比如，"仁"是人之为人的基础，因此具有绝对性和普遍性，然而儒家伦理与康德式的普遍主义规范论的一个重要区别就在于，"仁"的实现方法要通过"能近取譬"来实现，"仁"要在具体的情境中实现。也就是说，儒家的仁道原则虽然具有普遍性，但不是空洞的、抽象的普遍性；遵从仁道的原则，要以某种方式、在某种特定的情境下去诠释并实现这一原则。再比如，孔子从来不从纯粹理论和概念的角度告诉学生何谓孝悌忠信，这些美德必须通过实践，在具体的情境中进行诠释。

儒家德性伦理不仅仅关注人的美德特质，也关注人的人格、德行与实践的功夫，它所论及的人的整个生活，不仅仅以"正当"和"正确"为焦点，更重要的是树立了一种高尚君子的人格理想。也就是说，对于儒家而言，要成就圣贤人格，首先要做一个有道德的人，但不能止步于此，最终要达到一种超道德的、"从心所欲而不逾矩"的境界。

孔子是春秋时代德性论的综合者和总结者，也是儒家德性体系的创立者。孔子在礼乐文化的德性论体系中加入了新的道德精神，使得儒家德性体系对西周和春秋伦理进行了继承与发展。如果我们细读记录孔子

---

① 陈来. 儒学美德论. 北京：生活·读书·新知三联书店，2019：286.
② 张岱年. 中国伦理思想研究. 南京：江苏教育出版社，2005：116.

思想的《论语》，就会发现其中大多论述不是对道德概念和条目的解释阐发，而主要聚焦于讨论君子的道德人格、准则和理想。"这些论述不是以德目的形式来表达的，而是以人生教导的形式，以'君子'为其根本的整合人格概念，说明什么是好的行为、好的境界、好的理想、好的人格。"[①] 儒家所提出的道德要求不单是对人们如何行为的行为要求，更是对他们的品质要求，即人们的行为既要合乎礼数，又要出于恰当的动机。

因此对于孔子而言，德行与德性密不可分，德性为内在的道德修养，向外表现为德行。行为者培养优良的内在品质、锻造高尚的君子品格的重要路径是"修身"。《大学》中说："古之欲明明德于天下者，先治其国；欲治其国者，先齐其家；欲齐其家者，先修其身……身修而后家齐，家齐而后国治，国治而后天下平。""齐家""治国""平天下"是"修身"的外扩和运用。个人的德性和他人是相关联的，修身可以培养自身的道德品质，达到更高的人生境界，但修身的目的不仅仅在于提高自己，也在于通过修己来承担社会责任，所谓"修己安人"，这也是儒家的"内圣外王"之道。

二、比较的视角：先秦儒家与西方德性伦理思想

即便将儒家伦理作为一种德性伦理，也必须分析儒家伦理和西方的德性伦理传统之间的差异，因为只有如此，才能够真正明确儒家德性伦理对当代社会的价值，尤其是解决中国问题的价值，而不是动辄依据西方的理论体系。我们在上一章提到过，西方基于德性伦理的伦理型领导力研究基本上基于亚里士多德的美德伦理思想，如果美德伦理真的能够为现代社会的种种弊病提供解决方案，那么中国本土伦理型领导力研究

---

① 陈来. 古代德行伦理与早期儒家伦理学的特点：兼论孔子与亚里士多德伦理学的异同. 河北学刊，2002（6）：37.

为何不沿用西方的美德伦理思想，而要回到中国传统的儒家德性伦理？儒家德性伦理思想和古希腊的美德伦理有何不同？

"德性"的希腊文是άρετή，即 arete，本意是指任何事物的特长、用处和功能，不同事物有不同的 arete。比如，马的特长是奔跑，鸟的特长是飞翔。人的 arete 主要是指政治方面和待人处事方面的才能与品德。后来拉丁文译为 virtus，英文译为 virtue。根据 arete 的本意，人的 arete 不仅有道德方面的意义，也有非道德的才能方面的意义，比如工匠的 arete 是技术好、工作好，琴师的 arete 是琴艺好。亚里士多德指出，眼睛的德性使我们视力敏锐；马的德性使马成为好马，速度快、能负重、能御敌。亚里士多德所说的 arete 指涉人的时候，指人的理性特长和功能，其伦理德性主要关于个人的品德，比如一个勇敢的人应该如何行为，一个节制的人应该如何行为，个人的品德和家庭及城邦没有直接的关联。①

亚里士多德的伦理思想不仅注重行为者，还强调行为和行为者品质之间的内在因果关系，他认为符合美德的行为不仅仅是因为行为本身合乎规范，更是因为这个行为是由有美德品质的行为者做出的，否则这些行为只是看上去像美德而已。对于亚里士多德而言，伦理学并不是一种纯粹的智力活动，而是一门实践之学，能够指导人们过上更好的生活。

亚里士多德强调德性与理性的联系。在亚里士多德的伦理学中，德性分为"理智德性"和"伦理德性"两个类型，前者是比较高级的理性，主要由教导而生成，由培养而增长，需要经验和时间来获得。理智德性既包括那种能够直接领会原始公理、终极对象的"直观理性"，也包括从原始公理进行逻辑推理的"逻辑理性"。伦理德性则与行为有关，由风俗习惯沿袭而来，通过反复的德性行为实践而获得，没有行为就没有伦理德性。比如，通过做正义的事，我们成为正义的人，通过节制的

---

① 何元国. 亚里士多德的"德性"与孔子的"德"之比较. 中国哲学史, 2005 (3): 47 - 55.

行为，我们成为节制的人；有人知道什么是节制，却没有如此行为，就不能说明这个人具有节制的德性；即便这个人做了一次节制的事情，但若没有节制的习惯，也不能说明这个人具有节制的德性。风俗习惯之所以重要，是因为在一个奉行节俭的社会中，社会成员更容易养成节俭的行为。

亚里士多德提出了"实践智慧"（phronesis，英译为 practical wisdom 或 prudence）的概念，苗力田先生将其译为"明智"。"实践智慧"是实践理性的德性，与理智德性密切相关。实践智慧不是对特定种类事实的认识和理解，而是内在的善。因其自身就有一个最高的善，实践智慧关注的是那些能够给人公正、高尚、善的事物。对于亚里士多德而言，伦理德性是一种使人善良并获得优秀成果的品质，它是一种中道，就是在应该的时间、应该的情况下，对应该的对象、为了应该的目的、按照应该的方式来行为。不过，亚里士多德虽然强调"德性伦理"的实践性，但还是认为它与理性有比较密切的联系。伦理德性让实践智慧的目的正确，但若没有实践智慧就不可能有严格意义上的善，没有伦理德性的善也就不可能有实践智慧。诸如公正、节制此类的美德不仅仅是行为者经过教化所形成的自然品质，只有加上了理智，这些原本看上去像是美德的品质才能成为严格意义上的伦理美德。因此，严格意义的美德不能脱离实践智慧，这是实践理性的一种特殊的运行机制，基于这种机制，出于优良品质而行动之所以是行动者应当做出的选择，是因为这些品质构成了行动者的最终目的（幸福），这是人所向往和欲求的"最高善"。[①] 从这里我们可以看出古希腊哲学的理性主义特征。亚里士多德强调道德实践的重要性。在道德实践中，实践智慧起关键性作用。没有理性的作用，我们的情感与行为都将是盲目的。儒家哲学也是一种道德实践的智慧，但与亚里士多德的"实践智慧"不同的是，亚里士多德的

———————

① 李义天. 美德伦理的道德理由及其基础：关于亚里士多德主义与儒家伦理的比较. 道德与文明，2016（1）：54-63.

实践智慧指向做事（doing），是把握恰当时机做出行动的决断，而儒家的实践智慧关乎做人（being），前者重在"成物"，后者重在"成人"（to be a true person）。① 因此，从儒家的角度来看，亚里士多德的实践智慧虽然与科学、技术、制作不同，但仍然是一种理智理性，指向做事的行为，而不包含人自身德性的修养过程。中国哲学通过修身来改变或提高人的精神境界，这不仅是儒家实践智慧的重要目的，也是儒家德性伦理与亚里士多德德性伦理的一个根本区别。为达成这一目的，儒家所提倡的途径不是古希腊式的对话或沉思，而是以道德修身为根本的修养过程。儒家智慧设想为人的自我超越、道德提升提供方向指引，这种自我实现是通过内在改造的方式来达成的。

可以看出，亚里士多德和孔子的伦理思想虽然在论述的角度和侧重点上有所不同，但正如余纪元先生所说，他们的伦理主张有诸多相似性。② 比如，亚里士多德认为德性是通过习性（habituation）获得的，习性基于社会风俗与习惯（ethos），孔子则主张可以通过礼教来形成人的品格，习性和礼教都是将社会价值内化为德性的途径和过程。又比如，亚里士多德强调人是政治的动物，孔子代表的儒家也强调人的关系性，并且亚里士多德和孔子都主张"中道"或"中庸"，等等。

儒家德性伦理和亚里士多德的德性伦理的一个重要的区别在于后者对理性的推崇。以孔子的"中庸"和亚里士多德的"中道"的比较为例，即便两者都强调适度，但和孔子的"中庸"不同，"中道"更强调理性的作用。"中道"的"中"含有更多求知的成分，理性能够为德性的培养提供指导，德性唯有沿着志在求适中的中道这一指向美德的路标，才不至于偏斜。

先秦儒家德性伦理精神源自人的情感能力，其前提是自然亲情人伦，它遵循着以先天性的"亲亲人伦"为第一解释语境。人的德性始于

① 陈来. 儒学美德论. 北京：生活·读书·新知三联书店，2019：341.
② 余纪元. 德性之镜：孔子与亚里士多德的伦理学. 林航，译. 北京：中国人民大学出版社，2009.

家庭或家族的血缘或亲缘的人伦关系网络，"孝道"是"人道"之根本，遵守人伦道德规范是最基本的道义要求，"亲亲人伦"是个人道德实践的第一场所。蒙培元指出，儒家哲学的一个显著特点就是重视人的情感，它"把情感放在人的存在问题的中心地位，舍此不能谈论人的存在问题；反过来，要讨论人的存在及其意义、价值等重要问题，必须从情感出发，从情感开始"①。因此，美德教化应从个人的家庭和家教出发，然后是国家，再而天下。与之相反，古希腊美德伦理从一开始就将主体置于"城邦-国家"的社会政治语境之中，它更多关注的是个人的"智慧""勇敢"和个人与他人的"友谊""信任""忠诚"等美德价值的实现，其中个人美德的实践场域主要是战场、集会、学园和政治辩论场景等。在这些公共性的美德实践中，家庭对个人来说没有特别重要的意义，无论一个人的出身如何，美德都是由个人心性的美德到公民美德的延伸。

儒家传统伦理精神化解了西方理性与情感二元对立、非此即彼的认识论传统，将理性与情感因素融通。韦政通指出："以家族为中心的伦理，特别重视的是'情'，情是维系伦理关系的核心……在中国文化里，情与理不对立，理就在情中，说某人不近情，就是不近理。"② 钱穆则将这种情理相互融通的伦理特质直接以"德性"概括："中国文化之内倾，主要从理想上创造人，完成人，要使人生符合于理想、有意义、有价值、有道德。这样的人，就必然要具有一个人格，中国人谓之德性。"③ 在孔子以前，中国德性的原初内涵是天道之性和天人沟通的一种媒介，即"以德配天"。经过儒家思想的系统化改造，德性成为来源于人的自然情感的一种积极元素，所谓"君子尊德性而道问学"，成为一切道德的出发点，进而被引申为治国理政和个人修养的基本准则，这

---

① 蒙培元．人是情感的存在：儒家哲学再阐释．社会科学战线，2003（2）：1-8．
② 韦政通．伦理思想的突破．成都：四川人民出版社，1988．
③ 钱穆．中国文化与中国人//刘志琴．文化危机与展望：台湾学者论中国文化．北京：中国青年出版社，1989：15．

与西方亚里士多德的德性论传统有所不同。

并且，儒家持有"人性"本质相通、人可塑造的观点。人性论是讨论人的共同属性、人的本质属性的，经常被作为管理理论和其他社会学理论的基础。儒家人性论的首要特征，是宣称每个人与其他人一样，在人性上没有差别。与古希腊人性论相比，儒家人性论所蕴含的社会含义是它不会为奴隶制度论证，即由于人性自然平等，因此在人性上假设任何人从出生起都不应该为他人所奴役。① 在儒家人性论看来，人的本性相同，人现实中的善恶差别是环境造成的。儒家这种普遍一致的人性论还认为人的基本性情、心理是互通一致的，所谓"人同此心，心同此理"。正因为人性的互通，所以每个人都可以将自己的情感、感受、体验作为道德推理的依据，这就是孔子所倡导的"己所不欲，勿施于人"的前提。人与人的感情、欲求和心理的内在基本一致是儒家伦理的重要基点。虽然在人性界定上，孟子明确地表示人性皆善，荀子明确地说"人之性恶，其善者伪也"，但二人对于人性可以通过教化进行塑造的观念是一致的。

现代哲学强调论证，而中国古代哲学对逻辑分析并不推崇。亚里士多德的《尼各马可伦理学》中包含大量学理性的讨论和分析，而《论语》则是由逻辑关系并不清晰的简短格言组成的。比如，当不同的弟子去问孔子何为"仁"时，孔子并未给出一个确切的定义，而是在不同情境下，对不同的弟子有不同的回应。因此可以看出，孔子并不是要为其伦理学建立一个或若干普遍原则，而是试图引导人们在不同的情境中发展德性。葛瑞汉曾如此总结中国人对理性主义的态度："理性是关于手段的问题；关于你生活的目的，则听从格言、榜样、寓言和诗歌的指导……由于手段依赖于目的，这一点是必然的，即根据中国的价值尺度，孔子和老子的智慧格言是首要的，而墨子和韩非的实用理性是次要

---

① 陈来. 儒学美德论. 北京：生活·读书·新知三联书店，2019：310.

的，惠施和公孙龙的逻辑谜题的游戏至多名列第三位。"① 尽管儒家思想在概念分析和抽象论证方面是薄弱的，但并不影响其智慧的深度和高度，其中所讨论的问题大多仍是我们人之为人所要面对的意义和价值问题，它提供的建议和解决方案在当下仍旧给人以诸多启发。

三、儒家德性伦理对当代批判的回应

正如我们在第二章中指出的，儒家思想因受到五四新文化运动的冲击而开始没落，这种冲击一直持续到"文革"时代。儒家思想备受苛责和批判的重点就在于其中对中国传统产生深远影响的伦理观念。儒家伦理观念经常为人所诟病之处一是传统儒家推崇亲疏有别和尊卑不同的等级制度；二是其社会功能陈旧落后，已经无法适应现代社会的秩序；三是传统儒家思想会阻碍独立人格的发展。

关于儒家德性伦理在功能上无法适应现代社会秩序，一些批评来自儒家对于"公德"与"私德"的认识。比如，有不少学者认为，儒家所谓的德性主要在于对父母的孝、对君主的忠和对朋友的义，这些都是处理熟人领域中的"私德"，而并未为陌生人的互动交往提供道德准则的借鉴。中国传统社会自给自足的自然经济模式让人们终其一生都可能生活在固定的社会关系中，基于血缘亲缘纽带维系的生活共同体对陌生人具有较强的排外性。因此，不少学者都倾向于认为传统中国只有个体之私德，而无公共之德。

不同于传统社会，现代社会是以陌生人为基础的，美国政治哲学家约翰·罗尔斯"无知之幕"假设的前提是人们是互不相识的陌生人。自五四新文化运动以来，我国一些知识分子一直力图通过批判和摧毁传统的儒家伦理来建立一个西方式的公德社会。

---

① 葛瑞汉. 论道者：中国古代哲学论辩. 张海晏，译. 北京：中国社会科学出版社，2003：9.

然而，中国社会的公德并非基于西方的理性，而是基于个人道德的延展。也就是说，公德既是私德的进一步延伸和展开，又是私德在更高层次的实现和完成。① 儒家伦理讲亲亲、仁民、爱物、推己及人，在人伦关系上有亲人、熟人和生人等不同关系。在这些人伦关系中，虽然生人关系没有被强调，但认为对陌生人应有恻隐之心，应当推己及人。

我们之所以能够成为有道德的人，能够按照道德所要求的方式来对待他人，就是因为我们能够对他人产生情感呼应，也就是休谟和斯密所说的"同情"（sympathy）。儒家的德性伦理也来自人们相互之间的同情，正如休谟和斯密的同情具有距离远近的差别，儒家的仁爱也是根植于家庭、亲友，进而向陌生人展开的。

虽然有学者批评儒家强调的德性是一种私德，但事实上，仁德并不是一种私德，而是对他人和社会均保有一种仁爱之心。不能对儒家的伦理思想做狭隘的理解，它的出发点是自我的修身，扎身于自身、家庭和社会中，但它又必然向外拓展。因此，杜维明说，儒家的修身具有公共性，个人向外的扩展就是"公"——"从个人到家庭是公，从家庭到社会是公，从社会到国家是公，从国家到天下是公，从天下到天地万物是公"②。

西方启蒙运动的口号是"自由、平等、博爱"，但至少在中国，"仁爱"比"博爱"具有更深厚的文化内涵，也具有更现实的人文基础，它不是西方式的那种抽象的、普世的博爱。而且，正如陈来所说，中国古代社会不能简单总结为重私德轻公德。事实上，在古代社会，公德在礼的体系之中，古人非常重视礼的规范和实践。古代礼的敬让之道不仅是古代社会的公德精神，也可以转化为现代生活的公德精神。陈来指出，中国文化缺的不是公德，而是现代社会生活的公德，因为古礼之文很难完全调适为当代生活的规则。③ 也就是说，古代儒家的公德精神并非已

① 王楷. 君子上达：儒家人格伦理学的理论自觉. 道德与文明, 2021 (1)：76-86.
② 杜维明. 多向度的"仁"：现代儒商的文化认同. 船山学刊, 2017 (3)：73-74.
③ 陈来. 儒学美德论. 北京：生活·读书·新知三联书店, 2019：30-31.

经过时，而是需要进行转化来适应现代社会。

　　另外一个挑战来自个人主义的独立人格说，这个问题涉及人的独立意志与人格尊严、个人意志与共同体利益的关系。一些批评者认为，儒家思想会阻碍独立人格的发展。但事实上，儒家坚持独立人格。孔子说："匹夫不可夺志也"。在儒家那里，个人的独立人格或独立意志不是要脱离他人和社会，而是相对于政治权势的外在压力而言的。另外，个人的独立人格或独立意志要抵御外在财富、地位和一切与道德相悖的诱惑，因此，孟子"尚志"，所谓"富贵不能淫，贫贱不能移，威武不能屈"。"儒家提倡独立人格，但不是独立于道德原则、独立于社会价值、独立于社群利益的绝对个人意志"，因为那样的个人意志在儒家看来是不值得提倡的，"反而，在儒家看来，人格与社群利益是统一的，是与道德法则统一的，人伦与人格是统一的；儒家认为人格尊严与道德德性密切关联，人伦实践是完成独立人格的条件"①。儒家否定独立于社群和道德规定的独立人格，但认可修身的主体性和自主性。"为仁由己，而由人乎哉？"一个人修身要靠自己而非他人，但其德性的养成不能脱离社群和社会人伦。儒家所理解的个人，是人伦关系中的个人，每一个人都在社会关系中与别人相关联，个人价值要在人际关系中得以确立和实现，离开了人伦关系就无所谓个人。这和西方原子式的个人主义有着实质的区别。

　　并且，正如杜维明所指出的，我们需要澄清儒家思想的两个面向，一面是政治化的儒家，另一面是儒家伦理。② 政治化的儒家主张政治高于经济、官僚政治高于个人、国家权力高于社会，我们要批判的是这种政治化的儒学，因为它限制了一个国家的活力。但儒家伦理强调个人的自我约束，超越以自我为中心、积极参与集体的福利与教育，不断通过个人德性修养提升自我境界。这些价值对于社会中人的发展，乃至一个

① 陈来. 儒学美德论. 北京：生活·读书·新知三联书店，2019：314.
② 杜维明. 新加坡的挑战：新儒家伦理与企业精神. 北京：生活·读书·新知三联书店，2013：125－126.

国家方方面面的发展都是至关重要的。

四、儒家德性伦理何以作为本土伦理型领导力的基础

经济学家道格拉斯·诺斯于 1993 年提出了一个概念，即"路径依赖"。他指出，一个社会的制度改革和创新总是在已有的历史基础上进行的，因而原有的社会经济、政治、文化结构对改革、创新构成了约束。这种约束在文化层面上是传统文化背景在起作用，它构成了改革的"外在必然性"。尤其是有着悠久历史的文化传统，它深深地内嵌于社会成员的心理结构之中，具有相对独立的自主力量。诺斯认为，如果一个国家不知道自己过去从何而来，不知道自己的传统影响以及文化惯性，就不可能知道未来的发展方向。著名学者弗朗西斯·福山也强调说，经济无法脱离文化的背景[①]，要理解经济行为，就不可能将其与习俗、道德观和社会习惯分割开来。正是一个社会的文化背景在很大程度上规定和影响了这个社会中企业的企业伦理，或企业经营管理的道德价值观。

如果要构建中国本土的商业社会的领导力模式，就必须将本土社会文化传统作为一个极为重要的背景要素。美国当代著名经济伦理学家罗伯特·C. 所罗门曾指出，有一位影响力远超过亚里士多德和尼采的总和的古代美德伦理学家，那就是孔子。像许多非西方社会一样，中国社会可以被定性为讲究德性的社会，即在这样的社会中，人们良好的教养、良好的习惯和良好的"本能"被认为与规则以及社会公共利益同样重要。所罗门指出，孔子通过教给人们"仁""义"等美德来寻求通往社会普遍和谐之道。[②] 儒家美德不鄙薄经济的作用，经济在儒家那里原本的意义是"经世济民"，这与亚当·斯密对经济的理解高度一致，即

---

① 福山. 信任：社会美德与创造经济繁荣. 郭华，译. 桂林：广西师范大学出版社，2016.

② Solomon R C. Business ethics and virtue//Frederick R. A companion to business ethics. Oxford：Blackwell Publishers，1999：30 – 37.

经济的目的是创造财富，实现和谐社会。① 经济从其深层的意义而言，与人们的道德实践、社会的整体和谐密切相关。

现代启蒙的核心价值是"自由"，不少学者持有"权利优先"的自由主义价值观。虽然儒家美德不拒绝权利，但在仁爱与自由（权利）之间，儒家传统优先选择前者。② 在物欲横流、政治失序的时代，儒家君子道德的当务之急，并非个人自由权利的加强，而是礼让与约束。我们在第一章中指出，新教伦理曾在西方资本主义发展的前期产生过重要的伦理约束作用，而这种约束力恰是资本主义精神的重要体现。一旦资本过度膨胀，新教伦理教义的内在精神约束崩塌，追逐财富的工具理性就会成为现代社会的铁笼。因此，儒家思想在当代中国的定位，不应是那种功利性的、实用的价值和意义，而应在一定程度上必须成为对资本主义现代化社会弊端进行约束和矫正的伦理价值。正如杜维明所说，"我们现在绝对可以对现代性做出严厉批判……这一批判是调动儒家的精神资源"③。

1973 年，美国学者丹尼尔·贝尔在其著作《后工业社会的来临》④一书中提出了"后工业社会"的概念。他以 20 世纪 50 年代以后的美国社会为基础，分析了西方社会的发展趋势。他认为，与以制造业为基础的传统工业社会相比，后工业社会是知识经济时代，企业从制造业向服务业转型，新的科技主导型工业成为核心，新技术精英大量涌现并在社会的各个领域占据主导地位，管理所面临的环境随之发生结构性改变。在我国，近几十年劳动力市场的员工主体也发生了很大的变化，工作主体已逐渐由以体力劳动为主的员工转变为以脑力劳动为主的员工，即由传统的制造工人转变为知识型员工。受过高等教育的"90 后""00 后"等新生代员工逐渐成为企业人力资源的中流砥柱。新生代员工和老一辈

---

① 杜维明. 多向度的"仁"：现代儒商的文化认同. 船山学刊，2017（3）：71-75.

② 陈少明. 为传统正本清源：略论陈来的儒家美德观. 道德与文明，2022（4）：5-13.

③ 杜维明. 东亚价值与多元现代性. 北京：中国社会科学出版社，2001：87.

④ 贝尔. 后工业社会的来临. 高铦，王宏周，魏章玲，译. 南昌：江西人民出版社，2018.

员工相比，有着较强的个性和独立性，因此如何管理知识型员工，如何在新生代员工中培养对组织的认同感、塑造组织凝聚力，在管理学领域是亟待解决的问题。

目前一些中国企业推崇制度化管理，倾向于用制度进行管理，对员工进行行为控制。员工被视为提升组织绩效的工具，是组织这部机器上的"齿轮"或"螺丝钉"。这种管理模式设定了一种通过等级链条进行精确化控制的机械式秩序，组织的管理过程就是制定各种理性化、精确性的制度、规则和程序，以使组织这架机器得以最大效率地运转，该组织秩序与管理观念至今仍然是主流经济学和主流管理学所认可的方式。① 在后工业社会，基于正式的规章制度、强制控制与外在激励的传统管理模式与员工的工作价值观日渐背离，这导致了员工工作意义的严重缺失。员工在工作中无法找到归属感、存在感和成就感，进而导致员工的消极情绪、怠工、对抗、离职等现象的出现，更有甚者还会有员工自杀的可能。例如，2010 年"富士康员工一年之内 14 人跳楼事件"、2012 年"云南省曲靖市一汽红塔公司 3 000 多名员工罢工事件"、2013年"上海神明电机有限公司罢工事件"等，这些事件反映出西方"硬性"管理模式与中国本土员工需求之间的激烈冲突，其背后则是西方管理模式在中国组织管理中的适用性问题。这种以精准的计算逻辑和硬性制度控制为核心理念的科学管理模式，显然不能培养员工对组织的认同感和组织中的和谐氛围。

在组织管理理论的发展过程中，一个极为基本的假设是对于人性的理解。但在《论语》中，并没有多少有关孔子对人性的论点，其弟子也说："夫子之言性与天道，不可得而闻也。"对于孔子而言，人类共有的天性中存有构成德性的天然基础，所谓"性相近也，习相远也"。孟子明确地指出，每个人天赋的本性中，存在一个被称为"心"的东西，它

---

① 胡国栋. 礼治秩序：中国本土组织的控制机制及其人文特质. 财经问题研究，2014 (12)：3－10.

是四种德性之"端"："恻隐之心，人皆有之；羞恶之心，人皆有之；恭敬之心，人皆有之；是非之心，人皆有之。恻隐之心，仁也；羞恶之心，义也；恭敬之心，礼也；是非之心，智也。仁义礼智，非由外铄我也，我固有之也"。"四心"或"四端"不是外在强加给我们的东西，而是我们与生俱来的、和四肢一样的东西。

大到一个国家，小到一个组织，其制度的正义取决于领导者和治理者的正义。《大学》中说："欲治其国者，先齐其家；欲齐其家者，先修其身；欲修其身者，先正其心；欲正其心者，先诚其意；欲诚其意者，先致其知；致知在格物。"要治理国家，最主要的是要有德性。孟子讲："先王有不忍人之心，斯有不忍人之政矣。以不忍人之心，行不忍人之政，治天下可运之掌上。"他强调，领导者有仁心，政府就有仁政，即仁政来自仁心。要确定一个社会的政治法律制度是否公正，关键是看这样的制度是不是一个具有正义这种美德的人制定出来的。①

在领导者如何管理他人上，孔子说："道之以政，齐之以刑，民免而无耻；道之以德，齐之以礼，有耻且格。"在这一点上，儒家的主张与亚里士多德也是不同的。亚里士多德认为，多数人之所以不做坏事，是因为他们害怕受到惩罚，而非因为自己做了坏事而感到羞耻，因此国家只有通过立法的手段才能使人获得美德。而孔子则认为，只有通过德政和礼的规范，才能使人们真正地获得美德。领导者自身的德性是老百姓的榜样，"政者，正也。子帅以正，孰敢不正"，领导者"其身正，不令而行；其身不正，虽令不从"。并且，与法令和惩罚相比，儒家认为礼教更为重要。礼仪规则和惩罚性的法律不同，刑罚是消极的禁止，而礼仪是积极的对于规矩的践行；刑罚利用的是人们害怕受到惩罚的心理，而礼仪则是人们羞耻心的表达。

需要注意的是，一些学者从宋儒的个别论断和历史极端现象出发，

① 黄勇. 当代美德伦理：古代儒家的贡献. 四川大学学报（哲学社会科学版），2018（6）：66-75.

得出了儒家伦理压抑人性自由的结论。然而，从历史演变的规律来看，儒家伦理压抑和约束人性的表现，是基于儒家伦理的管理制度在长期的历史运行过程中由于诸多复杂原因而造成的后果，这些原因包括人事颓废、制度惰性等。在多数情况下，实践层面还出现了对儒家伦理思想本意的扭曲，一些现象并非儒家德性思想本身所带来的直接结果。伦理、制度与人事之间，德性伦理思想与伦理化的制度设计以及制度运行之间，有着交织错综的关系，中国古代诸多具有伦理化色彩的政治制度的废弛和崩溃，更多的是在漫长的历史过程中各种执行主体的博弈所造成的运行层面的问题。

钱穆在《中国历代政治得失》一书中指出，具有伦理色彩的唐代府兵制在设计之初就考虑到中国农业的诸多现实问题，完全符合"合情、合理"的制度标准，其后来走向衰落，"并不是当时的人不要此制度，实由于人事之逐步颓废，而终致不可收拾"[①]。由于人事颓废或制度执行扭曲而出现的极端现象不能说明儒家德性伦理本身是有问题的。除人事颓废造成的制度扭曲之外，还有后世假道学对儒学经典思想的有意"歪曲"，甚至是政治化的利用，致使有些人将统治阶层加工过滤的儒学视为儒学正统，从而将中国社会的诸多现实弊病归结为儒学思想本身。[②] 这些问题都导致人们忽视甚至曲解了原始儒学经典中的德性伦理思想的真实意涵和重要价值。本研究所建构的德性领导理论的逻辑起点正是儒家德性理论及其形成的"伦理本位"的中国社会文化脉络。

另外，传统中国家族式的信任模式主要是因为传统中国的农耕生产生活方式，以及与之匹配的相对封闭固化的社会组织结构，人们的交往活动范围主要为宗族、村落，这形成了以血亲关系和道德情感为根基的儒家伦理信任。但现代组织已经超越家庭成为现代社会交往的最基本的

---

① 钱穆．中国历代政治得失．3 版．北京：生活·读书·新知三联书店，2012.

② 胡国栋，原理．后现代主义视域中德性领导理论的本土建构及运行机制．管理学报，2017（8）：1114-1122.

场域。一些学者提出华人文化传统中的人们难以信任自己家族和亲属以外的人，这导致社会普遍信任匮乏，影响了中大型企业的良好发展，并将华人的这种民族性格归结于儒家传统。比如，马克斯·韦伯曾指出，儒家文化造成了低水平的特殊信任，中国人对"自己人"具有超一般的信任，对"外人"则普遍不信任。① 福山也认为，受血缘家族文化的影响，中国人的信任具有"亲内排外"的倾向，中国企业很难形成适应现代化需要的大规模企业和组织。②

　　但事实上，儒家"推己及人""己所不欲，勿施于人"等思想正是通过道德情感由内向外的推移来实现社会中人与人情感的联结，并由此实现"老吾老，以及人之老；幼吾幼，以及人之幼"的状态的。杨中芳等学者曾指出："儒家以对人的潜在美德的道德力量的相信为基本信念，来启动人际交往中相互信任的循环锁链：先由自己诚信来取得对方的信任，然后对方才会以诚信回报。"③ 因此，儒家并非不强调社会信任，只提倡家族内部信赖，而是希望基于真切的人类伦理情感来构造深度的社会信任。儒家相信，核心家庭成员之间具有最真挚、最本真、最纯粹的天然情感，因而彼此可以建立起最初的、超强的伦理信任。人们后天在社会生活中所表现出的信任态度和信任程度，从根本上说都源自其家庭源头所形成的信任经验与倾向。如果一个人对其家庭成员都缺乏信任，那么很难想象他在社会中能够对其他人建立充分的信任。所以说，儒家不是不强调社会信任，而是儒家所说的基于情感和"推己及人"的推扩信任模式与西方现代组织所讲的基于个体理性和制度的信任有着很大差异。"源自工具理性和程序理性的科层制组织，形成的是一种制度型信任，信任的产生不再依赖于人与人之间的伦理情感，而是依靠精确严谨的契约、制度、程序来确保信任的实现，在那里，伦理信任已被视

----

　　① 韦伯. 儒教与道教. 王容芬，译. 北京：商务印书馆，1995：289 - 296.

　　② 福山. 信任：社会美德与创造经济繁荣. 郭华，译. 桂林：广西师范大学出版社，2016：91 - 92.

　　③ 杨中芳，彭泗清. 中国人人际信任的概念化：一个人际关系的观点. 社会学研究，1999（2）：1 - 21.

作组织的不安定因素而唯恐避之不及。"① 虽然制度型信任在现代社会和组织发展中具有重要意义，即它保证了陌生人之间的合作，建立了高效（但有时是短期的）的信任，但儒家基于伦理情感的信任往往能够建立更长期的、稳定的、紧密的伦理信任。因此，并不能完全否定儒家伦理在组织内构建信任的重要作用，它在一定程度上或许恰好能弥补制度型信任的缺陷与不足。

总结来说，如果要构建中国本土的商业社会的领导力模式，则必须将本土社会文化传统作为一个极为重要的背景要素。"修身、齐家、治国、平天下"，清楚而具体地传达了传统儒家的治国和领导观念，人对外界的管理和领导应是以个人的德性修养为基础、由内向外推出去的过程。德性不是客观化的知识系统，也不是纯粹经验的集合，在科技理性当道的现代社会，领导者们不仅需要智慧、远见、专业的知识和能力，更需要提高自身的内在德性水平，这样才能够"外得于人，内得于己也"。儒家的"内圣外王"思想道出了修养德性与领导的内在关系，有助于在组织中建立起稳定、长期、深度的伦理信任。中国语境下的伦理型领导者应不断提高自身内在道德修养，修己以安人，以其所树立的伦理榜样影响被领导者，从而建立起一种长期信赖、互惠的关系，以维护组织发展的可持续性。

---

① 王润稼. 儒家伦理信任在现代组织中的生成逻辑. 中国人民大学学报，2022（1）：160－170.

第六章 仁、义、礼、中、和：
儒家德性的突出表现

　　孔子与其所创立的儒学是中华文化的主干和主体部分，并长期居于主导地位。在百家争鸣和历史选择的过程中，儒学奠定了中华文化的核心价值，对中华文明的传承和发展产生了深刻的影响。儒学之所以成为中华文化传统的主流，一方面在于它所代表的文化主张和理论体系构建了一个稳定的道德哲学体系和伦理精神体系，另一方面是因为在长期的历史发展中，其思想内涵不断地得到创造性的发展，始终保持着旺盛的活力。儒家思想家们将伦理道德置于首要的地位，主张不管是个人行为、家庭事务，还是国家的政治、内政、外交，都要以伦理道德价值作为处理和评价的根本标准，从而塑造了一条由家及国、由伦理到政治的文明路径，中华文明几千年悠远绵长的辉煌历史印证了这条路径的历史合理性与实践合理性。

　　习近平总书记在 2014 年纪念孔子诞辰 2 565 周年国际学术研讨会上的讲话中指出，孔子和儒家的思想"蕴藏着解决当代人类面临的难题的重要启示"，肯定了其中含有超越时代、跨越国度的当代价值和永恒魅力的部分。这些都是我国国家领导人在文化与价值引领方面所做的重大宣示，显示出儒家思想的重大价值。儒家思想的伟大之处并不在于它为某一时代的某些问题提出了具体的方案，而在于它对后世社会的长治久安和人们精神家园的安顿提供了取之不竭的智慧源泉。

"仁义礼智信"是儒家伦理的核心范畴，兼备个人心性品德与人伦关系规范的双重特点。孟子最初提出了"仁、义、礼、智"四个基本纲目，西汉董仲舒将其扩充为"仁、义、礼、智、信"，后称"五常"。"五常"是贯穿儒家伦理的核心范畴，成为中华文明价值体系中最核心的要素。除了"仁义礼智信"这五个儒家伦理的核心价值范畴，诸如孝、悌、忠、信、中、和、恭、敬、宽、敏、惠、温、良、俭、让、勇等也都是儒家伦理思想中重要的价值范畴。出于伦理型领导力的建构需要，本章主要从"仁、义、礼、中、和"这五个重要的价值范畴来呈现儒家德性思想的主要内容，并在下一章结合目前相关组织领导和商业伦理研究的侧重点，来阐述儒家德性思想在本土伦理型领导力建构中的运用。

一、求仁

"仁"是儒家德性伦理的核心。儒家的"仁"既是人之所以为人的根源和基础①，也是儒家思想中最高的精神境界。《论语》一书109次论及"仁"，充分体现了孔子对仁的重视，这也是孔子德性思想的主导特征。在《论语》中，"仁"被描述为一种孕育了其他特殊德性或性格特征的全德，因此是一种整体德性和具有总括意义的德性，"仁"的含义中包括"智""勇""孝""忠""礼""恭""宽""信""敏""惠"等德性。② 在孔子那里，"仁"是万善之源，各种德性都由"仁"生发出来。孔子说："苟志于仁矣，无恶也。"一个人如果具有仁的德性，那么他就不会有恶行。一些重要的德性，都需要在仁的基础上，才具有道德

① 东方朔. 德性论与儒家伦理. 天津社会科学，2004（5）：22-27.
② 余纪元. 德性之镜：孔子与亚里士多德的伦理学. 林航，译. 北京：中国人民大学出版社，2009：55.

价值。比如，"勇"不仅是血气之勇，更是一种道德上的勇气；"义"不仅是一种法律上的公正，更是人道意义上的公正；"礼"不仅是恪守祭祀仪式，更是伦理道德情感的表达；"信"是人们在人际交往中形成的道德上的可信赖性。

然而，孔子本人并没有以一种总体性的方式去定义"仁"这个最为重要的概念。它内涵丰富且有多重表现形式，"在伦理上是博爱、慈惠、能恕，在情感上是恻隐、不忍、同情，在价值上是关怀、宽容、和谐，在行为上是和平、共生、互助、扶弱以及珍爱生命、善待万物等"①。当不同的弟子向孔子询问何为"仁"时，孔子给了他们不同的答案，这些回答的诠释基于每个学生的具体情况和不同的情境。因此，孔子的目的似乎不是要为其伦理思想建立一个或若干普遍的原则，而是试图引导弟子们在各自的生活情境下获得德性。樊迟曾三次问孔子关于仁的问题，孔子分别给出了三个不同的答案。"问仁。曰：'仁者先难而后获，可谓仁矣。'""樊迟问仁。子曰：'爱人。'""樊迟问仁。子曰：'居处恭，执事敬，与人忠。虽之夷狄，不可弃也。'"孔子并没有直接回答"仁是什么"，而是从不同的角度告诉弟子"如何去践行仁"。

虽然没有关于"仁"的明确定义，但可知"仁"是一种总体性的、涵摄其他德性又超越其他德性的品质。②《论语·雍也》中云："宰我问曰：'仁者，虽告之曰"井有仁焉"，其从之也？'子曰：'何为其然也？君子可逝也，不可陷也；可欺也，不可罔也。'"大意是说，宰我问孔子："假如有人告诉一个仁者井里掉下去一个人，他是不是就会跟着跳进井里呢？"孔子认为不会这样。仁者可以过去看是否有人落井，如此受欺骗是因为他有恻隐之心，但仁者还有智慧，不会因受到迷惑而糊里糊涂地投井。可见，仁是包含知的。孔子也说："仁者必

① 陈来. 孔子思想的道德力量. 道德与文明，2016（1）：5-7.
② 张广生. 由仁即礼：孔子之道与中国"轴心时代突破"的特质. 中国人民大学学报，2021（3）：40-50.

有勇，勇者不必有仁。"这意味着仁包含诸如"勇"这样的德性。那么，拥有其他的德性，或者没有一些明显的道德缺陷，是否就可以断定一个人拥有了"仁"呢？孔子认为，一个人具有部分道德要素的表现并不能用于判定其具有总体性的"仁"。原宪曾问："克、伐、怨、欲不行焉，可以为仁矣？"子曰："可以为难矣，仁则吾不知也。"一个人即便没有好胜、自夸、怨恨和贪欲这四种缺陷，在孔子看来，似乎也不可称为"仁"，虽然这对于普通人而言已非易事。孔子虽然承认自己弟子的才能，比如子路可以治理具备千辆兵车国家的军事，冉求能够去一个有千户人口、百辆兵车的大家做家臣，公西赤能够穿上礼服在朝廷接待宾客，但仍不能断定他们拥有"仁"的品质。并且，孔子说："仁者安仁，知者利仁。"真正有仁德的人会安于仁，而聪明的人则利用仁。

儒家的"仁"最初源于最为自然的、符合人性体验的血缘及家庭关系。"君子务本，本立而道生。孝弟也者，其为仁之本与！"对于君子而言，树立了根本，自然就可以悟道；而孝是最基本的仁德，不孝必然不仁。并且，"仁者，人也，亲亲为大"。仁者爱人，而爱父母家人是最为重要的，所谓"仁"就是能够将对父母的爱推及他人。人人都有的天然情感是"仁"的出发点，孝敬父母、尊爱兄长，对于儒家而言，就是行仁的根本。一个人如果连父母都不孝敬、兄长都不尊爱，那么很难相信他会对陌生人有爱。个人根本不可能绕过他的原初的种种情感纽带来表达他对人类的普遍之爱，对他人的仁爱正是从家庭之爱的根基上生长出来的。不同于墨子的"兼爱"，儒家的仁爱生发自血亲之爱，由爱亲之情推扩而来，因而是有差等的。爱有差等，每一个人都会自然地先爱亲人，每一个人都最早从家人那里获得了爱的体验和爱人的能力，这符合人的自然本性。实际上，心理学领域的研究也证明了人的这种自然倾向，在《移情与道德发展：关爱和公正的内涵》一书中，发展心理学家马丁·L. 霍夫曼对许多或者大部分近期的移情研究做了总结并得出结论——人们往往倾向于更多地对自己非常亲密的人而不是陌生人发生移情。① 这种基于亲亲的爱，会从血缘关系扩展到他人，进而扩展到整个自然界，乃至天地万物，由成己而成人，由成己而成物。

当然，特别强调自己的亲属可能会造成裙带关系的后果，但根据儒家的观点，如果领导者连"亲亲"都做不到，那么设想他能够真正关爱他人是不可思议的。"君子笃于亲，则民兴于仁"，只有领导者宽厚地对待亲戚朋友，人们才能够感受到其仁德，进而去身体力行地发挥仁风。然而在儒家那里，如果一个人的仁爱仅仅局限于家庭是不足够的，这绝非君子之德的完善形态。一个道德高尚的人，必须投身门外，"老吾老，以及人之老；幼吾幼，以及人之幼"，在社会交往中进一步实践、提升和完善自我的道德人格。可以看到，儒家的道德既不出乎自然，又不反乎自然。② 道德成于后天的教化，没有谁生来就是君子或者小人，而是不脱离自然本性的普通人，此之谓"不出乎自然"；然而每个人又都具有通过后天教化在道德上完善自我的先天根据，此之谓"不反乎自然"。正因为"仁"具有这样的自然性，潜藏在人的内心之中，所以仁并非触不可及。孔子说："仁远乎哉？我欲仁，斯仁至矣。"但是仁又不是那么普通寻常、唾手可得的品质，它具有超越性，即便孔子也不敢以仁自居，"若圣与仁，则吾岂敢？"因此，"仁"是基于人的自然本心的理想道德标准。

"仁"不仅是"德"，也是"道"；不仅是德性，也是行为原则。"孔子伦理学中最重要的道德概念'仁'，不仅是一个道德德目，而且是一普遍原则，既是德性，又是原则，不存在当代西方德性伦理学与规范伦理学的那种对立。"③ 对于孔子而言，美德、原则、义务是一致的，仁的品质理所当然地包含仁的行为。孟子说："仁也者，人也。""仁"是使一个人真正成为人的品质。如果"仁"不涉及"人"的话，那么作为"人之理"的"仁"就无所依托；如果"人"没有"仁"，这样的人就是

---

① 霍夫曼. 移情与道德发展：关爱和公正的内涵. 杨韶刚，万明，译. 哈尔滨：黑龙江人民出版社，2003.

② 王楷. 君子上达：儒家人格伦理学的理论自觉. 道德与文明，2021 (1)：76-86.

③ 陈来. 儒学美德论. 北京：生活·读书·新知三联书店，2019：436.

没有道德本性的，只是血肉之躯而已。

中国现代新儒学思想家梁漱溟先生提出，儒家伦理就是"互以对方为重"。孔子的弟子仲弓曾向孔子问"仁"，孔子的回答是"己所不欲，勿施于人"。"仁"是处理自己和他人关系的根本原则，也是"忠恕之道"。"子曰：'参乎！吾道一以贯之。'曾子曰：'唯。'子出，门人问曰：'何谓也？'曾子曰：'夫子之道，忠恕而已矣。'"根据曾子的理解，孔子所说的忠恕之道即是"己所不欲，勿施于人"的"仁道"，是孔子主张的一贯之"道"。人具有相同的类本质，人同此心，心同此理。孔子不主张"己之所欲，必施于人"，即一定要把自己认为好的东西施加给别人，这是一种强加于人的霸权心态和行为。相反，孔子认为要尊重他人的想法和需求，在"己所不欲，勿施于人"的基础上，"己欲立而立人，己欲达而达人"。在这样的过程中，人不仅可以成就自身，还可以成就他人，这是对仁道最好的践行。

"君子"和"小人"这两个称谓在西周礼法秩序中原本是用来指称贵族和平民的，孔子却用这两个称谓来区分两个不同道德层次的人。君子追求"仁"和践履"仁"，相反，忽视"仁"和不践履"仁"的则是小人，仁与不仁是君子和小人的首要区分条件。孔子说："君子而不仁者有矣夫，未有小人而仁者也。"一个有仁心的人，未必能达到孔子"许其仁"的高度，但不会再被归为小人；相反，小人必然是那些从心性上就背离了"仁"的人。"仁"不仅是君子与小人的区分标准，更是君子仁人的毕生道德追求和心志所在。"子曰：'志士仁人，无求生以害仁，有杀身以成仁。'"君子对"仁"的追求高于一切，当个人性命与仁道发生冲突时，君子为了获得"仁"的内在精神生命，甚至不惜牺牲自己的躯体生命，因为失去了仁道，就失去了人之为人的根本，即使面临绝境，君子也要坚持行仁。因此，"仁在中国历史上首次意指超越生死的终极价值"①。

---

① 杜维明. 道·学·政：儒家公共知识分子的三个面向. 钱文忠，盛勤，译. 北京：生活·读书·新知三联书店，2013：3-4.

　　回到之前提到过的有关儒家有"私德"无"公德"的批评。实际上，对于儒家而言，"仁者安仁，知者利仁，畏罪者强仁"。虽然"利仁"者和"强仁"者在行为表面上与"安仁"者无异，但他们内在的道德层次有云泥之别。对于一个真正有仁德的人而言，他怎样对待他人（公德）与其自身成为什么样的人（私德）乃一体之内外，二者没有分别。真正的仁者行仁而安仁，做出符合仁的行为恰恰是其内在仁德的体现，而不是出于精明的算计，也不是出于对罪罚的恐惧，没有勉强和表演，完全是自然而然的行为。

　　《论语·宪问》中有一段孔子与子路的对话，说明了君子对自身的道德人格的提升绝不能止步于自己。孔子强调"仁人"道德楷模的重要性，尤其是以自身作为表率，来唤起学生的道德自觉。"仁人"是仁在个体身上的具体呈现，"人能弘道，非道弘人"。在儒家看来，人生完善的方向就是弘扬仁道，成为仁人君子，而仁人君子的人格修养必定包括积极参与家庭和社会秩序，为他人和社会服务，从而持续完善自身的道德品格。"子路问君子。子曰：'修己以敬。'曰：'如斯而已乎？'曰：'修己以安人。'曰：'如斯而已乎？'曰：'修己以安百姓。修己以安百姓，尧、舜其犹病诸！'"当子路问孔子如何在道德上完善自我时，孔子的回答是，先之以"修己"，次之以"安人"，再次之以"安百姓"。相较之下，"修己"为"本"，"安人"和"安百姓"则在后，但这并不意味着"安人"和"安百姓"不如"修己"重要，而是说明"修己"逻辑上在先，只有先"修己"，才可能更好地"安人"和"安百姓"。正如《大学》中所说："大学之道，在明明德，在亲民，在止于至善。知止而后有定，定而后能静，静而后能安，安而后能虑，虑而后能得。物有本末，事有终始。知所先后，则近道矣。"因此，万物有本末始终，人要以修己为根本、为前提，但修己并不是终点。君子之道固然必须在"修己"的基础上立其本（"始"），但是也需要经过"安人"和"安百姓"才可完成（"终"）。

　　可见，"仁"的最终目标是群体的仁，君子的人生目标最终在于通过个人的德性修养来维护社会的整体秩序与和谐。《论语·微子》中说："不仕无义……君子之仕也，行其义也。道之不行，已知之矣。"在现实境况艰难的情况下，君子不能独善其身，"出仕"救世是君子的道义和使命所在。在这个意义上，履行"公德"恰恰是个体自我完善的必要条件，人格的充分成长需要通过承担更大的公共责任来获得，儒家的修齐治平，是一以贯通的。这就涉及仁政的问题，所谓仁政就是仁人君子在位，以德治国，推己及人，将仁爱之道推广到全天下。孔子说："为政在人，取人以身，修身以道，修道以仁。"君主想要治理好国家，关键在于有贤人辅佐，而要得到贤人辅佐，君主自身必须先修养德性。孔子对领导者的道德层面提出了非常高的要求，认为治理智慧的根本在于树立领导者的道德之仁，一旦领导者能够做好表率，其德性就能够影响别人。领导者和被领导者之间的关系就如同风和草，"君子之德风，小人之德草，草上之风必偃"。领导者以德风教化被领导者，上行下效，整个群体的道德风气就会自然而然地变好。

二、重义

"义"在中国古代是一个含义极广的道德范畴，指的是公正合宜的道理或行动。《礼记·中庸》解释道："义者，宜也。"这是说，人们要按宗法等级制度规定的地位和名分言行，各得其宜。刘熙《释名》中讲："义，宜也，制裁事物，使合宜也。"韩愈在《原道》中曰："行而宜之之谓义"。"义"在孔子那里是指一般的道德准则，其顺乎人情、合乎事理、通乎天理，是指导和判断人之行为的标准，其基本特征是合情合理。[①]《周易·说卦》中载："立人之道，曰仁与义。"孔子认为"君子义以为上"，足以看出"义"对于中国人道德生活的重要意义。

作为所有具体德目之源的"仁"也是"义"的内在基础。《礼记·

---

① 张汝伦.义利之辨的若干问题.复旦学报（社会科学版），2010（3）：20-36.

礼运》中讲："仁者，义之本也。"义自仁而出，不仁也就不义。人的德行以仁为根源，但表现为对义的直接履行，是谓"行义"。当子张问孔子如何提高德性时，孔子回答："主忠信，徙义，崇德也。"即要提高道德，就要以忠信为己之主，让自己从义而行。"信近于义，言可复也"，所定的信约必须合乎道义，才是能够履行的。做到公正合宜意味着，在个人操守上要做到恪守道义、保持节操，如孟子所言"配义与道。无是，馁也"；在与人交往中要做到公平正义、恰当适宜，如孔子所言"以直报怨，以德报德"；在处理义利关系时要做到取之有义、先义后利，如荀子所言"先义而后利者荣，先利而后义者辱"。

在儒家思想中，"义"往往和君子之德相联系。在孔子看来，"君子"最本质的品质是重"义"。"君子谋道不谋食"，说明追求"道义"是君子的人格标志之一。"君子喻于义，小人喻于利""君子义以为上"，说明君子以义为最尊贵的东西。"君子义以为质，礼以行之，孙以出之，信以成之，君子哉"，表明君子把道义作为行事的根本，并依据"礼"来实行它，用谦逊的言辞来表达它，用诚信的态度来实现它。

并且，孔子主张："君子之于天下也，无适也，无莫也，义之与比。"孟子提出："大人者，言不必信，行不必果，惟义所在。"荀子亦曰："诚心行义则理，理则明，明则能变矣。"他们都把"义"作为判断一个人的思想、言论、行为是否公正合宜的唯一标准。君子行事，无可无不可，没有必须要如此，也没有必须不可如此，一切要合乎道义，即坚持根据具体情境选择最恰当的行为方式。正如郝大维和安乐哲所说："'义'的个人性诠释就不可能纯粹是运用某种外在规范的问题。恰恰相反，这一成人过程不可能屈从于一系列决定性的原理，它更应是个体在回应每一新境遇自我判断力的创造性训练……"① 同时，义所强调的是行为本身的正当性，是一个具体情境中的合乎道义的行为选择，而不仅仅是后果的衡量。

---

① 郝大维，安乐哲．通过孔子而思．何金俐，译．北京：北京大学出版社，2005：114.

儒家将社会关系归结为父子、兄弟、夫妇、长幼、君臣五伦，并用"义"来规定这些关系之间的合宜性。孔子曰："何谓人义？父慈、子孝、兄良、弟弟、夫义、妇听、长惠、幼顺、君仁、臣忠，十者谓之人义。讲信修睦，谓之人利。争夺相杀，谓之人患。""慈"是父母的合宜行为，"孝"是子女的合宜行为，"父慈子孝"是父子之间应该遵循的关系模式；"良"是哥哥的合宜行为，第二个"弟"通"悌"，是弟弟的合宜行为，"兄良弟弟"是兄弟之间应该遵循的关系模式；"仁"是君主、领导者的合宜行为，"忠"是臣下、下属的合宜行为，"君仁臣忠"是君臣之间应该遵循的关系模式。只有家族和睦、君臣和谐，才是"人利"，否则会导致争夺相杀，致使"人患"。这种人伦之间合宜的关系保障了合宜的社会秩序，如是才让人与人之间的交往、合作、交流成为可能。

从孟子开始，"义"作为一种道德价值观真正凸显出来。在孟子所说的"四端"之中，"恻隐之心"为"仁"之端，是人心之根本；"羞恶之心"为"义"之端，关注的是人心在语境中的道德判断；"恭敬之心"为"礼"之端，强调外在的行为规范；"是非之心"为"智"之端，关注的是简单的事实判断。"义"之道德判断不同于"智"之事实判断，它是人们对道德与否、善恶与否的辨别，是人的道德辨别力和判断力的重要体现。孟子非常重视"义"，"义"字在《孟子》一书中出现 108 次之多。他发展了孔子"义"的观念，将之作为处理血缘亲属关系之外更广泛的社会关系的道德准则，通过孟子，"义"的内涵得到了进一步的重视和阐发。程子曾言："仲尼只说一个仁字，孟子开口便说仁义。"①"仁""义"是两种最重要的德目，孟子常用"仁义"代指"道德"。孟子讲："居仁由义"，"仁，人之安宅也；义，人之正路也"，"仁，人心也；义，人路也"。孟子反复说"义"是人路，表明其是行为的原则，带有客观的意义；而"仁"是人心之德，是主观的品格（德性）。②

---

① 朱熹 . 四书章句集注 . 北京：中华书局，1983：199.
② 陈来 . 儒学美德论 . 北京：生活 · 读书 · 新知三联书店，2019：447.

"仁"为本，"义"为达成此仁德的路径，从道德实践的层面来讲，"义"为"仁"之展现。"义"可疏远于血缘亲情，更适合于处理那些超越血亲界限的社会关系，如朋友、君臣关系等。

荀子将"义"提升到了人禽之辨的高度。荀子曰："水火有气而无生，草木有生而无知，禽兽有知而无义；人有气、有生、有知亦且有义，故最为天下贵也。力不若牛，走不若马，而牛马为用，何也？曰：人能群，彼不能群也。人何以能群？曰：分。分何以能行？曰：义。故义以分则和，和则一，一则多力，多力则强，强则胜物；故宫室可得而居也。故序四时，裁万物，兼利天下，无它故焉，得之分义也。"荀子认为，人之所以能贵于万物、役使万物，在于人能结成社会，过群体生活。在社会中，人凭借社会之力量战胜自然、创造文明，人才成为人。虽然人具有社会性，但如果缺乏社会秩序，社会就会陷入矛盾和混乱。"义"的价值就在于通过确立合理的原则来对社会中的权力和利益进行分配，使得社会成员各安其分。荀子也说："唯仁之为守，唯义之为行。"简言之，"仁"是"义"内在的本体依据，"仁"之道德精神贯彻落实于行为当中，体现为"义"，"义"就是行为在具体情境中达到最适宜的实践性和正当性。

因此，"义"是一种源于人的内在心性的道德情感和道德判断，是君子最重要的品质和行为规范，是在具体情境中合宜的行为方式，是通往现实目标的最恰当的途径。

义利相兼，以义为先

关于义与利关系的讨论是儒家思想中的一个经典问题，实际上，它也是一般道德哲学的一个基本命题。虽然义的观念在孔子之前就已经出现，但一般认为，在孔子那里，"义"才成为一个重要的哲学观念。[①]

儒家肯定合理取利的正当性。孔子不否认人有追求财富的权利，承

---

① 张岱年. 中国哲学大纲. 北京：中国社会科学出版社，1982：386；黄俊杰."义利之辨"及其思想史的定位//苑淑娅. 中国观念史. 郑州：中州古籍出版社，2005：310.

认物质利益是人之需要。所有道德诉求、高远的理念都应当基于百姓安定富足的生活，在此基础上，人们可以提升自我教养，乃至每个人都有机会充分发展自我的潜力，充分发展和实现自我价值。"经济是非常重要的基础，如果以道德说教来宣传儒家，而对人的生活、人的安全、人的经济置之不顾，是完全不符合儒家的基本标准的。"① 儒家德性肯定人的经济基础，它没有对经济采取鄙视和反对的态度。在儒家那里，经济应当回归其本来的意义，即"经世济民"。这和现代经济学之父亚当·斯密对经济的理解有很大的相似性，斯密也认为经济的目的一方面是创造财富，另一方面是实现社会的和谐繁荣。正如我们之前所提及的，斯密除了是一位经济学家，更是一位道德哲学家。对于斯密而言，经济从其深层的意义来说与个人的道德实践、社会的整体和谐有着密切的关系，经济发展的过程中不能为了创造财富而破坏社会秩序、瓦解社会凝聚力。

因此，孔子不反对经济利益本身，他强调的是人对于经济利益的追求一定要符合正当性的要求。"富与贵，是人之所欲也，不以其道得之，不处也。贫与贱，是人之所恶也，不以其道得之，不去也。"只要符合道义的要求，追求个人财富就不会妨碍一个人成为"君子"。孔子承认，富与贵是人们所欲求的，贫与贱是人们所厌恶的，但不管是求富贵还是恶贫贱，都应以道义为准，不能肆意妄为。"富而可求也，虽执鞭之士，吾亦为之。如不可求，从吾所好。"只要合乎道德要求，就可以心安理得地获取理应得到的利益。孔子也说："邦有道，贫且贱焉，耻也；邦无道，富且贵焉，耻也。"在一个邦有道、政治清明的时代，一个人身处贫贱是耻辱的；但在一个国家邦无道、政治黑暗的时代，一个人享有富贵是可耻的。因此，君子不是必然"安贫乐道"，而是"安富"也可以"乐道"。富贵与道义之间并非绝对对立，只是孔子所处的春秋时代是一个"无道"的时代，所以对于那时的君子而言，对利益的追求显然

---

① 杜维明. 多向度的"仁"：现代儒商的文化认同. 船山学刊，2017（3）：72.

和对道义的追求有着内在的矛盾。而在一个有道的时代，人们当然可以义利兼顾。如果对孔子的"义利之辨"做符合当代情境的转化，则必须要考虑到其义利思想的历史背景。

利益可求，但必须要符合道义。儒家真正反对的是"见利忘义"的态度和行为，主张应该"见利思义"。孔子明确提倡"见得思义""见利思义"，也明确反对"放于利而行"。可见，儒家坚决反对那种见到利益就完全把道德置之脑后，甚至把追求个人利益当作个人目的的行为。

在孔子思想的基础上，荀子提出"以义制利"。《荀子·大略篇》提道："义与利者，人之所两有也。虽尧舜不能去民之欲利，然而能使其欲利不克其好义也。虽桀纣亦不能去民之好义，然而能使其好义不胜其欲利也。故义胜利者为治世，利克义者为乱世。"虽然荀子这里讲"义利两有"，但根本上，他也主张义是第一位的、利是第二位的。因为"以义为先"还是"以利为本"是评判"治世"与"乱世"的标准，且"先义而后利者荣，先利而后义者辱"。

儒家反对动机上的"以义求利"，但并不反对因为行义而获得客观结果上的正当利益。《孟子·梁惠王上》详细记载了梁惠王与孟子见面时对"义"与"利"的探讨。梁惠王向孟子问道："叟不远千里而来，亦将有以利吾国乎？"孟子回答道："王何必曰利？亦有仁义而已矣。"孟子的意思并不是说"利"不重要，而是强调"义"更加重要，符合道义是利益的根本。并且，孟子认为"何必曰利"的原因是"上下交征利，而国危矣"。他说："王曰'何以利吾国'，大夫曰'何以利吾家'，士庶人曰'何以利吾身'，上下交征利，而国危矣。万乘之国，弑其君者必千乘之家；千乘之国，弑其君者必百乘之家。万取千焉，千取百焉，不为不多矣。苟为后义而先利，不夺不餍。未有仁而遗其亲者也，未有义而后其君者也。王亦曰仁义而已矣，何必曰利！"孟子认为，如果整个社会的各个阶层都只求利并互相陷入利益的纷争，则必将给国家与包括君主在内的社会各阶层带来亡国灭身等后果；如果希望凭借武力开疆拓土、一统天下，那么也必将因为四面树敌而危及国家和社会的安定与存亡；只有行仁践义、实施仁政，才能"沛然莫之能御"而"王天下"，即结束战乱、走向统一。这不仅符合君主自身的利益，而且符合当时黎民百姓的最大利益。但必须认识到，正如孟子说"何必曰利"，这种"利"并非目的，而"义"也不是获利的工具。利益是在行义的过程中得以实现的，是因义得利、义利兼顾。

儒家认为义利并不必然矛盾，但当"义"与"利"发生冲突、不可调和的时候，就必须做出合乎道义的选择，在某些极端的情况下，甚至要"杀身成仁""舍生取义"。正是这种选择，体现出儒家更重道义而非利益的倾向，这是儒家"义利之辨"观念区别于法家与墨家的重要之处。孔子说："志士仁人，无求生以害仁，有杀身以成仁。"即"仁人志士"不会因贪生怕死而损害仁，而是会在关键时刻牺牲生命来成全仁。孟子明确揭示了"舍生取义"的理由："鱼，我所欲也；熊掌，亦我所欲也。二者不可得兼，舍鱼而取熊掌者也。生，亦我所欲也；义，亦我所欲也。二者不可得兼，舍生而取义者也。生，亦我所欲，所欲有甚于生者，故不为苟得也；死，亦我所恶，所恶有甚于死者，故患有所不辟也。如使人之所欲莫甚于生，则凡可以得生者何不用也？使人之所恶莫甚于死者，则凡可以辟患者何不为也？由是则生而有不用也，由是则可以辟患而有不为也。是故所欲有甚于生者，所恶有甚于死者，非独贤者有是心也，人皆有之，贤者能勿丧耳。"义利兼得当然好，但关键是两者有冲突时怎么选择。对于儒家而言，在义与利不可得兼的情况下，就必须做出"舍生而取义"的选择，这是因为"义"的价值高于生命的价值。

人们会有一种误解，即为了国家或集体利益可以不择手段。但儒家认为，利益的获取不但在个人私利层面要符合"义"的要求，在公利层面也应当如此。孔子推崇"德政"，就是主张在集体层面、国家层面以德为重，他说："善人为邦百年，亦可以胜残去杀矣。"晋文公和齐桓公是春秋五霸中最有名的两个霸主，孔子在评价这两位君主的霸业时，认为"晋文公谲而不正，齐桓公正而不谲"。"谲而不正"，说明晋文公之霸业是建基于"诡道"之上的，而齐桓公则守正而不诡诈。并且，孔子曾多次称许管仲为仁，因为他以合乎道义的方式帮助齐桓公成就了春秋首霸之业，"桓公九合诸侯，不以兵车，管仲之力也。如其仁！如其仁！"但他很少提及晋文公，原因就在于晋文公成就霸业不是靠行义，而是倚仗兵力。因此，即便是集体层面、国家层面的利益，也应当循义而为。

因此，做一个孜孜以求利、放于利而行的小人，还是做一个以义为先、践行仁义的君子，是人生命中的一次重大抉择，这对于现代人处理道德与利益冲突而言仍具有重要的启发作用。

三、崇礼

远古时代，"礼"主要体现为对神的崇拜，是在祭祀活动中逐渐形成的一定的仪式和规则。后来出于维护封建秩序的需要，"礼"从祭祀仪式和规则演变并扩展为一整套系统化的社会规范，被贯彻到社会生活的各个领域。礼乐被用来规范人们的行为、调节人们的心理，礼乐制度帮助塑造并维护了一种有差异却和谐的社会生活秩序。一般来说，古代的"礼"具有以下内涵：一是根据道德观念、风俗习惯、历史传统等所形成的社会生活仪式，如典礼、婚礼、丧礼等礼俗；二是周礼之类的典章制度、政治制度等；三是调节人们社会行为的各种规范，如礼规、礼教、礼法等；四是表达仁爱、尊敬、谦让等情感和态度的行为方式，如礼让、礼遇、礼赞、礼貌、礼节等；五是在人际交往过程中用来表达庆贺、友好、敬意等心意的所赠之物，如礼物、礼品、礼金和献礼等；六是表示内在心性修养的品德。儒家的"礼"包括以上多种内涵，是宗法等级制度、家族制度、政治规则、伦理规范和行为准则的复合体。

春秋时期是一个"天下无道""礼崩乐坏"的时代，242 年之间，不仅"弑君三十六，亡国五十二"，而且"大夫僭诸侯，诸侯僭天子，天子过天道"，因此孔子说："礼云礼云，玉帛云乎哉？乐云乐云，钟鼓云乎哉？""八佾舞于庭，是可忍也，孰不可忍也？"在孔子看来，礼崩乐坏不仅仅表现为外在礼制规范的破坏和各种僭越、越礼行为的大量发生，更严重的问题是周礼精神的失落。

孔子推崇周礼，曾说："周监于二代，郁郁乎文哉！吾从周。"周朝的礼乐礼仪是孔子所向往的。面对春秋时期混乱无序的状况，孔子将秩序重建的外部框架和内在的精神基点相联系，把"仁"作为"礼"的精神内核，"礼"呈现为一种"仁"的具象化的外在表现形式。孔子论"仁"，并非纯粹在其作为最高德性的层面来论说，实际上也结合了"礼"（即社会规范）来阐释。比如，"仁"表现为对社会规范的遵守，照着礼的要求去做，就是仁。《论语·颜渊》有云："克己复礼为仁。一日克己复礼，天下归仁焉。"

并且，"礼"不是僵化死板的外在行为层面的道德规则，而是内在"仁"的外在表现；作为"仁"的制度化的"礼"，是"仁"的具象化表达。孔子发问："人而不仁，如礼何？"如果没有内在的"仁"，那要"礼"做什么呢？对于儒家而言，品质和行为不是界限分明的，相反，二者一并构成了道德人格一体贯通的两个面向，"礼"与"仁"为一体之两面，二者缺一不可。"在先秦儒学中，以主体为中心与以行为为中心是相结合的，不是截然分裂对立的，也没有品质与行为或品质与原则的对立 …… '心行不二'是古典儒家的基本立场。"① 如果仅仅将"礼"作为必须遵从的制度和形式，但人的内在道德与之并不匹配，那么"礼"就会成为人性的禁锢和痛苦的枷锁。孔子把接受礼规的约束看成快乐的源泉，他说："益者三乐，损者三乐。乐节礼乐，乐道人之善，乐多贤友，益矣。乐骄乐，乐佚游，乐宴乐，损矣。"这恰是因为，"礼"对于他而言，并不是外在强加的禁锢约束，而是内在仁德自然而然的表达。个人道德倾向与礼仪规范有机融合，这是人之所以能够达到

---

① 陈来．儒学美德论．北京：生活·读书·新知三联书店，2019：287.

"七十而从心所欲，不逾矩"的自由境界的精神原因。从心所欲不逾矩的自由乃基于对"礼"规范制度的自觉自愿的认同。

"礼作为一种理性规范，能够让我们有规则可以遵循，在理智上了解在特定的情形之下如何做在道德上才是正确的。然而，如果仅仅只是作为理性规范而存在，礼又未尝不是一种冷冰冰的物件。因而，礼通过（'礼化'）人格的具象化而具有了生活的温度，因而也就拥有了唤醒和感动（而不只是说服）我们的力量，从而真正地走进了我们生命的深处……"① 儒家经典《礼记》中对"礼"的性质、功能及其与道德仁义、政治人事的关系进行了明确规定和说明。除了标准与制度的功能，"礼"更重要的作用是体现人内在的道德。"道德仁义，非礼不成""忠信，礼之本也""乐动于内，礼动于外""乐极和，礼极顺"等，皆说明礼仪制度与伦理道德的关系是一种表里和谐、体用一致的关系。《论语·泰伯》中的一段论述强调了"礼"的作用："恭而无礼则劳，慎而无礼则葸，勇而无礼则乱，直而无礼则绞。"纵使一个人具备很好的内在品质，倘若不受礼节的约束，也会导致不好的行为后果。因此，在实践中，只有同时贯彻"仁"和"礼"的精神的行为，才是真正的道德行为。并且，不管是在贫穷还是富有的情况下，都需要将道德品质作为君子的首要考量，君子的行为都要合乎"礼"的要求。子贡问："贫而无谄，富而无骄，何如？"孔子回答："可也。未若贫而乐，富而好礼者也。"富贵而不骄傲自大并不能很好地说明一个人的德性，只有对富人"约之以礼"，才能使其在使用财富和权力时合乎道义。

不过，作为礼仪制度的"礼"并非一成不变，而是要合乎情境、与时推移、因时制宜，并且不同地域文化具有不同的礼规，它受到当地风俗习惯、生产生活方式的影响。《礼记·礼器》中载："礼也者，合于天时，设于地财，顺于鬼神，合于人心。理万物者也……礼，时为大，顺次之"。可见，"礼"是不断发展更新、根据情境与时俱进的，其作用不

---

① 陈来. 儒学美德论. 北京：生活·读书·新知三联书店，2019：125.

在于约束人的行为，而是要通过促使社会成员遵守道德准则，来提高人们的内在道德水平，从而达到人格完满、家庭和谐和社会安定。随着时代的变迁，许多礼仪、礼规或许在某一历史时期是适宜的，但后来会成为陈规旧俗，变成人性的桎梏，这就需要对"礼"进行更新和转变。比如，中国古代一些婚丧嫁娶的礼仪传统，放在今天，即便是孔子也会承认它们已经过时，必须要进行转变，一些过于陈旧的传统，甚至需要摒弃。

相对于孔子的"仁礼"并重和孟子的"仁义"，荀子讲得更多的是"礼义"。虽然孟子也有提及"礼义"，但孟子之"礼义"侧重于"义"，意指"道理""正确之理"，而荀子之"礼义"是指以义为内在精神实质的"礼义体系"。[①] 基于孔子以礼修身的理念，荀子发展出了一套完整的以"积善成德"为特色的工夫论，所谓"人积耨耕而为农夫，积斫削而为工匠，积反货而为商贾，积礼义而为君子"。"积礼义"是说，人不仅要在知识的层面上学习礼义，更要在行为的层面上按照礼义的要求去做，"礼然而然，则是情安礼也"。按照礼的要求和规定去行为，会使人的性情习惯礼，那么一个人长期合乎礼的行为必将导致其内在品质的相应变化，此所谓"少成若天性，习贯之为常"。长此以往，"目非是无欲见也""耳非是无欲闻也""口非是无欲言也""心非是无欲虑也"。这样，"礼"就不再是对人外在的束缚和刻意的强求，而是人由于内在德性而在德行层面的一种积极表达。荀子的"礼义"范畴把规范与道义、正义、公义、义务等联系起来，赋予刚性的规范以柔性的道德内容，从而发展了孔子的礼学。

"学莫便乎近其人""学之经，莫速乎好其人，隆礼次之"。在这里，"好其人"并不意味着对"礼"的否定和拒斥，虽然崇敬良师是最便捷的学习途径，但崇尚礼仪也非常重要。一方面，人"积礼义而为君子"，

---

① 王海成. 从"仁"到"义"：先秦儒家礼学精神的演变. 江西社会科学，2012（12）：27-31.

道德人格完成于长期遵循道德规则的践履，圣贤之所以为圣贤恰恰在于对规则的具象化，"圣也者，尽伦者也"，通过尊崇践行礼法则可以穷究圣贤的智慧、寻求仁义的根本。另一方面，正所谓"六经皆史"，不同的人在同一情境中的反应和选择总是具有个体性差异的，而那些合理的、高尚的行为无疑具有更强的人格感染力，经过社会共同体的理性反思，这些人格品质将会以规则的形式沉淀、固定下来，用以指导今后人们在社会中的道德生活，这就是礼存在的必要性。因此，人的内在品质与外在的道德规则如同车之两轮、鸟之双翼，不可偏废任何一端。

"礼"在传统社会曾经发挥着重要的社会道德教育和规范作用。然而，随着明清实学思潮的兴起以及西方文化的入侵，儒学遭遇了激烈的批判，受到攻击最严重的不是"仁"这一儒家核心原理，而是儒家的孝道文化和礼学文化。其中一个主要的反对理由就是认为儒家的重礼思想形成了封建礼教，压抑了人的个性和自由，认为"礼"是统治者压迫和剥削人民的工具，儒家思想"以礼杀人""以礼吃人"。那我们今天应该如何看待"礼"的作用呢？它是否已经过时，成为当代社会和个人发展的阻力？

通过上述分析，我们可以看到，礼在儒家思想体系中之所以重要，是因为它在传统上使中国人的行为有所遵循，确保人们能够合情合理地待人处事，培植人们具有成为良善之人的责任心和义务感，并保障整个社会的和谐运行。虽然时至今日，中国社会已经发生了巨大的变化，传统的"礼"在形式上显然已不再适用，但其作为表达、体现德性的载体，作为人们道德行为的规范仍具有重要的价值，不应被彻底抛弃。社会需要刚性的法制制度来规范人们的行为，但若要维护社会的长治久安，更好的方式是依靠人们自身的道德力量。在儒家那里，"礼"是德性伦理的具体化，仁义道德正是通过各种礼仪、礼节、礼俗等得以展现传达的。正如《礼记·曲礼上》中所言："道德仁义，非礼不成。教训正俗，非礼不备。分争辩讼，非礼不决。君臣、上下、父子、兄弟，非礼不定。宦学事师，非礼不亲。班朝、治军，莅官、行法，非礼威严不行。祷祠、祭祀，供给、鬼神，非礼不诚不庄。是以君子恭敬、撙节、退让，以明礼。"可见，虽然孔子以"复礼"为己任，但其真正的目的在于"兴仁"。除了德性的体现，"礼"还能够表达人的道德情感。比如，孔子之所以坚守"三年之丧"这种形式化的规定，并不是因为守丧这种形式本身重要，而是因为通过这种形式可以表达对父母的孝心和哀思。孔子说："大哉问！礼，与其奢也，宁俭；丧，与其易也，宁戚。"也就是说，礼的实行并不在于排场，更重要的是礼仪背后情感的兴发。

因此，"礼"是表达人之德性和道德情感的载体。人们的仁爱、尊敬、思念、孝慈、羞耻、忠诚等诸多道德情感正是通过"礼"得以正确表达的。如果我们今天仍旧强调德性和人之情感的重要性，却否认载体的作用，就会导致道德和情感表达的虚泛化。现代社会虽然已经没有了古代社会的君臣关系，但仍有夫妻、兄长、亲友、上下级、同事等社会关系，彼此之间仍旧应当以礼相待。当然，这种"礼"的形式相较于古代社会必须进行相应的调整和转变，比如剔除一些虚饰化的繁文缛节和过于谄媚的礼节。但这并不意味着我们要彻底取消"礼"，因为当人与人之间的道德情感没有了表达的载体、取消了行为恰当与不恰当的标准时，人们的社会交往就会陷入混乱。除了作为道德情感的载体，"礼"还是人们自我修身和建立良好人际关系的途径，是一种人化（humanization）的过程。① 通过参与某种恰当的礼仪活动，人们可以建立起稳定的、可信赖的群体关系。所以，"礼"可以说是一种运动而非固定形式，其动态的社会化活动比其静态的结构要重要得多。

并且，"礼"还具有重要的社会教化功能。《论语·颜渊》中记载，当颜渊问孔子行仁的具体条目时，孔子说："非礼勿视，非礼勿听，非礼勿言，非礼勿动。"颜渊曰："回虽不敏，请事斯语矣。"孔子建议用合乎"礼"的言行举止来行"仁"，这是说，合乎道德规则的行为（"复

---

① Tu W M. "Li" as process of humanization. Philosophy east and west，1972，22（2）：187－201.

礼"）正是达致优良道德品质的方法和途径（"为仁"）。以礼成仁意味着德行并不仅仅是德性在行为层面的表达与体现，德行反过来亦深刻地影响着德性的发展。孔子指出："道之以政，齐之以刑，民免而无耻；道之以德，齐之以礼，有耻且格。"如果只是运用行政手段和刑罚手段去治理民众、管理国家，那么只会使民众避免犯罪，却不能培养他们的廉耻之心；但如果用道德来治理百姓，用礼义来约束他们，则人们不但有廉耻之心，还能纠正自己的过错。虽然刑罚也是一种统治手段，但它并不能造就真正具有道德意识的民众，而"礼"则能让百姓知廉耻、知善恶。礼对人身心和行为的全方位的引导和塑造作用，用荀子的话来说就是"礼者，所以正身也"。荀子指出了遵循礼规对于人自身修养的重要性："凡用血气、志意、知虑，由礼则治通，不由礼则勃乱提僈；食饮、衣服、居处、动静，由礼则和节，不由礼则触陷生疾；容貌、态度、进退、趋行，由礼则雅，不由礼则夷固僻违庸众而野。"精神上依循礼就通达，否则就会陷入混乱；物质上依循礼就和顺，否则就会患上各种疾病；行为举止上依循礼就温文尔雅，否则就会显得庸俗粗野。

我们今天当然不能也不应当重新恢复儒家传统的礼制和礼俗的规定，必须根据新的时代要求，批判性地继承和创造性地转化儒家"礼"的思想，深刻理解"礼"的意义和动态性，充分发挥传统"礼"的精神。

四、守中

"中庸"一词最早出现于《论语·雍也》，孔子说："中庸之为德也，其至矣乎，民鲜久矣。"中庸这种品德是至善的，民间缺少这一品德已经很久了。孔子的弟子子思所作的《中庸》中说："天下国家可均也，爵禄可辞也，白刃可蹈也，中庸不可能也。"天下国家可以平治，爵禄可以辞让，刀刃可以承受，三者虽难但都可为，而中庸看似容易却难及。在孔子与子思看来，中庸是至高至难的，以其高，所以难，以其难，所以高。孔子将"中"与"庸"结合为一体，为"中庸"思想搭建了一个基本的见解框架，"中庸"既是道德修养的至高境界，也是一种重要的方法论。一方面，孔子将"中庸"思想视为最高的道德规范，它是孔子所认定的道德真理和道德行为准则，虽然民众已经长久地缺乏它了。另一方面，孔子又对"中庸"思想做了"过犹不及""君子泰而不骄""和而不同"等表述，这使得"中庸"思想兼有哲学方法论的意义。

"中"的本意是不偏不倚，"庸"则指"常"。"中庸"的含义就是指不偏不倚（适度）是常道，人们要在实践中经常用"中"，以达成和谐的效果。"喜怒哀乐之未发谓之中，发而皆中节谓之和"，情感未发之前，心寂然不动，没有过与不及的弊病，这种状态叫作"中"。"中"是道之体，是性之德。如果情感抒发出来能恰到好处、合乎节度、不走极端、自然而然，就叫作"和"。"中庸"是儒家所追寻的道德境界，是一种"致中和"的理想。"中也者，天下之大本也；和也者，天下之达道也。致中和，天地位焉，万物育焉。""中"就是无过无不及、不偏不倚、寂然不动，为天下之大本；"和"就是感而遂通，为天下之达道。如果君子的省察工夫达到尽善尽美的"中和"之境界，那么天地会安于其所、运行不息，万物会各遂其性、生生不已。

关于天与人、天道与人道的关系，《中庸》是以"诚"为枢纽来讨论的。"诚"是《中庸》的最高范畴，"中庸"作为一种至德，在内心修养上表现为"诚"。"诚"的本意是真实无妄，这是上天的本然属性，是天之所以为天的根本道理。《中庸》开宗明义地指出："天命之谓性，率性之谓道，修道之谓教。"这是说，上天所赋予人的叫作"本性"，遵循本性而行即"正道"，使人能依其本性而行，让一切事合于正道，便叫作"教化"。人因为气质的障蔽，不能徇道而行，所以需要通过修道明善的工夫，才能使本有之性表现出来。"诚者，天之道也；诚之者，人之道也。诚者不勉而中，不思而得，从容中道，圣人也。诚之者，择善而固执之者也。""诚之者"，是使之诚的意思。"诚"是天道的本性，追求"诚"是人道的主旨。因此，"自诚明，谓之性；自明诚，谓之教"。"自诚明"是圣人天生具有的性情，"自明诚"则是凡人通过后天学习才能拥有的性情。圣人不待思勉而自然地合于中道，是源于天性，但普通人因为有气质上的障蔽，不能直接顺遂地尽天命之性，所以要通过后天修养，使本具的善性呈现出来。

"诚者非自成己而已也，所以成物也。成己，仁也；成物，知也。性之德也。"要想达到"中庸"之境界，"成己"是首要的原则。就普通人而言，能够做到"成己"绝非简单的一蹴而就，而是一个不断自我完善、自我磨炼的艰苦过程，要求一个人"博学之，审问之，慎思之，明辨之，笃行之"。其次是"成物"。随着个体道德修养的不断完善，他对事物规律的认识就会更加深刻，就可以拥有成就万事万物的智慧。无论圣凡，只要致力于"诚"，就能尽心知性，达至人道与天道的贯通，即"天人合一"。所谓"唯天下至诚，为能尽其性；能尽其性，则能尽人之性；能尽人之性，则能尽物之性；能尽物之性，则可以赞天地之化育；可以赞天地之化育，则可以与天地参矣"，与天地参就能够达到真正的理想人格境界。

《中庸》引用孔子关于"道不远人，人之为道而远人，不可以为道"的话来说明，道对于人而言，并非高深莫测，人之于道，也并非遥不可及。天人合一的最高境界是人道与天道的贯通，这是经由求诚而最后达到诚的境界的过程，因此"致中和"是一个长期的修身过程。《中庸》中说："故君子尊德性而道问学，致广大而尽精微，极高明而道中庸。"这是说，人们要达到"中庸"或"中道"并不是一件容易的事，但也正因为如此，才显示了美德或德性之高贵。

中庸之道强调君子式的"自省"，即"君子戒慎乎其所不睹，恐惧乎其所不闻。莫见乎隐，莫显乎微，故君子慎其独也。"慎独"是对君子道德修养的要求，即君子要在自身道德修养的过程中自我监督、自我约束、自我教育，要能够在没有监视和外在约束的情况下坚守正确的行为准则。对于君子而言，和外界打交道的前提是认识自我，君子之所以

"慎独"，恰是出于他对自身的认知。《中庸》里反复强调，一个人实现人道不可倚靠外力，成为君子就是无时无刻地体现"中"。"所谓'中'就是一个人不受外在力量骚扰的心灵状态。但是它也不只是一个心理学上的平衡平静概念……根据《中庸》成书之前就早已有之的古老传统，人本是一种体现天地之'中'的存在，因此，人是通过每个人身上所固有的'中'而'与天地参'的。"① 君子身上具有普遍的人性，但他又达到了非普通人能够企及的境界，只有少数人能真正将其身上所固有的人性表现出来。普通人只能看到表面，一些人的道德行为或许只体现在众人可见之处，但反映一个人真实道德境界的举止往往体现在他人看不见的地方。君子能够有勇气抵制破坏自我修养的诱惑，具有内在的力量按照自己的节奏来进行漫长的自我修养功夫，在独处时也能做到表里如一。

事实上，道德上的差失无非是对道德原则过或不及的偏离，这种中道思想和中庸之德赋予了儒家与中华文明以稳健的性格。② 作为一种至高的道德人格，"中庸"体现出一种不走极端的品质，即"适中"。《论语·先进》中载："子贡问：'师与商也孰贤？'子曰：'师也过，商也不及。'曰：'然则师愈与？'子曰：'过犹不及。'"子张志向高远，言行时常偏激和过头，有些张扬。子夏谨慎，该说的有时未说，该做的有时未做。子贡觉得子张似乎比子夏更优秀一些，而孔子告诉他"过"等同于"不及"，只有无过无不及才合乎"中庸"。再比如，孔子说："不得中行而与之，必也狂狷乎！狂者进取，狷者有所不为也。""狂"与"狷"是相互对立的两个极端，而合乎中道之人，则取其中。"质胜文则野，文胜质则史。文质彬彬，然后君子。"朴实胜过文采就会显得粗野，文采胜过朴实就是浮夸，只有两者兼顾，才是君子之风。

尽管孔子认为"仁、知、信、直、勇、刚"是美德，但他指出这些

---

① 杜维明.《中庸》洞见. 段德智，译. 北京：人民出版社，2008：23.
② 陈来. 孔子思想的道德力量. 道德与文明，2016 (1)：5-7.

品德要以中庸为界，否则都有弊病。《论语·阳货》载孔子与子路的一段对话说："好仁不好学，其蔽也愚；好知不好学，其蔽也荡；好信不好学，其蔽也贼；好直不好学，其蔽也绞；好勇不好学，其蔽也乱；好刚不好学，其蔽也狂。"仁、知、信、直、勇、刚都是美德，但不配以好学，则仁有愚昧之失，知有放荡之失，信有伤害之失，直有尖刻之失，勇有暴乱之失，刚有躁率之失。所谓好学，就是明中庸之理。仁是爱而好施，但若爱之不当、施之失中，则仁者就成了愚人；知是知物识理，但若卖弄聪明，则荡逸无所适守；信是信实不欺，但若父子不相隐，则无疑有所伤害；直是正人之曲，但若直而失当，则直失于讽刺；勇是果敢无惧，但若勇而无义，则难免沦为贼乱害群；刚是无所曲求，但若恃刚倚强，则难免抵触他人。没有中庸作为界限，美德也会变质。中庸不仅是一种道德境界，也是在具体的道德实践中把握尺度和分寸的原则，是一种对于情境中恰当行为方式的选择。

中庸的另一个意义是"时中"，指对道德原则的把握要随时代环境的变化而调整，避免道德原则固化、僵化，与时代脱节。"庸"是注重变中有常，尽管时代环境会不断变化，尽管人们要调整自身来适应时代环境的变化，但道德生活中总有一些不轻易随时代环境变化的普遍原则作为人们可以依据的行为原则。清儒胡煦在解释"君子之中庸也，君子而时中"时指出，"随时处中，正是中庸，正是成其为君子处"①。这种依照情境动态变化的权变能力极其可贵。孔子说："可与共学，未可与适道；可与适道，未可与立；可与立，未可与权。"有的人可以与你一起学习，但他未必会学道（儒家思想）；有的人可以与你一起学道，但他未必会按照礼的要求去做；有的人可以与你一起按照礼的要求去做，但他未必懂得权变。可见，与"学""道""立"相比，最难的是通权达变，因为它要求将人之所学、所向之道、所立之身灵活适用于现实情境。这不仅要求人对"学"和"道"有充分的理解，更要对自身所持之

---

① 胡煦．周易函书别集//周易函书附卜法洋考等四种．北京：中华书局，2008：1013.

道、所处之世、所言之人有全面的把握和认知，从而根据实际情况来进行合宜的应对。孔子对一般人的墨守成规不以为然，他说："言必信，行必果，硁硁然小人哉！"例如，在古代，虽然儒家极为重视礼，但关于兄嫂溺水是否应该施之以援手的问题，在儒家看来就不是一个真正意义上的问题。儒家注重对生命的养护与安顿，强调生生之德，在"生生"这一根本原则下，"男女授受不亲"此一下位原则应当让位，施以援手正是"时中"的体现。

因此，孔子也说："君子之于天下也，无适也，无莫也，义之与比"，"子绝四：毋意，毋必，毋固，毋我"，"吾有知乎哉？无知也。有鄙夫问于我，空空如也。我叩其两端而竭焉"。这都说明，中庸并不是由理性计算出来的某种精确的数值和唯一方案，而是一种与情境相关的合宜性，这种合宜性是多元的、动态的和开放的。"中"要表达的是"两个端点如左和右之间的广大区域。依循'中庸'，道德主体需要保持对人、事、物的开放性视野，只在'义'的规范下应物而动，在包括端点在内的区间中进行考量取舍。由于程度上或者说量的差异，中间状态应该有多数形态"①。"中庸"并非僵化的纠偏或在"过与不及"之间计算取其中点，而是对情境的判断和恰到好处的行为。并且，一个人如果空有关于"恰好"或"适宜"的道理，并不能以合宜的方式践履，也就没有拥有"中庸"的德性。

必须要认识到，儒家的"时中"并非毫无原则的简单折中，亦非和稀泥式的"乡愿"。无论是折中主义还是调和主义，其本质都在于不讲是非原则，八面玲珑，敷衍了事。但儒家历来反对"和而流"的"乡愿"之徒。孔子说："乡愿，德之贼也。"意思是，没有真正是非观的好好先生是足以败坏道德的小人。朱熹《论语集注》注为："盖其同流合污以媚于世，故在乡人之中，独以愿称。夫子以其似德非德，而反乱乎

---

① 周德义. 关于"一分为三"的若干思考：兼与庞朴先生商榷"中庸的形态". 湖南社会科学，2002（6）：141-145.

德，故以为德之贼而深恶之。"乡愿之徒看起来似乎符合道德的样式，实际上却是最没有原则、最无道德的。这种做派是对道德原则的损毁，"非之无举也，刺之无刺也，同乎流俗，合乎污世，居之似忠信，行之似廉洁，众皆悦之"。乡愿之徒媚世合俗、无是无非、伪善慎小，看似忠信实则非忠信，看似廉洁实则非廉洁。正因为这样，我们难以挑出乡愿之徒的毛病，然而这种人尽管表面上与既定的社会规范相符，实际上却没有真正的道德意识，他们只具有一种虚假的人格，可以说是"德之贼也"。所以孔子说，如不得中行之士，亦即中庸之士，他就取狂狷之人，狂者进取，狷者有所不为，而最不可要的无是无非、没有道德原则的乡愿之徒。

儒家在道德上的中庸思想并非折中主义，而是一种道德智慧，它指出了道德品质具有一定程度的相对性，即每一种美德都有其尺度，并必须在情境中进行具体考量。一个人进行道德修养，就是在不断把握这个尺度。中庸既是一种道德境界，又是人们在道德实践中如何掌握行为分寸与尺度必须遵守的重要道德准则，按中庸的方法原则去做，才能有恰到好处的善的效果。君子如果能将中庸的方法运用到仁德的实践中，就会获得一种至高的品德。《中庸》引孔子的话说："君子中庸，小人反中庸。"所谓"君子中庸"，不是说君子都做到中庸，而是说君子会朝中庸方向努力，提高自我的德性与德行，避免自身的"过"与"不及"，具有尽可能达到"中庸"的意识。这正是君子之所以为君子的道德自律性的体现。

在社会统治方面，孔子强调政治与道德关系的调试，他说："礼乐不兴，则刑罚不中；刑罚不中，则民无所措手足。"这里的"中"就是指适度、得当。孔子谈到为政时说："政宽则民慢，慢则纠之以猛；猛则民残，残则施之以宽。宽以济猛，猛以济宽，政是以和。"为政有宽和猛两个方面，政令太宽松，民众就会怠慢，而政令太刚猛，民众就会受到伤害。只有"宽"与"猛"这两方互相补充、调和，才能使政治达到"和"的境界。

儒家认为中庸是道德君子才能掌握的德性，这与亚里士多德的"中道"思想是一致的。但不同的是，首先，亚里士多德的中道思想更偏重"求知"。古希腊的文化传统历来将追求知识作为学术文化的根本目的，苏格拉底、柏拉图等都认为道德即知识。在亚里士多德那里，寻求中道既是掌握知识的人的一种德行表现，也是人们进一步探求知识的过程。其次，儒家的"中庸"追求"致中和"，而亚里士多德的"中道"则追求"公正"。亚里士多德认为，公正是中道的根本，正是由于公正的品质，才使得人们行为公正，公正集一切德性之大成。最后，亚里士多德的"中道"体现了强烈的个人意志自由，而儒家的"中庸"强调的是和谐的社会群体关系。亚里士多德认为，道德选择原本就是人的一种高度自主的活动，因为人都有自由的意志，正是这种自由的意志使人能够成为对环境主动施加影响的积极主体，而非消极接受环境影响。而儒家的君子之道重视人际关系，个体的修身恰恰镶嵌在社会人际关系的脉络之中，自我与他人是不可分割的。

综上可知，"中庸"不仅是一种至高的道德理想和指导人们生活的处世之道，而且是一种实现"天下平"的治世之道。"中庸"虽然是一种至德，但也是人们德性修养不断努力的方向。它一方面包含着对道德原则的执守，所谓"君子和而不流，强哉矫！中立而不倚，强哉矫！国有道，不变塞焉，强哉矫！国无道，至死不变，强哉矫！"另一方面包含着对道德原则的动态把握，所谓"君子之中庸也，君子而时中"。

五、贵和

"和"的甲骨文即"龢"，从象形字的字形构成来看，"龢"由人、房屋、篱墙、庄稼共同组成，这一字形"犹如一首形象化了的田园诗，其中洋溢着一种生活的谐和感"[1]。《说文解字》指出："龢，调也。从

---

[1] 修海林. 古乐的沉浮. 济南：山东文艺出版社，1989：169-172.

龠禾声，读与和同。""龢"字本身就生动形象地表达了"和"本质上是一种不同要素的相互配合与协调。古人倾向于用"和"的观点来解释宇宙万象。荀子曾指出："天地合而万物生，阴阳接而变化起。"《易传·系辞下》指出："天地氤氲，万物化醇。男女构精，万物始生。"王充也说："天地合气，万物自生""阴阳和，则万物育"。这都是在表达，天地、阴阳、男女等异质要素按一定规律有序结合，就能充满生气、育生万物。

"贵和"是儒家思想的重要特征。"和也者，天下之达道也"，"和"是天地万物运行之根本法则。同时，"和"也是事物生成发展的根本条件。《国语·郑语》云："和实生物，同则不继"，意指"和"能生成万物，"和"是万事万物的相继相承，是多样性的统一。"至中和"就可以"天地位焉，万物育焉"。在儒家思想中，"和"有着丰富的内涵：一是指"和谐"，即事物或要素之间的一种协调平衡状态；二是指"合作"，即人与人之间相互配合的行为；三是指"谦和"，即为人处世的谦让和气的态度。孔子说"君子无所争"，提倡"温良恭俭让"。注重和谐，强调合作，提倡谦和，是儒家思想的一个基本原则和倾向。儒家追求的是人与自然之间的和谐，个人与群体关系的和谐，以及人与我关系的和谐，也就是人与人之间的和谐，强调的是现世的和谐、社会的和谐。西汉时期的戴圣编的《礼记·礼运》篇中倡导"天下为公"的大同社会，即古人的理想社会，表达了古人对理想社会的美好追求，对后世产生了深远的影响。

在人与自然的和谐关系方面，《中庸》讲："喜怒哀乐之未发，谓之中；发而皆中节，谓之和。中者也，天下之大本也；和也者，天下之达道也。致中和，天地位焉，万物育焉。"主张"中"是天下一切情感和道理的根本，"和"是对待天下一切事物的普遍原则，达到了"中和"的境界，天地便各就其位而运行不息，万物就各得其所、各随其性而生长繁育，这强调了天、地、人的和谐发展。《易传》认为人应该"与天地合其德，与日月合其明，与四时合其序，与鬼神合其吉凶"。人与自然是一个和谐的整体、处于一个系统，人的活动应遵从自然的规律。孟子也强调，"君子之于物也，爱之而弗仁，于民也，仁之而弗亲。亲亲而仁民，仁民而爱物"，认为君子亲爱亲人，进而仁爱百姓；仁爱百姓，进而爱惜万物。孔子倡导"钓而不纲，弋不射宿"，即倡导不用纲的方法钓鱼，要用鱼竿钓鱼，不要射猎夜宿的鸟类，强调保护鱼、鸟等自然万物，强调生态平衡，实质也是强调人与自然的和谐。

在人与人的和谐关系方面，儒家的核心三纲五常，就是承认社会差异与等级，承认人主张人各居其位，以使人与人之间的关系和谐。孟子反对墨子的兼爱说，认为他否定了人与人之间实际上存在的差别，无论亲疏厚薄皆平等相待，是一种不合乎人类自然本能的人伦亲情原则。儒家虽然承认人与人的社会关系差别，但认为人们在人格上是平等的。孟子说"天时不如地利，地利不如人和"，强调了人心和谐的重要性。对于整个社会，孔子讲"有国有家者，不患寡而患不均"，主张在财富分配上要力求做到"均"，也就是各阶层内部之间要均等、各阶层之间要上下相安。孟子还曾对梁惠王说："老吾老以及人之老；幼吾幼以及人之幼。天下可运于掌"。《诗》云："'刑于寡妻，至于兄弟，以御于家邦。'言举斯心加诸彼而已。故推恩足以保四海……而功不至于百姓者，独何与？"强调要以仁爱之心建立起人与人之间的和谐友爱关系，并且引用《诗经》中的话来劝诫梁惠王把恩惠推广开来，安抚四海百姓，以安定天下，实现国家长治久安。《礼记·礼运》篇中说："大道之行也，天下为公，选贤与能，讲信修睦。故人不独亲其亲，不独子其子；使老有所终，壮有所用，幼有所长，矜、寡、孤、独、废、疾者皆有所养，男有分，女有归。货恶其弃于地也，不必藏于己；力恶其不出于身也，不必为己。是故谋闭而不兴，盗窃乱贼而不作，故外户而不闭。是为大同。"这形象地描绘出一个天下和谐富足、贤人当权、人人劳动、和睦相处、道不拾遗、夜不掩户的理想和谐社会。

在个人的身心和谐方面，孔子强调"君子惠而不费，劳而不怨，欲而不贪，泰而不骄，威而不猛"，强调人的身心言行要保持在中和的状态。孔子说："君子有三戒：少之时，血气未定，戒之在色；及其壮也，血气方刚，戒之在斗；及其老也，血色既衰，戒之在得。"这是告诫人们在不同的生命阶段，都要坚持中和的原则，永远保持平衡谦和的状态，实现身体与心理的平和。孟子也说："君子所性，仁义礼智根于心。其生色也，睟然见于面，盎于背，施于四体，四体不言而喻。"这是说，有德性的人表现于外，呈现出温润之貌、敦厚之态。人的道德境界可以使人身心和谐，貌色形态有温舒润泽之气。

儒家之"和"，并非没有原则。儒家所期望达到的和谐是"和而不同""和而不流"。"和"是不同事物的调和，"同"是单一事物的重复叠加；"和"是不同元素的和谐相合，"同"是单纯的同一。孔子说："君子和而不同，小人同而不和。"他把"和而不同"作为处理人与人之间关系的一个基本原则。人与人之间有差别、有对立、有分歧，甚至有对抗，这都是正常现象。儒家认为可贵的是在承认人们差异的前提下，还能追求一种和谐的状态，并坚持自身的道德原则。孔子讲："君子和而不流，强哉矫！""和而不流"就是强调君子不流俗或不媚俗，必须明辨是非、坚持原则，不可同流合污、随波逐流，不能为了保持表面的和气而不讲是非，成为"乡愿"之人。在《荀子·臣道》中，荀子也主张忠臣对于君主应该谏、争、辅、拂，而不能一味地服从君主，极尽谄媚之事。

因此，儒家虽然贵和，但强调必须坚持道德原则。"礼之用，和为贵。先王之道，斯为美，小大由之。有所不行，知和而和。不以礼节之，亦不可行也。""礼"的运用，以和谐最为可贵；先王的治国之道，可贵之处就在这里；无论大事小事，都以此为原则。但为了和谐而去求和谐，而不以礼加以节制，是不可行的。比如，在对待君臣关系上，儒家一方面认为君臣关系应当和谐，"君使臣以礼，臣事君以忠"，君主对臣子要以礼相待，而臣子侍奉君主时应忠诚勤勉；另一方面又指出，臣子忠君也是有条件的。在《孟子·离娄章句下》中，孟子说："君之视臣如手足，则臣视君如腹心；君之视臣如犬马，则臣视君如国人，君之视臣如土芥，则臣视君如寇仇"。意思是，君主看待臣下如同自己的手足，臣下看待君主就会如同自己的腹心；君主看待臣下如同犬马，臣下看待君主就会如同路人；君主看待臣下如同泥土草芥，臣下看待君主就会如同仇人。又比如，对于父子关系，儒家一方面提倡父慈子孝，另一方面又认为子女对于父亲的过失可以"谏"。对于朋友关系，儒家既提倡"朋友有信""谋人以忠"，又主张"朋而不党""和而不同"。这说明儒家承认人与人之间关系的相互性，只有当双方达到关系的良性互动，并以礼来节制、调节时，才有维护和睦的可能。

在维系社会和谐方面，针对春秋时期动荡的社会局面，孔子提出了一整套"为政""为人"的主张。他认为，为政者要"听民声""察贫穷""哀孤独"；为民者不能"犯上作乱"，而要"君君、臣臣、父父、子子"，每个人各居其位，社会才会安定和谐。儒家所说的"大同社会"的一个重要基础要素是"选贤与能"。社会的领导者是被人们推选出来的贤能之才，只有选用德贤之人，才能得到民众的信服。正如孔子所说："举直错诸枉，则民服；举枉错诸直，则民不服"，有贤能之人治理社会，社会才能得到和谐有序地运行。

儒家经典《尚书》提出"协和万邦""以和邦国"，这奠定了中华文明世界观的交往典范。儒家的"贵和"传统，一向尊重其他的文明，承认文化的多样性，赞同"强不执弱""富不侮贫"，反对以强凌弱、以富欺贫、以大压小。在对外关系上，华夏民族的最高理想是"四夷宾服"式的"协和万邦"，处理与周边民族之间事务的政治方针是"庶政惟和，万国咸宁"①。以和谐取代冲突，追求一个和平共处的世界。孟子说："以力假仁者霸，霸必有大国。以德行仁者王……以力服人者，非心服也，力不赡也；以德服人者，中心悦而诚服也，如七十子之服孔子也。《诗》云'自西自东，自南自北，无思不服'。此之谓也。"这是说，仗

---

① 阮元. 十三经注疏. 北京：中华书局，1980：235.

着实力假借仁义征伐天下，可以称霸诸侯，但称霸一定要凭借国力的强大；依靠道德来实行仁政，可以使天下归心，国力却不必强大。仗着强权来使别人屈服，别人不会心悦诚服；但依靠道德来使别人服从，别人会真的认同和诚服。当代国际关系面临着严峻的挑战，主要表现为单边主义、霸权主义对国际关系的危害，进而导致国际恐怖主义蔓延、非传统安全威胁上升、极端的民族分裂势力抬头等。儒家"贵和"思想在处理人与人、民族与民族、国家与国家之间的关系时，强调尊重各自的文化特性和历史背景，做到"和而不同"，"和谐"以共生共长，"不同"以相辅相成。这体现了极大的文化宽容与文化包容性，不仅在历史上塑造了中华民族友善睦邻、热爱和平、刚柔得体的独特气质，也有助于在当代实现国与国之间的和谐，使之建立互相信任合作的关系，对全人类具有普遍借鉴意义。

六、结语

从社会层面而言，儒家思想旨在为社会生活确立一种道德规范，以构建人与人之间仁爱、恰当的交往关系，保障安定和谐的社会秩序。从个人层面而言，儒家思想为个人确立了一种安身立命的观念，以使人获得身心性命的寄托。回顾"仁""义""礼"的关系，"仁"是人内在主观的道德基础，"义"是人在具体情境中所应当做的责任之事（适宜），而要将它们真正转化为人外在的合乎道德的行为，就必须依赖"礼"进行节制和文饰。孔子在回答鲁哀公问政时，十分清楚地阐明了仁、义、礼的关系："为政在人，取人以身，修身以道，修道以仁。仁者，人也，亲亲为大；义者，宜也，尊贤为大。亲亲之杀，尊贤之等，礼所生也。"可见，在孔子的思想逻辑中，政治的中心在人，治道的根本在修养好自身的道德、理解仁德。仁，就是做人的道理，源于亲情；义，就是做事要合宜得当，以尊贤为宜。亲情有远近亲疏，尊贤有高下等次，因此需要用礼制来加以规范。"仁"为内在依据，"义"是行为的合宜性，而

"礼"为外在的道德依据，"义"还表现为一种对外在道德规则的服从原则。礼制是孔子理解的和谐社会理想，但他并不希望看到一个被制度框住、僵化的社会，因而提出"仁"的主张。"仁"既是作为"礼"的内在依据，也是对"礼"的柔性调整与补充。而"义"在孔子的理论体系中的意义，正在于它在"仁"与"礼"之间的承转与调节作用。道德上的差失无非都是对道德原则过或者不及的偏离，儒家"中庸"思想提醒人们避免极端的主张和行为，要追求情境中最为恰当的选择。尽管人们要不断适应时代环境的变化，但道德生活中总有一些稳定的普遍原则，也就是对合宜性的追求。"和"是君子的气度、胸怀和道德境界，从个人的身心和谐到社会的整体和谐，再到天下和谐，"和"既是中华文明数千年来致力于实现的理想，也是化解现代社会中人类面临的种种矛盾和困境的有效途径。

第七章　儒商：儒家德性领导力的历史渊源

自先秦以来，"儒"与"商"就有着千丝万缕的联系。"儒商"是有道德的商人的代称，儒商的历史及其实践说明以儒家伦理作为商业行为的内在精神动力并不是一种不切实际的空想。从古代的"儒贾""士商"到近现代的"儒商"，这些商人的商业实践经历体现了不同历史时期的中国商人对儒家商业伦理精神的内在坚持。

"儒商"一词实际上在最近几十年才流行起来，明清时期的文献更多地将此类商人称为"儒贾"。所谓"儒商"，就是亦儒亦商。"儒"字有两层含义：一是指持有儒家的思想价值体系；二是指职业社群，即知识分子。儒商就是以儒家思想作为经营管理准则的商人群体。不少学者对何为儒商进行了定义。施炎平认为："从本质上看，儒商应是儒家文化精神和商业经营活动相结合的产物。尽管儒商兼有士和商人的双重身份，但构成儒商根本特征的还是看其在商业经营的理念和生活方式上如何代表了或体现着儒家文化的基本精神……儒商是指传统商人中具有儒者气质和儒家文化精神的承担意识与实践品格的那一部分。"① 还有定义认为，

---

①　施炎平. 儒商精神的现代转化. 探索与争鸣, 1996 (10)：27 - 29.

儒商既指有良好文化素养和传统美德的中国商人，也指优秀的海外华人商人，还指日本及东亚地区深受儒家思想影响的商人。比如，唐凯麟和罗能生认为"儒商是指受以儒家为代表的中国传统文化的影响，具有良好的文化道德素养和优秀的经营才能，其经营理念和行为方式体现出儒家文化特色的东方商人"①。还有的定义强调儒商要有商业上的成就，比如，徐国利指出，儒商首先要以儒家思想作为商业经营和个人生活的准则，同时，他们还必须是有出色的经营管理知识和商业技能并取得商业成就的商人。②

在传统中国，儒家思想是社会的价值主流，人的思想、言行都受到儒家伦理的熏陶。当时的知识分子，或多或少会抱持儒家的价值观念。但自 20 世纪以来，特别是五四运动之后，儒家思想便失去了社会价值领域的主流地位。因此，我们不能再假定当今的知识分子都是持有儒家价值的人。另外，我们也必须认识到，儒商是在历史过程中形成的概念，它的内涵、特征和现实表现会随着历史进程而发生变化。

一、儒商的起源与早期发展历程

虽然"儒商"一词的正式出现较晚，但儒商在春秋、战国之际就已出现。在"儒商"一词出现之前，明代中晚期先有了"儒贾""士商"的说法。在明清时期，"贾"即商贾，"士"即儒生，因此"儒贾"即指"儒商"，"士商"也指"儒商"。这一时期商品经济的繁荣发展造就了大批商人，这些商人中有不少来自士人，而且许多商人都秉持着儒家的道德主张，这样，儒商就成了重要的社会阶层和社会力量。

中国传统社会结构中，士农工商的阶层地位不可逾越。士为"四民之首"，享有种种法律和社会特权；"农"虽然也属于下层社会，但社会

---

① 唐凯麟，罗能生．传统儒商精神与现代中国市场理性建构．湖南师范大学社会科学学报，1998（1）：6-12．
② 徐国利．中国古代儒商发展历程和传统儒商文化新探．齐鲁学刊，2020（2）：5-13．

角色和等级高于工商。总体来看，儒商在春秋战国时期初步形成，但在秦汉至隋唐时期其发展基本陷入停滞。两宋时期，儒商开始复兴，新儒学为儒商文化的全面确立提供了思想指导。元代，儒商的发展又陷入停滞。明清时期，伴随着商品经济的繁荣发展和儒学世俗化的进一步推进，传统儒商发展走向兴盛，儒商文化开始成为当时主流的商业文化。

（一）春秋战国时期儒商的初步形成

由于周王室和各诸侯国对工商业的发展大多持有积极态度，因此春秋战国时期的商品经济获得了较大程度的发展，此时的商人主要由贵族、士人和农民构成。其中贵族和士人在大商人中占有很大比重，是该时期商人的主导力量，这大大提升了商人的社会地位。[①] 随着商人群体不断壮大，社会地位不断提高，商人逐渐成为重要的社会阶层，在政治领域和社会经济领域发挥着重要作用。

春秋战国时期是中国古代历史上文化最为灿烂繁荣的时期，诸子百家，群星闪烁，思想百花齐放、百家争鸣。此前长期实行的官商制度在这一时期瓦解，自由商人登上了历史舞台，一时间"富商大贾，周流天下"。虽然"儒商"这一确定的称谓还未出现，但当时已经有"诚贾"或"良商"这样的称呼，用以称赞那些道德高尚的商人。《战国策·赵策》指出："夫良商不与人争买卖之贾，而谨司时。"这是说，道德高尚的商人们致富是因为他们善于把握商机，而不是通过算计交换价格的高低。《史记》中的记载表明，范蠡、子贡、白圭等人都是春秋战国时期的商业界名人，被后人尊为中国商业的鼻祖，也是"诚贾"或"良商"的代表。

楚国人范蠡帮助越王勾践卧薪尝胆、雪耻消灭吴国之后，改名换姓开始经商，人称陶朱公。他精于商道，善于把握时机、择用贤人，很快就拥有了千万家财。《史记》中讲："朱公以为陶天下之中，诸侯四通，货物所交易也。乃治产积居，与时逐而不责于人。故善治生者，能择人

---

① 宋长琨.儒商文化概论.北京：高等教育出版社，2010：64.

而任时。十九年之中三致千金，再分散与贫交疏昆弟。此所谓富好行其德者也。"范蠡虽然富有，但并不聚财，而是以君子之风仗义疏财，用经商赚来的钱财去救助别人。

卫国人子贡，是孔子的得意门生。他是孔子诸多学生中最富有外交才能和商业头脑的人，曾入仕鲁国、卫国为相。孔子说他"赐不受命，而货殖焉，亿则屡中"。子贡善于做生意，猜测行情屡猜屡中。虽然富可敌国，但他遵照孔子"富而好礼"的教诲，到处宣扬孔子的学说，对儒家思想的传播做出了很大贡献。司马迁评价他："子贡结驷连骑，束帛之币以聘享诸侯，所至，国君无不分庭与之抗礼。夫使孔子名布扬于天下者，子贡先后之也。此所谓得势而益彰者乎？"

春秋战国时期，社会中的各阶层还没有明显的士农工商社会等级，社会中只有贵族和平民之分。"士"和"商"都属于平民阶层，是最活跃的阶层。这两个阶层互相渗透、相互交融。儒者、商人、官员有着相似的文化传统和相同的社会背景，因此在基本的价值取向上也是类似的。儒家提倡仁、义、礼、智、信，商人也倾向于将这种价值观念作为经商的伦理规范。比如，子贡问孔子："如有博施于民而能济众，何如？可谓仁乎？"孔子回答："何事于仁，必也圣乎！"可见，孔子对这种"博施于民而能济众"的社会责任感和行为评价很高，认为这达到了一种圣人的境界。又比如，子贡问孔子："贫而无谄，富而无骄，何如？"孔子回答："可也。未若贫而乐，富而好礼者也。"子贡所说的"富而无骄"的状态说明他虽然富有却谦逊。当然，孔子提出了更高的要求，即富有的人不仅要谦虚谨慎，还要恪守礼法，遵守社会的道德要求。与子贡相比，范蠡、白圭虽然不是儒家，但都称得上"诚贾"和"良商"，带有儒商风范。范蠡重义轻利，仗义疏财，被誉为"富好行其德者"。白圭提出，商人要有智、勇、仁、强"四德"，"吾治生产，犹伊尹、吕尚之谋，孙吴用兵，商鞅行法是也。是故其智不足与权变，勇不足以决断，仁不能以取予，强不能有所守，虽欲学吾术，终不告之矣"。可以看出，春秋时期著名的富商大贾对财富的取用之道已经有了深刻的认识，有的商人将儒家的道德原则作为经商事贾的理念，有的商人虽然不明确其儒商身份，但也或多或少地受到了儒家思想的影响，将道德标准作为商业活动的一项重要考虑因素。

（二）秦汉至宋元时期儒商文化的发展

秦汉至隋唐时期，统治者大都采取严厉的重农抑商政策，商人处在社会的贱民阶层，发展空间狭小，商业活动呈现出凋敝的趋势。

秦是一个典型的农业社会，当时占主导地位的是法家的思想和重农的政策，儒与商同时淡出了政治思想和社会生活的舞台。汉代初年，统治者实行黄老之术，法家和道家占据思想主流，儒家仍然没有社会和政治地位，商人却在无为而治的统治机制中得以休养和发展。汉武帝时期，儒家思想成为主流文化，但此时的经济政策让商业发展遭遇了重创。儒家的正统地位确立的时候，恰恰是商业活动最为低迷的时期。与"罢黜百家，独尊儒术"同时进行的，是"平准法"和"榷酤制"，打击富豪、征收重税、以商治商等一系列措施让商人成了国家盈利的工具，自由商业发展停滞。

与汉代相比，虽然唐代的国家商业政策要相对宽松，但官员、贵族和外国商人才是商业活动中的主角，中小商人或纯商人阶层既没有高贵的社会地位，其经营活动和财产又经常缺乏制度的保护，因此对于普通商人而言，唐代的商业环境仍然艰难。唐太宗颁布的《官品令》中规定，"工商杂色之流……必不可超授官秩，与朝贤君子比肩而立，同坐而食"。唐太宗颁布的科举考试条令也规定，工商从业者不得参加科举考试入仕为官。这些法令都宣判了唐代商人的贱民身份。与商人的弱势地位相反，儒家作为社会正统，在社会上享有高等待遇，为四民之首。儒与商成为两个社会地位相差悬殊的群体，儒者以经商为耻，商人则做不了儒者，因此儒商在汉唐时期几乎消失了。

到了宋代，统治者开始改变重农抑商的政策，采取了诸多有利于商业发展的政策和措施，包括实施较低的商税、允许商人自由经商、土地可以自由买卖等，这些措施刺激了商品经济的发展，儒商的发展重获新生，儒商文化也随之复兴。这一时期，士大夫在社会上大受尊崇，"宋代皇帝基本上接受了儒家的政治原则，一方面把士大夫当作共治的伙伴，另一方面又尊重他们以道进退的精神"①。于是，儒士成为政治社会生活的主流。与此同时，商人的社会地位有了显著的提升，商人不再被归为贱民，而是可以参政议政、参加科举考试，甚至可以入仕官场。商业的地位也有了较大幅度的提高，比如，北宋的苏洵提出了义利相和的观点，认为"义利、利义相为用，而天下运诸掌矣"。苏轼也说："农力耕而食，工作器而用，商贾资焉而通之于天下。"② 这是将工农商放在了同等重要的位置。

还有一些思想家，比如南宋的陈亮、叶适等提出并论证了"四民同等""农商一事"的重商思想。陈亮指出："立心之本在于功利""禹无功，何以成六府？乾无利，何以具四德？"③ 肯定了功利的合理性，认为追逐功利也可以是人生的目的之一。他还提出"古者官民一家也，农商一事也……商藉农而立，农赖商而行"④，认为商业和农业同样值得重视。商人群体的扩大和社会地位的提升使儒士与商人的隔阂被打破，儒与商有了融合的可能。

与历代的重农抑商政策不同，元代实行的是重商主义。由于元代空前庞大的帝国版图造就了一个巨大的市场，加之海路、陆路交通的通畅为商人的流动和商品的流通开辟了宽阔的通道，因此，商业的繁荣让商人的社会地位大大提升，商人成为社会的精英，有了参与政治的机会。与此同时，儒士的政治地位却相对降低了，因为儒士不仅要与医生、商人、工匠等竞争，还要与道家、佛教等思想竞争。在这样的社会背景下，大儒许衡提出了"治生"的思想："为学者，治生最为先务。苟生理不足，则于为学之道有所妨"。许衡认为，士人最重要的是治生，其

---

① 余英时. 朱熹的历史世界：上. 北京：生活·读书·新知三联书店，2004：381-382.

② 张春林. 苏轼全集. 北京：中国文史出版社，1999.

③ 刘泽华，葛荃. 中国古代政治思想史. 天津：南开大学出版社，1992：584.

④ 郭学信. 论宋代士商关系的变化. 文史哲，2006（2）：120-125.

次才是求道，并非一定要像传统儒家那样"君子谋道不谋食"。他还明确指出，商贾同样是士人治生的途径之一，从商并不可耻。① 商人社会地位的提升，儒士政治地位的降低，拉近了儒和商之间的距离，儒而商、商而儒，成为这一时期常见的现象。② 不过，元代虽然有儒商和儒商文化，但儒商并不是重要的社会阶层，儒商文化也不是主流的商业文化，与宋代相比有所退步。

（三）明清时期儒商的崛起和儒商文化的正式确立

元代的政治把众多的读书人推向了社会，为商人队伍的扩大提供了丰富的人力储备。明清时期，在商品经济繁荣、人口迅速增长和大量儒士面临生计压力等因素的推动下，商人数量和群体急剧扩大，形成了徽商、晋商、陕西商、洞庭商、宁波商、龙游商、江右商、泉漳商、鲁商、粤商十大地域商人群体（十大商帮）。③ 同时，许多著名的"儒贾""士商"也纷纷出现，诸如徽商中宽厚仁德的程维宗，守信重义的汪福光、吴南坡，礼贤济贫的黄莹，以诚取胜的汪通保，公正无欺的黄崇德；晋商中尚仁尚德的李明性、范世逵、杨继美、王海峰等；江右商中重贾道、重义气的胡钟、李春华、梁懋竹，守乡情、守诺言的刘永庆；鲁商中讲道义、守信用的左文升；等等。④ 这些著名商人或由儒而贾，或由贾而儒。明清时期成熟的社会商业机制、数量庞大的商人群体，决定了商人会在今后的数百年里成为社会经济生活的重要角色。

在明清时期，商人担负了重要的社会责任和道义，他们经常在国家危难的时候倾囊相助，为社会公益事业热情奔走，在士人穷困潦倒的时候施以援手。与此同时，朝廷开科取士的规模已经远远赶不上人口增长的速度，科举制度无法容纳士人数量的激增，加上明清两朝政治生态恶

---

① 王帅. 从士商互动到儒商形成：中国传统社会商人地位嬗变的文化解读. 理论探索，2015（3）：33-37.

② 宋长琨. 儒商文化概论. 北京：高等教育出版社，2010：64.

③ 张海鹏，张海瀛. 中国十大商帮. 合肥：黄山书社，1993.

④ 李宏亮. 儒商和新儒商. 江苏商论，2005（11）：10-11.

劣，士人理想的求学问道、学而优则仕的人生道路发生了转变，大量士人的生存状况堪忧。因此，社会观念开始由"重农抑商""左儒右贾"发展为"弃儒就贾""儒贾合一"。

宋明理学是明清时期的主流意识形态，为社会各阶层提供了安身立命的伦理准则，商人也积极参与到以儒学阐释商业伦理的行列中来。明清儒商伦理建构提供了丰富的理论依据和有力的思想支撑，传统儒商文化得以全面建立，成为当时的主流商业文化，传统儒商文化发展到顶峰。首先，阳明学派的"体用一原"和"百姓日用即道"论，建构起新的儒家治生伦理观。比如，王艮提出："人有困于贫而冻馁其身者，则亦失其本而非学也。"① 这是说，如果陷于贫困，士人就会丧失安身立命之本，所谓治学求道也就无从谈起，这为商人追求财富提供了有力的伦理支持。其次，明清思想家们为商人和商业正名。大儒王阳明在给某商人所撰墓志铭中提出了"四民异业而同道"的思想，指出传统四民之分最为关键的是"以求尽其心"以及"有益于生人之道"，传统居于四民之末的商贾阶层，也可以达至"道"的高度。无论士人还是商贾，只要尽心而为，都是有益于民生之举，他们的地位应当是平等的，没有贵贱之别。这就进一步强化了商人职业伦理的合法性，提升了商人的社会地位。最后，明清商人主动地加入建构商人伦理的过程中来②，以宋明新儒家的伦理观作为商业规范，在思想上认同，并在商业活动中将这些伦理原则作为核心的经商准则。

因此，虽然这一时期的各路商帮在商业活动中表现得各有千秋，但他们在经营理念上有相通之处，即管理的基本准则是儒商商道。比如徽商深受程朱理学的影响，倡导"贾而好儒""经商即行道""做廉贾""良贾何负闳儒"等观念；晋商要求商人要有严格的家教家学，"学而优则贾"，晋商大德通票号命合号同人读《中庸》《大学》，号规中规

---

① 王帅. 从士商互动到儒商形成：中国传统社会商人地位嬗变的文化解读. 理论探索，2015（3）：33-37.

② 徐国利. 中国古代儒商发展历程和传统儒商文化新探. 齐鲁学刊，2020（2）：5-13.

定"各处人位，皆取和衷为贵"。并且，明清商人认为研习儒家经典可以更好地掌握经商的规律，于是将儒家治国理政、修养德性的思想融会贯通到营销、人事、组织等商业管理的技能培养和管理教育之中，慢慢形成了商业的行业准则和指导原则，传统的商业经营进入专业化发展的进程。

明清时期儒商文化的正式形成体现了曾经高高在上的儒家文化与长期地位低微的商业发生了深度融合。儒学成为商人阶层的文化资源，不再是帝王将相或士大夫的专属，由此儒学从士大夫之学真正成为人伦日用之道，经由儒商的传播和践行，在商业活动中焕发出新的活力和生机。并且，儒家文化在商业实践中对商业行为进行了约束与规训，儒商信守承诺、诚信经营、好德重义、好善乐施的作风形成了一种良性的商业传统，带来了积极的社会影响。

二、近代儒商的发展与儒商精神

在中国古代社会，官、绅、士、商之间泾渭分明，最多只是单向流动，即由商而士，由商而绅。近代以降，随着商人社会地位的提升，明清以来的儒商合流现象进一步彰显，儒商群体也进一步扩大。近代中国沦为半殖民地半封建社会后，在"实业救国"的旗帜下，涌现出一大批民族工商实业家。其中最具代表性的人物有近代民族工业的开山鼻祖陈启沅、中国民族工业的先驱郑观应、"红顶商人"胡雪岩、状元实业家张謇、"三代一品"封典巨贾王炽、民族工商业巨子刘鸿生、航运救国企业家卢作孚以及"荣氏家族"的创始人荣宗敬和荣德生等。近代儒商的特点是援儒入商，利缘义取，以德经商，热心公益，兴学育才。[①]

(一) 近代商业的变化及商人观念的变迁

由于进出口贸易的快速发展，19世纪的中国沿海市场和内地市场

———————————

① Ma M. The Confucian merchant tradition in the late Qing and the early Republic and its contemporary significance. Social science in China，2013，34（2）：165 - 183.

初步与国际市场联系在一起，出现了一些新的商业经营模式，包括：经销、代销、包销、拍卖出现，生意不再限于旧式的自产自销；传统的商业机构解体，代理商行和买办崛起；货币存款激增，商业信贷迅速发展；西式工厂制度的移植和新式工厂的出现；等等。具体而言，近代商业的变化及商人观念的变迁体现在以下方面。

首先，由传统地方市场向"世界市场"观念的转变。近代资本主义的全球扩张，实质上是对世界市场的争夺。鸦片战争之前，中国的"墟""市""场"等地方性的初级市场分布广泛，按街道片区经营的店铺和流动商贩数目繁多，除此之外，还有通过江河水路运营沟通的跨区域性市场。绝大部分的贸易是区域内和地方小市场内的交换，而且在性质上仅仅是一种以粮食为基础、以布及盐为主要对象的小生产者之间交换的市场结构①，因而这种传统的国内市场具有分散性和有限性。鸦片战争之后，中国沿海沿江的商业贸易活动被纳入了资本主义世界市场的网络中，沿海沿江地区的贸易日渐繁荣。从囿于传统区域性市场到参与世界市场之中的巨大转变，让人们打破了天朝大国的狭隘观念，商人们更是意识到"方今五洲互市，番舶交通，环球各国纷至沓来，莫不以辟埠通商为职志"②。

其次，竞争意识的崛起。作为西方近代资本主义最基本的价值观之一，自由竞争意识也是资本主义经济体系的精神支撑。资本主义经济制度鼓励并发展了人们的冒险精神、创新精神和竞争精神，从而大幅度地促进了生产力的发展和市场的繁荣。中国沿海商业在吸收外来的科学技术和新式管理制度的同时，也发展起了商业的竞争精神。19 世纪以来的中国沿海商业竞争非常残酷激烈，既有外商之间的竞争，也有外商与华商之间的竞争、华商内部的竞争、官商与民商之间的竞争。在商业竞

---

① 马敏．商人精神的嬗变：辛亥革命前后中国商人观念研究．武汉：华中师范大学出版社，2011：46．

② 华中师范大学历史研究所，苏州市档案馆．苏州商会档案丛编：1905 年—1911 年．武汉：华中师范大学出版社，1991：3．

争中，中国商人开始意识到优胜劣败、适者生存，如果不对一些传统的产品和商业模式加以改良，就会在与外国同行的竞争中落败。竞争意识的增强，一方面激发了商人们的创新和开拓精神，破除了传统文化中"知足""无争"的保守思想，但另一方面引发了欺诈、投机等不正当的竞争行为。

最后，谋求利润欲望的膨胀。与古代几乎固定化的"士之子恒为士，农之子恒为农，工之子恒为工，商之子恒为商"的状况相比，近代商人的来源呈现出多样化的趋势。有的商人来自农民，比如王宗禹；有的商人从士人转变而来，比如乔致庸；有的商人是因为家贫而经商，比如徐润；有的商人是继承祖业，比如李宏龄；有的商人则是以考取功名的士人身份从商，比如张謇和陆润庠等。与古代从商的人相比，近代从商的人多出于自愿。巨大的商机和激烈的商业竞争让商人们赚钱盈利、谋求利润的意识愈发明显，传统儒家安贫乐道的价值观则被淡化，人们开始坦然接受并公然谈论追求财富的欲望。"用功利价值观取代中世纪的伦理价值观，正是人类跨出中世纪、开始资本主义化的一个十分重要的精神飞跃。"① 这些经济观念和价值观念的转变，标志着中国社会跨进了近代工商社会的新纪元。

（二）近代儒商的发展

19 世纪 70 年代，随着西方资本主义的入侵，中国近代民族资本主义产生。两次鸦片战争后，传统的自然经济在沿海沿江口岸地区逐步瓦解，19 世纪六七十年代，清政府开始了求富求强的洋务运动。东南沿海和长江中下游通商口岸的一些官僚、地主、买办和商人开始投资创办近代企业，从中产生了中国近代最早的民族资产阶级，其中的代表人物有郑观应、陈启沅、徐润、马建忠、陈联泰、王炽、孟洛川等。郑观应等商人和士大夫提出了"商战"的思想，比如，郑观应指出："欲制西

---

① 乐正. 近代上海人社会心态：1860—1910. 上海：上海人民出版社，1991：57.

人以自强，莫如振兴商务。安得谓商务为末务哉?"① 这些商人希望通过动员国家的经济力量，实行商业举措来解决迫在眉睫的民族危机。

19世纪末至20世纪初，由于甲午战争后国门大开，中国成为西方列强的势力范围，西方国家对中国大量输出资本和商品，导致中国自然经济加速瓦解，民族资本主义得到较快发展。同时，清政府加快自强步伐，采取多种政策和措施推进实业发展，放宽民间设厂限制。这一时期，民族危机的空前加剧使"实业救国"的思想高涨，形成了"实业救国"的热潮，许多实业家开厂矿、办企业，走上了救亡图存的道路。这些实业家不仅仅是要发展商业，更是要振兴包括商业、工业、农业在内的整个实业。清末民初的维新变法、辛亥革命和预备立宪等政治革命与社会变革都有大量民族资产阶级参与，中国民族资产阶级开始登上政治舞台，其中的代表人物有张謇、经元善、盛宣怀、张振勋和张元济等。这一时期，士人和官员转向工商界的风气加剧，"弃士经商"成了一种潮流，连"状元"也率先"下海"。比如，1895年，长江以北的南通新科状元张謇兴办大生纱厂，1896年，长江以南的苏州状元陆润庠创办苏纶纱厂。这说明，社会整体的观念已经转变，实业活动成为士人们可以接受的另一种仕途。

"一战"期间，欧美列强和日本忙于战争，不仅放松了对中国的经济侵略，还需要中国市场为其提供大量商品，这使中国民族工商业的发展获得了有利的机会。同时，中国人民的反帝斗争，特别是收回利权、抵制日货和提倡国货运动等也推动了民族资本主义的发展。民族资本主义的快速发展使民族资产阶级的力量迅速壮大，涌现出了一大批著名民族企业家，代表人物有荣德生和荣宗敬两兄弟、叶澄衷、周学熙、宋则久、蔡声白、陆费逵、张嘉璈、吕岳泉、简照南和简玉阶两兄弟等。

1927年至1937年全面抗日战争爆发前的一段时间，是中国经济发展的黄金时期。1927年4月南京国民政府建立，1928年12月"东北易

---

① 夏东元. 郑观应集：上册. 上海：上海人民出版社，1982：614.

帜"后全国基本统一，南京国民政府采取一系列政策和措施来发展经济，鼓励民营经济发展。九·一八事变后民族危机再次加剧，民众抵制洋货和提倡国货的运动此起彼伏。诸多因素一同推动了民族资本主义的快速发展。到 1936 年，国民生产总值快速增长，民族资本崛起，民族工业资本年均增长率超过 8％，民营企业在纺织、煤炭、水泥和电力等非垄断领域占有产业优势。① 这一时期涌现出大批著名企业家，代表人物有卢作孚、穆藕初、陈嘉庚、范旭东、吴蕴初、刘鸿生、宋棐卿、陈光甫、周作民、史量才、方液仙、杜重远等。

1949 年新中国成立之前，受抗日战争和国共内战的摧残以及官僚资本的压榨，民族资本发展再次遭遇重创，经济实力萎缩，大批工厂企业破产倒闭。然而，中国民族资产阶级在这一时期成为民族民主革命的重要力量，许多商人积极参与到抗日救亡和解放战争的民主革命当中。

从上述历史中可以看出，"儒商"概念是一个历史范畴，从先秦到汉初，"儒"与"商"初步结合，被称为"良商""诚贾""廉贾"；从西汉到明代，儒商的发展几经起落，"儒"与"商"时常处于分离对立的境况；从明清到近代，随着资本主义的萌芽和"西学东渐"的影响，中国民族资本主义和民族资产阶级得以发展，"儒"与"商"的结合日趋成熟。中国近代儒商在古代儒商文化的基础上凸显了自身的时代特点，正如马敏所总结的，近代儒商文化是儒家经世致用、修齐治平等价值观念在近代条件下的应用、展开和变异。② 和古代儒商所展示的价值取向相比，近代儒商由于其时代境遇，具有更加强烈的救亡图存意识，更为强调自己的政治责任和社会责任，更加重视推广新式教育，通过建立商人社团，实行商人自治、地方自治，以天下家国为己任。

（三）近代儒商的精神内涵

张謇是近代中国最典型的儒商之一，以状元的身份办实业，先后创

① 江怡．民营经济发展体制与机制研究．杭州：浙江大学出版社，2016：266.
② 马敏．近代儒商传统及其当代意义：以张謇和经元善为中心的考察．华中师范大学学报（人文社会科学版），2018（2）：151－160.

办了各类大小企业 30 余家，是清末民初享有盛誉的"实业领袖"。张謇的经历代表了当时大多数儒商所体验到的那种士人与商人、取义与言利、传统与现代的心理矛盾和现实张力。章开沅曾说："现今中国有没有儒商？需不需要儒商？这是一个颇有争议的重要问题。但如果说半个多世纪以前的张謇是个儒商，大约不会引起任何争议。这不仅因为他早已自我界定为'言商仍向儒'，而且确实是从儒学营垒走进商界，虽已商化而仍然保留许多儒的本色的。"并且对于近代儒商的精神气质，章开沅认为，应该像张謇一样"具有以天下为己任的历史责任感，以诚信自律的伦理规范，以取之于民、用之于民为夙愿的回馈思想，如果要求稍高一点，还应该具有较高的文化素养与优美情操，即所谓虽厕身商贾而不失其儒雅风度者也"①。另一位近代的儒商代表是著名的社会慈善家经元善。他真正实践了儒家的"达则兼济天下"。以其主持的上海协赈公所为中心，他在各地设立了约 130 家筹赈公所和赈捐代收处，举办了一系列重大义赈活动。经元善这种仗义疏财、乐善好施、"以天下为己任"的儒商品格得到了世人的高度认可，康有为、蔡元培等均对他有非常高的评价。

近代商人中，类似于张謇和经元善的儒商还有不少，他们形成了一个自觉以传统儒家伦理指导商业行为的商人群体。马敏在对近代中国商人精神的分析中指出，近代中国商人有几种特有的精神状态，其中包括危机感和自重感。② 传统商人虽然受抑商政策的束缚，但由于具有稳定的预期，所以并没有持久的危机感；反而是近代以来，由于国家屡屡在政治、军事和商业上遭遇失败，商业领域经常面临外资排挤、官府剥削、竞争加剧等问题，商人因此感到担忧和恐惧。随着商人社会地位在近代的大幅度提升，商人具有了自重自尊的心理，并具有了强烈的社会责任感。他们认识到"上古之强在牧业，中古之强在农业，至今世强在

---

① 章开沅. 张謇传. 北京：中华工商联合出版社，2000：4.
② 马敏. 商人精神的嬗变：辛亥革命前后中国商人观念研究. 武汉：华中师范大学出版社，2011：86-88.

商业……国强之基础我商人宜肩其责"①。

在近代各种破除保守、谋求进取的倡言和行动中，商人们对商业的认识从内心发生了转变。他们心中理想的工商人才，不再是能写会算的精明的管账先生，而是要通晓天文地理、洞察中外时局形势、知识面广泛的开拓性人才，近代商人要同时兼顾中国与西方的观念和知识。随着"西学东渐"之风加剧，商业快速发展，商人必须学习并接受西方的文化知识和商业理念，这样才能汇通中西优势，应对贸易活动中的需求和挑战。不少商人到国外留学，或出国考察外国企业，吸收西方科学的管理经验和先进的经营方式，一些洋商也带来了资本、技术和管理的方法，对中国商人产生了较大的影响。许多民族实业家引进西方管理新制度，改革中国传统的旧的管理方法。例如，荣氏兄弟在企业中大力推行工程师制，以取代中国企业传统的工头制；张謇在大生纱厂实行成本计算制的成本管理；卢作孚以"四统制"取代"买办制"；穆藕初主张引进"科学管理"，制定了各种厂规、厂纪等一系列企业管理制度；著名银行家陈光甫既采用西式方法来管理银行，又重视儒家伦理的作用；等等。

在学习西方管理经验的同时，近代中国商人也秉承着儒家伦理道德传统，在商业成功之后回报乡里，回馈社会。一般来说，近代儒商有着以下特有的精神品质。②

一是恪守儒家人格理想，这是最为突出的一点。近代儒商虽投身商场，但仍以儒者自居，以儒家的道德规范作为企业经营的基本原则和做人的底线，在内心深处始终把自己视为儒者，经商只是儒者积极入世、修齐治平的一个途径罢了。比如张謇，尽管在商界做出了惊人的成就，但他始终认为自己经商不过是在尽儒者的本分，是通过商业实践来将儒

① 马敏．商人精神的嬗变：辛亥革命前后中国商人观念研究．武汉：华中师范大学出版社，2011：86-88.

② 马敏．近代儒商传统及其当代意义：以张謇和经元善为中心的考察．华中师范大学学报（人文社会科学版），2018（2）：151-160.

者精神和信念落于实处。他曾说："我在家塾读书的时候，亦很钦佩宋儒程、朱阐发'民吾同胞，物吾同与'的精义，但后来研究程朱的历史，他们原来都是说而不做。因此，我亦想力矫其弊，做一点成绩，替书生争气。"① 经元善也曾说："三十岁前，从大学之道起，至无有乎尔，经注均能默诵。故终身立志行事，愿学圣贤，不敢背儒门宗旨。"② 这说明，儒商"言商仍向儒"，即使经商，也保持儒家精神内核，具有高度的人文修养，以儒家的道德伦理思想为准绳。

二是坚持以义取利。近代儒商对传统儒家的义利关系进行了再阐释，认为儒家本身并不排斥逐利，而是反对"见利忘义"，主张以义取利，进而义利两全。张謇认为："两利上也；利己而不利人，次之。若害大多数人而图少数人之利，必不可。"③ 穆藕初主张因义生利，兼顾公义和私利，反对那些舍义取利之人："每有微利可图，则群起拾抉，奸伪贪诈，恬不为怪，人方精益求精，而我乃得过且过，甚且冒牌蹙影，视同固常，徒见目前之小利，而不顾信用之丧失。"④

三是以德经商。近代儒商重视个人品行，自觉以儒家伦理原则来规范自己的言行。比如荣氏兄弟以儒家思想作为经商的原则，荣德生曾说："古之圣贤，其言行不外《大学》之'明德'，《中庸》之'明诚'，正心修身，终至国治而天下平。吾辈办事业，犹是也，必先正心诚意，实事求是，庶几有成。"⑤ 一大批近代企业家将儒家思想融入"行训"和"厂训"，将其作为企业精神和经营原则。比如，天津东亚毛纺公司的"厂训"是"己所不欲，勿施于人；己所欲得，必先予人"，开国产印铁制罐业先河的康元制罐厂以"勤、俭、诚、勇、洁"为厂训，等等。这些企业对儒家传统道德原则进行再诠释，充分发挥了它在商业管

---

① 刘厚生. 张謇传记. 上海：上海书店出版社，1985：252.
② 徐国利. 中国近代儒商的形成和近代儒商文化的内涵及特征. 安庆师范大学学报（社会科学版），2021（1）：1-10.
③ 《张謇全集》编委会. 张謇全集：第4卷. 上海：上海辞书出版社，2012：374.
④ 穆藕初. 穆藕初自述. 合肥：安徽文艺出版社，2013：205.
⑤ 荣德生. 乐农自订行年纪事. 上海：上海古籍出版社，2001：150.

理实践中的理念指导功能。

四是有"兼善天下"的胸怀。近代中国面临的最大危机是民族存亡问题，因此，许多民族企业家将"实业救国"作为兴办实业的终极目标，并尽其所能回馈社会。刘鸿生创办鸿生火柴厂时，面对日本等列强企业的排挤和打击，感受到了国家与企业休戚与共，故提出"完全国货"的宣传口号，他的商业作为被誉为"爱国心长，义无反顾"①。卢作孚创办的民生公司以"富强国家"为经营宗旨之一，他希望"用事业的成功去影响社会，达到改变国家落后面貌、实现国强民富的目的"②。被毛泽东称为"四大民族资本家"之一的范旭东是民族化学工业之父，他把"我们在行动上宁愿牺牲个人，顾全团体；我们在精神上以能服务社会为最大的光荣"③ 列入公司职工必须共同遵守的四大信条。近代儒商不以商业盈利为唯一目的，而是将个人利益与社会利益合一，相信达者兼济天下，在个人商业成功的同时不吝回馈社会、报效国家。

五是兴学育才，致力于发展教育。近代儒商普遍认为教育是发展实业的前提，比如张謇和经元善都曾大力发展教育。张謇在南通推广小学教育，使南通成为中国近代教育最发达的城市之一；经元善在上海城南高昌庙附近开设"正经书院"，该书院延聘梁启超等名噪一时的新学人物任教。通过投资发展教育，近代儒商将谋求社会进步、中国自强做到了实处。

由此可见，近代儒商是努力将儒家伦理传统与西方商业文明融合，努力在士人和商人之间寻求平衡，努力在个人利益和家国责任之间寻求一致的一批人。在国家遭遇危机、文化遭遇挑战的时代里，他们恪守儒家基本伦理道德，同时打开眼界，吸收外来商业经验，热心社会公益事业和新式教育，建立商人社团，实行商人自治、地方自治，以天下为己

---

① 刘念智. 实业家刘鸿生传略：回忆我的父亲. 北京：文史资料出版社，1982：序.
② 卢国纪. 我的父亲卢作孚. 成都：四川人民出版社，2003：66.
③ 傅国涌. 大商人：影响中国的近代实业家们. 厦门：鹭江出版社，2015：257.

任，展现了比明清时期儒商更加强烈的社会责任感、救亡图存的意识和实干精神。

近代儒商精神是儒家传统伦理与商业文明结合的产物，它虽然内生于中国本土，但对其他地区和文化都产生了一定的影响。一些在海外做生意的华商，虽然远离故土，但仍然保留着儒家文化的传统，如泰国的陈弼臣、印度尼西亚的林绍良、马来西亚的郭鹤年等。正如学者雷丁所说，他们"人虽然离开了中国，但思想深处始终保留着中国人的思想和感情，绝大部分人心理上没有离开中国，至少没有理想的或许已经浪漫化了的中国文明观念"①。因此，我们今天谈论的儒商不仅仅指那些中国本土具有儒商精神的商人，也包括那些信奉儒家信念和传统的海外华人儒商。

三、儒商精神的现代价值：儒家德性领导

近代以来，西方工业文明对中国传统商业造成了巨大的冲击。西方的工业革命不仅仅是基于新的知识所发生的技术革命，也是人类生产组织形式、管理模式的一次飞跃性革命。"机器和蒸汽动力能提高生产力，这是人所共知的；但新的劳动组织也能提高生产力，这一点却往往被人忽视。"② 工厂制和科学管理的出现推动了分工和劳动的集体协作，从而极大地提高了生产率，促进了社会生产力发展。西方的工业文明以及由此带来的新的商业文明对包括中国在内的古老东方国度的价值观念和社会组织框架造成了巨大的压力和挑战。正如金耀基所说："在这里我必须再强调，改变中国社会的基本力量并不是西方的枪炮兵舰，而是西方的工业技能。侵入中国的西方文化（近代的与现代的）在基调上是工业的，这个工业性的西方文化逼使中国的社会结构、文化价值解

---

① Redding S B. 海外华人企业家的管理思想：文化背景与风格. 张遵敬，范煦，吴振褰，译. 上海：上海三联书店，1993：3.
② 钱乘旦. 第一个工业化社会. 成都：四川人民出版社，1988：50.

组与崩溃。"① 两千年来，中国传统经济在根本上是基于农业的"自足系统"，但自清朝末年开始，中国逐步从传统社会步入以工业为基础的现代社会，中国传统的商业文明和商业模式也随之发生了巨大的改变。今天，中国社会已经进入全球经济一体化的新阶段，这对中国商业社会的价值取向和伦理建构提出了新的挑战。传统的儒家伦理能否为中国商业文明的发展提出富有生命力的伦理支持，能否适应现代社会商业活动的要求，是儒商精神继承发展所面临的时代命题。

（一）在商业活动中回归儒家伦理的必要性

新中国成立后，我国学习并基本采取了苏联式的计划经济模式，随着对资本主义工商业改造的完成，资本家连同他们的观念形态一起被湮没了。在计划经济和国有企业体制下，虽然也涌现出了诸如"鞍钢宪法""大庆精神"等社会主义企业文化典型，但市场经济的不发达和市场观念的淡薄，最终带来了"全社会企业精神的欠缺和企业文化内容的单一、同质化"②。在十年"文革"期间，儒家传统文化更是遭遇致命的摧残，原本质朴的商业道德和企业文化也遭受了重大冲击。

20 世纪 80 年代以来，随着中国改革开放的深入和市场经济的发展，一方面经济社会发展迅速，经济总量快速增长，各种经济形式和各类企业如雨后春笋般涌现出来；另一方面则是在财富空前增加的同时，法制建设与道德文化建设严重滞后，社会转型所引发的价值错位、权钱交易、诚信缺失等成为日趋严重的社会问题。周祖城等学者通过对东、中、西部 212 家国有和民营企业的道德及其管理现状的问卷调查发现，诸如"不公正定价""不公正竞争""对顾客欺诈"等不道德商业惯例仍较高程度存在；员工个人道德信念与公司利益之间的道德冲突发生频率较高；企业道德决策标准呈多元化和境遇性特征；对不当行为的容忍度

---

① 金耀基．中国的现代化//姜义华，吴根梁，马学新．港台及海外学者论近代中国文化．重庆：重庆出版社，1987：22.

② 马敏．近代儒商传统及其当代意义：以张謇和经元善为中心的考察．华中师范大学学报（人文社会科学版），2018（2）：151 - 160.

较高；多数企业虽然已认识到商业伦理的必要性并开展了一定程度的道德管理，但较少使用正式的道德管理措施，且力度有待加强。其中，关于导致企业道德水准下降的因素的调查结果显示，人们普遍认为社会整体的道德水平下降和商业竞争压力等导致了企业的道德水平低下。①

与改革开放初期的境遇不同，当下中国的管理已经从改革开放初期的粗放型管理发展到更注重制度规范和管理技术的精细化管理阶段，并且进一步走向管理的精致化发展阶段，即更加注重管理的文化和伦理向度，更关注组织中的人、组织本身、组织与外部社会的关系重塑。② 在此种情况下，中国管理需要文化的和伦理的支撑，迫切需要融合时代精神与传统文化来重建有中国特色的商业道德文化。作为几千年来仍具有生命力的传统文化，儒家伦理为中国商业实践的伦理选择提供了可能。

然而也有学者认为，建设中国当代商业伦理，不必回到儒家伦理。比如经济学家陈志武教授给出的理由是：第一，儒家文化诞生于农业社会，是农耕文明的代表文化，已经不适用于今天的工业社会和全球化的商业实践；第二，现代商业社会已经积累了一些达成共识的商业伦理，中国只需遵守西方已经积累起来的商业伦理规则和现有的法律条目即可，不必另起炉灶根据儒家伦理来探讨中国的商业伦理；第三，对中国企业家而言，健全的法制和民主体系更为重要，强调儒家文化反而会阻碍企业家的创新精神和创业活力。③

关于以上三点意见，不能否认，出现这样的质疑在某种程度上是可以理解的。近百年来，中国儒家思想历经多次挑战和冲击，有不少学者认为，儒学已经衰落、过时，在当下的实际生活中的影响力是极其有限的。在这一个世纪西方文化与儒家文化的较量与对决过程中，许多主张取消传统文化的声音并非来自西方，而是来自那些没有深入了解中西文

---

① 周祖城，张四龙，冯天丽. 中国本土企业道德及其管理现状：一项对东、中、西部212 家企业的问卷调查. 统计与信息论坛，2017（7）：115 – 121.

② 李培挺. 儒商精神的内生境遇探析：历史溯源、存在特质及其实践内生. 商业经济与管理，2018（10）：47 – 56.

③ 陈志武. "儒商"走不出去. 中国企业家，2006（23）：40 – 42.

化就盲目以西方为尊的中国人。然而，儒家文化不仅仅有"女人裹小脚的文化""酱缸文化""面子文化"，更有对人、对社会、对世界的深刻理解和东方智慧，前者是值得批判反思、会随着时代发展而过时的，而后者的价值是能够超越时代永久存在的。一个民族要发展，对于自身文化的反思是极为必要的，但如果对儒家文化进行片面理解，简单化地将洗澡水和婴儿一起泼掉，对其进行不加辨别和不负责任的否定，就会抽掉中国文化的根基，扼杀儒家思想的价值和生命力。

关于基于儒家思想的儒商精神是否过时，我们需要认识到：首先，我们需要深刻全面地理解儒家思想，了解它的全貌，了解它的思想本源与现实应用的区别，认识到儒家思想的时代局限性和它能够超越时代的部分。其次，儒家思想不是一个固化的存在，它一直处于动态的发展变化之中，不同的思想家和流派对儒家思想进行了不同的解读和延展，形成了多种不同的儒家学派，这些演变和发展丰富了儒家思想的内涵，使其不断焕发出新的生命力。再次，儒家思想的存在不能被看作一个只是有哲学家存在的存在，而是如李泽厚所讲，儒学不仅仅是一套经典的解说，更是中国人的一套文化心理结构，是"百姓日用而不知"的文化传统。它在潜移默化之中影响着人们的行为方式和价值取向。完全否定儒家思想和学说，在某种程度上意味着对中国文化自身的否定，这会带来中国人的文化认同危机。最后，儒商精神的价值和作用不只体现在其实用性的部分。也就是说，它"不仅仅是现代商业关系中供商人选择的商业伦理，还体现了本土文化的主脉，彰显了本土文化主流的积极的价值观导向"①，它所指向的不仅仅是如何做好商业，谋求经济利益，更指向了一个更大、更根本的命题，即如何"成人"，因而是中国商人乃至东亚商人安身立命之根基。

关于认为仅靠制度和法律就能够保证现代商业的顺利运行，我们需

---

① 李培挺. 儒商精神的内生境遇探析：历史溯源、存在特质及其实践内生. 商业经济与管理，2018（10）：47-56.

要认识到：首先，虽然完善的政治制度和法律制度对于现代社会的重要作用毋庸置疑，但这并不意味着要大幅度挤占伦理道德的空间甚至取消伦理道德的约束。其次，法律对于人类社会而言是一个最底线的伦理要求，它规定了"不能"和"禁止"的人类社会行为，但并不涉及对"应当"和"提倡"的那些具有更高标准的、具有积极意味的意愿和行为的要求。阿马蒂亚·森曾经指出，在法律和社会习俗未能提供规则的地方，只关注和获取个人利益可能会破坏社会整体的信任感。① 如果提倡个体在法律和习俗允许的范围内追求个人利益，就意味着个体并不必须始终以值得信任的方式来行事，当个人利益和道德行为发生冲突的时候，如果没有法律规则约束或者个体有机可乘，那么个体就可以选择前者，而非后者。儒家伦理希望人们将"修己"作为参与社会活动的起点，将自我的道德约束前置于外在的管束，通过修身来真正理解自我、理解他人、理解世界，在"己所不欲，勿施于人"的同时，做到"己欲立而立人"，通过不断地进行道德实践，最终"成人"，获得"从心所欲而不逾矩"的自由。

关于儒家伦理可能会抑制商业的创新活力，我们需要认识到：虽然创新是企业家经济实践的助推力或者说最核心的任务，但企业家不能仅仅为了创新而创新，或者只把目光聚焦于"创新"，不问对错地去创新。如果没有正确的价值导向，创新就可能误入歧途。比如恩德勒指出，许多投资银行在金融产品方面不断进行创新，开发出大量高度复杂的金融产品，但这些金融产品只是新，并没有真正增加经济价值，没有为人类社会做出任何实质性的贡献，甚至从长期来看，对人类的尊严和进步是有损害的。② 因此，在终极的意义上，值得追问的是：经济的发展是为了什么？财富创造是为了什么？企业的发展是为了什么？新时代企业家

---

① Amartya S. Does business ethics make economic sense? . Business ethics quarterly, 1993, 3 (1): 45 - 54.

② 恩德勒，张琳，陆晓禾. 财富创造中的道德与创新问题研究. 伦理学研究, 2020 (3): 98 - 107.

精神中的"创新"不仅意味着创造出新的产品和新的机会，还意味着创新的成果要有利于整个社会的发展，有利于人的发展。创新不仅仅意味着"更新"，也需要在价值上"更好"。这样，对于企业而言，不管是产品、技术还是管理等方面的创新，首先要经得起道德上的考量。前文所提及的儒商精神，正是将仁义、诚信放在了商业活动和财富创造的中心位置。

（二）儒商文化在当今复兴的可能性

财富创造背后的文化价值观动力是不容忽略的，一个国家的文化结构和文化信念是规范一个社会经济活动的根本力量。西方资本主义的第一批资本家，即"新教商人"，他们勤奋、节俭、制造财富的动力是"新教伦理"，是为了增进上帝的荣耀。日本在明治维新之后，弃武从商的武士在生意往来之间，并没有忘掉他们的"武士道精神"，恰恰相反，这些商人把武士道精神应用到了商战之中。中国明清时期出现的"弃儒就贾"或"商而学儒"的"儒贾"，他们经商的根本动力是"创业垂统"，光宗耀祖；他们兼士商于一身，在经济活动中仍然遵从儒家文化，秉持其道德信念，认为"士商异术而同心"，"故善商者处财货之场而修高明之行"，求利而不忘义，以"以义制利"为经营理念，奉行诚信、节俭、回馈社会的商业道德。中国近代的儒商伦理并不强调金钱利益至上和个人主义的原则，而是基于中国传统"天人合一"的思想，以"仁义礼智信"等儒家道德规范为标准，将经商作为修齐治平的路径。儒商文化的复兴有其深厚的社会文化基础，"且不去说'儒商'是否反映了资本主义因素的萌芽，单其经营动力和经营理念的来源，显然是历两千年之久的'宗族主义'文化结构和由孔子提倡的'见利思义'这一传统的道德价值信念"①。

有些学者质疑"儒商"概念的虚无性，认为在西方化的语境下，管

---

① 朱贻庭. 略论企业伦理与社会文化背景：关于建设有中国特色企业伦理的一种思路. 江苏社会科学，2000（3）：110-113.

理主要应服务于效果和效率目标，而儒家思想更近似一种伦理思想，不以效果和效率作为其目标，因此以儒家思想作为经营理念来进行经商或其他经济活动是没有可能的。

然而，这只是对儒家伦理和商业结合可能性的片面理解。首先，现代管理理论虽然毫无疑问是西方近一百多年来的产物，但这并不意味着"管理"本身是西方话语和实践专属。"管理"实践和对"管理"的思考是所有人类社会由来已久的存在。从我们之前提到的近代晋商、徽商等到现代浙商的成功，这些都是中国式管理实践。而且，诸子百家的经典著作中也都蕴含着对于管理问题的思考。时至今日，《孙子兵法》在全球各国拥有广泛的读者，尤其得到商业人士的推崇。管理理论和实践无法脱离其根植的文化语境，即便西方现代管理已经形成了较为完善的理论体系，在管理领域具有极大的话语权，但这并不意味着其他社会文化必须要依据西方的标准和路径来建构自己的管理理论，指导自身的管理实践。以日本为例，以质量管理、精益生产和年功序列为特征的日本管理模式已经成为一种影响全球管理的模式，它的形成和发展既吸收了西方管理思想，又保留了浓郁的东方文化特色。日本管理模式既体现了东西方文化在管理思想方面的差异，也体现了东西方管理思想相互渗透和融合的可能性。因此，我们不应该提前预设西方管理思想和实践的绝对主导地位，将其作为理解管理活动的标准，否认中国本土管理也具有这种构建自身管理模式的可能。正如美国汉学家安乐哲所指出的，中国对西方的了解远多于西方对中国的了解，中国学者要承担起解决信息不对称问题的责任。中国文化，尤其是儒家思想对目前全球面临的气候变化、商业伦理、环境污染等诸多困境和挑战都会有独一无二的贡献，我们必须要让世界了解中国文化，展示本土的管理模式。

其次，如果说西方管理的本质是由其效果和效率来定义的话，那么这也不构成儒家思想与其冲突的理由。西方管理理论与实践长期倡导"效率至上"，这体现了马克斯·韦伯所说的"工具理性"导向。但是这种工具理性主导管理的现象并不合理。工具理性对管理理论建构和实践的长期统治，已经带来了诸多社会问题，比如人的异化、商业诚信缺失、环境污染问题等。正因为如此，近年来才有越来越多的学者呼吁重视"商业伦理"。即便我们追溯到经济学和管理学之父——亚当·斯密，也能发现，斯密本人非常强调道德对于人类社会的重要价值。斯密在《道德情操论》中提出，"同情"（sympathy）这种设身处地理解他人的能力是人们进行道德判断的根源和基础，正是因为拥有这种情感能力，或者说道德判断的能力，社会的交往、沟通、交换、交易才成为可能，才能够带来繁荣的市场。当市场运作良好的时候，资本主义能够带来合作、创新和财富，而当美德缺失的时候，资本主义一定会出现问题。商业仅仅是人类社会的一部分，商业的发展和运行不能脱离人类社会的总体发展而存在，人类社会首先需要的是有关美好生活的价值和意义的追问，而这与道德判断有关。如果商业和管理不能为人类带来更为美好的生活，将人本身仅仅作为"效率"的奴隶，则说明人对于管理的定义和理解已经出现了巨大的偏差，迫切需要伦理道德判断来纠偏。

儒家思想当然也讲求效果和效率，它只是不把经济效果作为其首要目标。作为古代治国的一种主要思想，儒家提倡的治国效果是"天下大同"；作为一套修身原则，儒家思想追求的效果是"修齐治平"；作为个人日常生活的智慧箴言，儒家思想追求的最高境界是"从心所欲而不逾矩"。并且，儒家并不否认"利"的重要性，但在经济利益和个人道德的取舍上，儒家坚持"舍利取义"，因为从长期来看，这是对人类社会整体运行效果更负责任的选择。另外，儒家思想中也有对效率的考量，在孔子看来，用道德来管理本身就是最有效率和效果的一种治国方式。比如，孔子说："道之以政，齐之以刑，民免而无耻；道之以德，齐之以礼，有耻且格。"用法制禁令去引导百姓，使用刑法来约束他们，百姓虽然能免于犯罪受惩，但是毫无廉耻之心。因此一旦疏忽管理，社会就会陷入混乱。用道德教化去引导百姓，用礼教来统一他们的言行，百姓就会有道德意识，知道羞耻而归顺。即便没有那么多外在的管理措施，百姓自身的道德约束也会带来社会的和谐运行。孔子还说："为政以德，譬如北辰，居其所而众星共之。"用道德教化来治理国家，君主就像北极星一样，不用劳碌于各种政务管制，只需居于自己的处所，所有人都会自动围绕在他周围，这比使用各种制度条例、严刑峻法让人们驯服更有效率。

最后，儒家伦理或儒商精神作为非正式制度，能够促进良善的商业秩序。在制度经济学那里，制度往往被视为规则，作用在于促进社会财富的增加，途径是规范经济主体的行为边界、减少外部性和机会主义行为、强化主体行为预期、降低交易成本等。诺斯提出了"非正式制度"的概念，认为在人们行为选择的约束中，正式制度只占约束总体的一小部分，人们的行为选择大部分取决于非正式制度的约束。[①] 正式制度是指人们有意识、自发设计形成的一系列政策、规则、条例、法规，有明确的条文表达，需要依靠国家机关、权威机构的强制力量来实施，以奖赏和惩罚的形式规定其行动。非正式制度则是指人们在经济、社会生活的长期实践中，经过多次博弈、取舍而渐渐形成的对人们行为产生非正式约束的非正式网络，如共有的文化传统、价值观念、意识形态、日常惯例、习惯习俗、伦理道德、宗教信仰等。非正式制度并非依赖于国家机器的强制执行，而是依靠人们自觉、自发遵守，依靠道德的约束力来执行。它约束了人们行为选择的大部分，对人们思想和行为的影响是更为内在和广泛的。非正式制度是一种群体选择的结果，其约束力源于一种内在的心理契约，它依赖人们内心的自省和自觉，因此带有"隐性"特征。非正式制度既是正式制度形成的基础，也是正式制度有效发挥作用的必要条件。非正式制度来源于社会所流传下来的信息以及我们称之为文化的部分遗产，它是人们的大脑在获取外界信息以后形成的"自然语言"，这些"自然语言"渗透于我们

---

① 诺斯．制度、制度变迁与经济绩效．刘守英，译．上海：上海三联书店，1994：44-45.

的感性认识和态度中，每时每刻、无处不在地影响着我们的判断和行动。① 文化传统在非正式制度安排当中处在核心地位，它包容了一个民族和社会共同持有的价值观念、伦理规范、道德意识、风俗习惯，对于人们的思想和行为起着普遍的隐性约束作用。诺斯指出，一个国家的文化传统是一种非正式制度，文化传统作为非正规约束在制度的渐进的演进方式中起着重要作用。② 从中国的历史来看，中国社会基本不是靠严苛的法治来约束百姓的，人们并不十分依赖于正式制度的建立和完善，而总是先以非正式的形式、按照风俗习惯和文化传统所指示的方向自发行动。③ 正式的法律法规、规章制度往往会随着朝代变迁而被打破和重塑，相比之下，人们的价值取向和行为方式却更加稳定。

在讨论儒家商业伦理时，最直接的一个困难是，儒家经典文本中有许多对伦理和政治的论述，但几乎没有对分工、交换、交易等与商业有关的论述。因此，当人们谈及"儒家商业伦理"时，主要指的是从儒家伦理思想中推断出来的观点而非它明确表达的观点。不过，儒家伦理思想可以应用于生活的方方面面，因为它本质上是关于指导人们如何成为有道德且进行道德实践的人的，而这恰恰融入了社会生活的深层。

一般而言，有关儒商的论述大概可以归为两类。第一类是比较严谨的学术研究，研究对象主要是历史上的儒商人物，一些有代表性的研究者包括余英时、马敏等。这类研究的局限在于，当事人已经逝世，研究者只能在其留下来的文字上下功夫。即使资料比较详尽，譬如有关张謇、经元善等儒商的记载，也只能显示他们的儒家价值观和活动概况。对于他们究竟如何经商，在面对义利冲突时怎样决策，内心有没有出现挣扎，则往往语焉不详，甚至完全没有史料可查。第二类以在世的儒商为对象，一般由文人或商人执笔，做传记式的描述。近代以来，尽管有

---

① North D C. Institution. Journal of economic perspectives，1991，5（1）：97 - 112.

② 同①.

③ 王跃生. 非正式约束·经济市场化·制度变迁. 当代世界与社会主义，1997（3）：17 - 22.

人尝试在张謇和经元善等近代儒商的基础上建立具有现代色彩的商业文化和企业家精神，但实际上近代儒商的传统仍然停留在比较粗糙的形态上。近代中国的儒商精神，仅仅是由传统精神向现代企业精神转化的一种过渡，还需要将本国工商实践和西方资本主义的经营理论进行深层的整合，进而发展出完善的现代企业（家）精神。这种深层整合的过程在日本进行得较为顺畅，日本形成了以对公司的绝对忠诚和家族集团主义为标识的现代企业精神。但在当代中国，还非常缺乏真正的以儒家伦理为基础的儒商精神构建及其在中国之实践的典型代表案例。

到目前为止，关于当代儒商的研究还比较稀少，因为一个较为棘手的问题是确定商人的价值和行为是否真正符合儒家的伦理要求。正如西方社会的宗教在近代经历了世俗化一样，中国儒家思想自 20 世纪开始，也在现代化的冲击之下走上了一条坎坷的道路。1905 年科举制的正式废除，无形中割断了儒家经典与利益分配制度的联系。到了新文化运动期间，儒家伦理已经是众矢之的，作为社会价值主流的地位受到了西方自由主义和社会主义的挑战。时至今日，儒家思想已失去了制度上的支持，只是作为文化传统的余绪而延绵不去。因此，很难期望今天中国社会的人们真正抱持儒家价值，更别说在工具理性和实用主义当道的商业领域了，但即便如此，我们仍能发现商业领域中儒家价值影响管理者行为的实际证据。

张德胜和金耀基关于当代儒商的实证研究①是比较具有代表性的。他们访问了包括香港、台北、上海、南京、广州、新加坡、吉隆坡等地区在内的 40 名合乎儒商定义的商人或企业家，这些商人和企业家的业务涵盖航运、化工、饮食、旅店、房地产等领域，从规模来看，小至一人经营，大至有 3 000 员工、业务分布全球的企业。从企业性质来看，有国营、私营，甚至产权不大清楚的乡镇企业。此外，他们还访问了 7

---

① 张德胜，金耀基. 儒商研究：儒家伦理与现代社会探微. 社会学研究，1999（3）：39－49.

名在这些企业工作的雇员，从高层的副总经理、人事主任，到低层的仓务员和营销员。两位学者坦言，他们所访问的商人或企业家或多或少符合儒商的定义，但这种儒商理念所包含的道德价值或性格特征是散落在这些人身上的，并非体现得淋漓尽致、清晰确切。张德胜和金耀基总结道，这些商人或企业家有两个比较明显的特点，一是以义制利，二是关怀意识。受访商人表示不会谋求不义之财，其中许多人还通过兴办学校与振兴文教事业，来表达他们的关怀意识。在这个访谈中，有些受访者的例子说明，面对高度竞争的商业环境，即使要放弃替公司赚取最大利益，即便坚持道义会使企业比同行发展慢，他们也尽力维护自己的道德原则。结果表明，虽然做生意时坚持道德操守会造成一定的障碍，但基本上还是能够在商场生存，而且做得相当出色的。

因此，张德胜和金耀基认为，虽然受访儒商人数很少，当然现实中，儒商在商人中也算少数，但其重要性不应因此受到忽视。因为他们的存在显示出，儒商不光是概念及历史现象，而且是现实社会里活生生的人。他们人数稀少，不是因为与时代脱节，不是因为我们的社会不再需要儒家的道德原则，而是因为儒商所抱持的价值没有像在传统时代那样得到制度上的支持。儒商作为一个社会中的少数派，他们的商业竞争力会受到阻碍，但如果整个社会都接纳儒商的道德原则和行为原则，或许儒商可以对商业乃至整个社会发挥更大的作用。

第八章　儒家自我观：构建本土化伦理型领导力的出发点 *

　　在主流的管理或领导研究中，伦理道德并不是一个关键词，大多数的研究都以企业经济绩效最大化为导向。从第三章对领导力研究发展的梳理可知，20世纪以来的领导理论的主流，包括领导特质理论、领导行为理论、情境领导理论、领导权变理论等，都未能足够重视伦理道德维度的领导力研究，如今讨论较多的价值观领导、魅力型领导、变革型领导也大都将研究重点放在领导者的个人魅力、价值观和对组织成员的能力激发方式等对领导效能和组织绩效的影响上。近年来，国内外商业组织非道德丑闻事件频发，组织的社会责任感低下，领导者作为策略的制定者，其道德状况与组织社会责任行为有着直接关系，需要对组织决策的道德影响担负主要责任。因此，领导者道德问题越来越受到社会的广泛关注，学者们亦加强了对领导者在道德规范方面所承担责任的探讨，"伦理型领导"的概念应运而生。

　　伦理型领导的提出使人们对于领导者的道德维度对组织成员的行为

---

　　* 本章观点主要出自 2017 年发表在《学海》上的一篇文章《儒家自我观与现代组织中的伦理型领导》。

和组织发展的影响有了更深的认识。但这种规范性伦理的思路，强调领导者应该推崇某种伦理规范和标准，并且用以身作则和奖惩的手段来要求被领导者遵守伦理规范，并不能保证领导者和被领导者都真正认同规范，也不能使人们成为真正意义上的"好人"；而且目前相关的研究几乎都是有关伦理型领导与被领导者行为以及组织绩效的相关性的实证研究（目前鲜见有关伦理型领导与组织社会责任之间的研究），可以看出西方伦理型领导的提出仍是指向如何提高组织绩效的，以至于难以真正解决组织内外的各种伦理问题，也无法对伦理型领导如何对组织外部利益相关者产生伦理影响提供深层的解释和指导。

本研究希望借助儒家伦理，提出一种有效树立伦理型领导力的中国本土样态的方式。儒家伦理思想之所以能够对中国社会产生如此深远的影响，其中一个非常重要的原因在于它以一种根植于人性的方式，为其道德哲学的建立奠定了坚实的基础，亦为广大民众广泛接受提供了现实的亲和力，这个基础就是儒家的自我观。因此，如果要回归儒家思想传统，寻找建构中国本土伦理型领导力的有效方案，儒家的"自我观"或许可以提供一个较为稳固的道德基础。

所谓"自我观"，简言之，就是人对自己的理解。认识自我，是伴随人类始终的一个问题。人类发展的历史，不管是东方还是西方，都不仅仅是人类向外认识世界的过程，也是人类向内自我认识的过程。正如德国哲学家卡西尔所说，认识自我是解决所有关联着人的存在及其意义问题的阿基米德支点，它是理解人们生活和周遭世界的核心。在管理理论或领导实践中，自我问题是一个非常基础的问题，领导者不同的自我认同方式会发展出多种不同的领导模式，比如权威型领导、家长型领导、变革型领导、交易型领导等。由此，要谈论以儒家伦理为基础的领导力，首先要明晰的一个重要问题就是，儒家如何认识"自我"。

一、关系式自我：儒家理解世界的开端

在一些西方传统哲学中，"自我"首先被理解为一种形而上学的存

在，是一个区别于外在世界或与之相对立的独特实体。自我认识问题是近代西方哲学的标志性内涵。笛卡儿把"我思故我在"作为哲学第一原理，通过普遍怀疑的方法找到了一个无可怀疑的东西，即"我在怀疑"这件事本身，这就证明了"我"的存在。于是笛卡儿把"思想"作为"我"的本质，而一切心理意识活动是自我的属性。并且，笛卡儿从实体与属性的逻辑关系推导出，"我"是一个"实体"，是精神的实体。这个论述隐含着身心二元论的前提，此后，洛克、贝克莱和休谟等人相继从经验论的立场深化了自我的内涵。

从德国古典哲学开始，哲学便真正达到了自我意识的阶段，自我作为主体被真正确立了起来。康德把"我"分成先验的自我（即"自我意识"）与经验的自我（即"物自体"），这两者相互依赖、相互补充，成为现实的自我。在他看来，自我是将客体内化为主体的纯粹统觉，是使经验材料对象化、条理化的必要条件，自我并不与经验对象二元对立，而是经验对象得以统一的逻辑前提，也是其理性建构的终极基础。由于康德认为物自体是不可知的，所以他最终没能把主体和客体完全统一起来。黑格尔以纯粹自我的唯心主义形式，扬弃了康德的二元论，将主体与客体、自我与世界统一了起来，但他的纯粹自我只是一种逻辑上的先在，因此被打上了神秘主义的烙印。我们可以看到，无论是唯理论和经验论的争论，还是德国古典哲学的探索，都是以主客二元分立为前提的。以主客二元分立为前提的传统自我在主体性不断提升的过程中，最终陷入"自我中心论的困境"，并且它过于强调人的理性，忽略了人的本能。总之，对于传统的西方哲学来说，社会关系并非自我的本质内容。①

自我也是儒家人生哲学的核心，但儒家对于自我的理解和西方传统并不相同。安乐哲将儒家思想概括为"关系宇宙论"（correlative

---

① Yao X Z. Self-construction and identity：the Confucian self in relation to some western perceptions. Asian philosophy，1996，6（3）：179-195.

cosmology）。这种关系宇宙论的落脚点在伦常，比如，仁是在与他人的相互助益中形成的完美人格，恕是在交往中设身处地为他人着想的方式，诚是在与自己、他人和社会的创造性交流中成仁的基础。无论是作为宇宙法则的"道"，还是显示完美人格的"仁"，都不能从实体的意义上来理解。"道"必须从人与人联结、交往的方式中来体现，而"仁"与"义"等德性必须在人的社会和私人生活中成长和培养。儒家的自我，既指内在于人的存在、活动和思想，包含个体自我的各个部分，同时也指所有部分的整体。"我"既内在于我自己，又与他人相联系，在相互依赖和交往中才得以体认。杜维明也认为，典型的儒家自我是人类与天地、个人和群体交互联系的一个动态的精神发展过程①，而非人的实体的某种标志。

姚新中认为，儒家的自我不只是一种身份的表征，更体现了上天的法则或一切实存与活动的德性。② 孟子说："万物皆备于我"。因为上天的法则和德性嵌于万物之中，而万物相通相连，万物的法则和德性都已经内在于自我。人通过考察自身存在的本质来理解事物的本质。换句话说，我们的本性与其他人的本性，甚至天地万物的本性都是相通的，由此才能达到天人合一。"德不孤，必有邻。"哈尼施认为，如果说孤独是自我意识的表现，那么道德高尚的人不会强调自我，而总是与他人息息相关。③ 孔子曾提出"四毋"的主张，即"毋意，毋必，毋固，毋我"。其中"毋我"按钱穆在《论语新解》中的解释为"无自我心"，李泽厚在《论语今读》中将其解释为"不自以为是"，即不以自己的利益得失为准绳。因此，所谓"毋我"，应是超越"小我"的主观成见和私利，不同于"为我"贵己"等把个人与他人或社会相对立的价值取向。

---

① Tu W M. Selfhood and otherness in Confucian thought//Marsella A J，De Vos G，Hsu K F. Culture and self：Asian and western perspectives. New York：Tavistock Publications，1985.

② 姚新中，何丽艳. 自我与超越：论儒家的精神体验和宗教性. 江海学刊，2008（4）：14-20.

③ 哈尼施，袁志英. 论中国人的自我和社会之间的关系. 德国研究，2003（4）：32-37.

　　道家和儒家对自我理解的不同在于，道家要求消解自我和非我的界限，与万物合为一体，"无我"是其目标；而儒家则倾向于把自我融入社会关系和相互联系之中，认识贯穿一切的秩序原则，理解自我与社会、与世界万物以及微观和宏观之间的密切联系，从而认识自我、实现自我。对于孔子而言，自我道德内涵的核心是"仁"，但是究竟何为"仁"，孔子在《论语》中并没有给出任何清晰、完备的定义。"仁"的内涵包罗万象，正如冯友兰指出的，"孔子用'仁'不光是指某一种德行，而是指一切德行的总和。所以，'仁人'一词与全德之人同义。在这种情况下，'仁'可以译成 perfect virtue（全德）"①。从根本上来看，孔子认为，"仁"其实就是"爱人"。人拥有了"仁"德，且依照它来处理自身与他人的关系，就能将情感的涟漪从里向外层层推演与扩散出去。而仁德就是"修己安人"，即通过自我修养来使自身与他人的人格向更好的方向发展，从而实现伦理关系的和谐，乃至整个社会的和谐。在道德实践上具有卓越表现的"君子"，应是这个"理想国"的执政者。② 那么，如何实行"仁"呢？孔子认为，"己所不欲，勿施于人"，要"推己及人"，这就是"忠恕之道"。后来的儒家又将"忠恕之道"称为"絜矩之道"，即以自身为尺度来公平中正地处理人际关系，从己出发，且视人若己，对待自身与他人采用同一的道德标准。

　　儒家的整个伦理秩序都以"己"为出发点，"尽己之谓忠，推己之谓恕"，从自身出发，去理解他人、爱他人，进而去爱天下万物。孔子在与弟子讨论"智者若何"和"仁者若何"的问题时，认为"知者自知，仁者自爱"可谓"明君子"，这说明孔子强调"认识自己"是首要的。而认识自己是说要在道德上反观自身，"见贤思齐焉，见不贤而内自省也"。同时，仁者的"自爱"并不是现代意义上的自爱和自恋，而是指人内在的自我道德发展和自我实现。一个人知道自己需要爱，他从

---

① 冯友兰. 中国哲学简史. 涂又光，译. 北京：北京大学出版社，1985：53.
② 段炼. 古代中国的自我认同：以"仁"为中心的考察. 浙江学刊，2008（2）：72 - 76.

人的同类相似性出发，就能够推导出别人也需要爱，这样，他既会爱自己，也会爱别人。①

并且，孔子说："为仁由己，而由人乎哉？"他又说："我欲仁，斯仁至矣。"实行仁德，完全应有赖于内心的自觉，而非外力的催使，这是自我选择、自我规定的道德过程。孟子所说的"由仁义行，非行仁义也"，亦在强调仁义乃是人的自觉自律，而非某种外在强制或催使。荀子尽管强调"礼义"的外在约束，但仍旧将"礼义"的认知根植于"心"，突出了道德发展的内在性。

因此，儒家的普遍伦理是相与之道，建立在天人关系、人人关系、人物关系等一般关系世界之中，这种伦理不仅适用于亲人、友人和熟人，也能够广泛适用于人与人、自我与他者的各种关系。君子在道德修养的时候必须不断地"反求诸己"，将德行的起点转向自身，但是由于"仁道"的目的不仅仅在于自我的道德提升，亦在于"推己及人""兼济天下"，向外躬行实践，不能只止于"己"。儒者的自我完善始终与家庭、族群、国家和天下的秩序安危联系在一起，它是私德与公德的统一，而不是狭隘的洁身自好、自我满足。

二、现代自我观与组织中的心理困境

由上可知，西方文化所理解的个体，总是要使自己独立于他人，通过将"自我理解为其行为主要是参照自己内在的思想、情感，而不是参照他人的思想和情感"② 来发现和表达自己区别于他人的独特品质。约翰·麦克默里认为，现代西方哲学中的自我观是"典型的自我中心主义"③。外在的一切关系，不论是他人，还是自然、社会，都成为异于

---

① 王中江."自我"与"他者"：儒家关系伦理的多重图像. 北京大学学报（哲学社会科学版），2022（1）：22-31.

② 徐瑞青. 独立的自我与依存的自我：中西自我观念差异论. 学术月刊，1995（1）：31-38.

③ Yao X Z. Self-construction and identity：the confucian self in relation to some western perceptions. Asian philosophy，1996，6（3）：179-195.

"自我"的他者。

在传统社会，由于每个人生而从属于一定的群体，因此人们从一开始就对个人的角色以及群体规则有着清晰的认知，这种认知构成了个人社会角色的自我认定，即每个人的身份和角色都是相对固定的。每个个体在一开始就处在一个稳定的、系统化的关系网络当中，并遵从公认的模式，扮演属于他的社会位置的角色。随着传统社会的逐渐解体，个体的自我意识开始萌生，在现代社会"主体自我是现代性能力的来源和基本表征，主体性原则是自我确证的根本点"①。现代自我观认为，"自我身份的确立独立于我所拥有的东西，亦即独立于我的利益、目的以及和他人的联系"②。这是一种"疏离的、脱离实体的、原子式的或'点状'"③的自我。个人在现代社会中日益把个性化作为人生理想，并以此筹划生活，自我实现成为人生存在的追求。现代自我自由且理性地以一种工具性的方式对待自身和外部世界，并改变自身和外部世界，以更好地去保护其所构想出的个人和社会利益。

专注于个体的自我观奠定了社会权利论证的基础，然而在实践中，却带来了种种问题。比如沙利文认为，现代典型的道德观是一种个人主义信念，经常被称作自由的个人主义，它提倡以一种彻底的价值中立来促进某种自由和宽容，而把所有价值都归为纯粹主观性的，这使得我们无法思考我们生活方式的内在品质，以及评判我们所追求的结果。④ 对传统道德价值的忽视，并仅认同以理性精神为基础的法规和法律作为规范人们行为的准则，在某种程度上让自我失去了内在的除理性之外的任何其他依托，不但会导致自我认同感和归属感缺乏的困境，还会造成自

---

① 吴玉军，李晓东. 归属感的匮乏：现代性语境下的认同困境. 求是学刊，2005（5）：27 - 32.

② Sandel M J. Liberalism and the limits of justice. Cambridge：Cambridge University Press，1982：55.

③ Taylor C. Philosophical argument. Cambridge：Harvard University Press，1995：7.

④ Sullivan W M. Reconstructing public philosophy. Berkeley：University of California Press，1986.

我的无力感和精神上的痛苦。比如心理学家杰罗姆·弗兰克曾经指出，过度关注自我会产生对自我认识和期望的不切实际，对传统价值观和信仰的丢弃又让自我无所凭借、无所慰藉，使得"自我"很容易成为痛苦和压力的来源。[①]

在现代组织研究的发展过程中，我们不可避免地要思考一个问题，那就是个人为什么需要组织。主流经济理论主要从效率的角度，从节约交易成本的角度对此进行了解答。比如，亚当·斯密认为，企业是劳动分工与协作的产物，企业产生的必然性与合理性在于它能促进劳动分工、提升生产效率，因而能生产更多的社会财富。新制度主义经济学的奠基者科斯表达得非常直接，"企业的本质特征是对价格机制的取代"[②]，即企业节约了交易成本，使社会经济效率更高。早期的组织理论将利润最大化作为企业生产经营的主要目的或唯一目的，其中最有代表性的是三大古典管理理论（泰勒的科学管理原理、法约尔的一般管理理论和韦伯的官僚制理论）。把企业作为效率最大化的组织很容易忽略组织中的个人与他人、个人与领导者、个人与组织之间的关系以及这些关系所产生的作用，并将其简化为一系列契约关系的联结。

管理学家玛丽·帕克·福利特在20世纪初期就质疑了当时盛行的个体自由主义，认为"只有通过群体组织，才能成为真正的人。个人的潜能在被群体生活释放出来之前只是一种潜能。只有通过群体，人们才能够发现自己的真正本质，获得真正的自由"[③]。也就是说，真正的自我是群体中的自我，真正的自由是群体中的自由。在工业社会之前，个体不得不首先应付恶劣的物质环境，但在工业社会之后，个体要面对的是人与人、人与社会、人与自然之间的关系问题，于是关系问题便凸显

---

① Frank J D. Psychotherapy and the human predicament. New York：Schocken，1978.

② 普特曼，克罗茨纳. 企业的经济性质. 孙经纬，译. 上海：上海财经大学出版社，2000：58.

③ Follett M P. The new state：group organization the solution of popular government. London：Longmans，Green and Co.，1918：6.

了出来。正如丹尼尔·A. 雷恩等人观察到的，早期的企业家可以与自己的绝大多数员工面对面地打交道，因为企业规模小、生活节奏慢、地理环境相对封闭，企业家与员工之间有更多机会产生个人间的联系，而"工业增长使工业人情味更少，用管理者的官僚主义风格代替了企业家的个人风格"①。组织规模的扩大、组织内外环境复杂性的提高以及对组织绩效的渴求使得领导者与组织成员之间的关系越来越冷漠，仅仅简化为一纸正式的合同。"'雇主和雇员'这一法律概念的本质是'指挥'"②，组织成员和领导者之间除了合同所规定的部分以外并不需要有额外的情感连接。组织成员所关注的是组织中个人的物质需求和自我发展机会，而非组织整体的发展目标；而领导者关注的是组织绩效及其个人的自我实现，将组织成员作为"他者"进行控制，满足组织成员的需求只是领导者提高绩效的工具性手段。

一个领导者过度关注自我可能会导致自恋。近年来，自恋（narcissism）逐渐成为组织管理领域对于领导特质与行为研究的热点话题，自恋型领导被定义为一种追求自我影响力、追求宏伟及自利目标、对他人表现的抑制和表面关心的领导风格。③ 根据研究，自恋型领导者具有夸大的自我认知，以自我为中心，不会真正关心别人，善于操纵他人，倾向于将他人的成功归于自己，缺乏共情的能力。另有一些实证研究结果显示，西方文化语境中的领导者更倾向于采用自恋型领导，而以中国为代表的东方文化中的领导者则更多地表现出一种群体取向的自我观念。④ 沃茨等人通过对美国 42 位历任总统进行分析，发现自恋型领导

① 雷恩，贝德安. 管理思想史：第 6 版. 孙健敏，黄小勇，李原，译. 北京：中国人民大学出版社，2011：300.

② 普特曼，克罗茨纳. 企业的经济性质. 孙经纬，译. 上海：上海财经大学出版社，2000：71.

③ Ouimet G. Dynamics of narcissistic leadership in organizations：towards an integrated research model. Journal of managerial psychology，2010，25（7）：713－726.

④ Kitayama S，Markus H R，Matsumoto H，et al. Individual and collective processes in the construction of the self：self-enhancement in the United States and self-criticism in Japan. Journal of personality and social psychology，1997，72（6）：1245－1267.

往往更容易做出自私的不道德行为。① 如果领导者过于关注自我，将自我利益和自我发展放在首位，那么对组织成员而言，这会损害他们的信任感和幸福感②；对组织整体而言，这不仅会破坏组织的道德氛围，也不利于组织的可持续发展③。

在今天，不管是主流管理学所认为的组织的最终目标是效率，个人通过组织来获取物质收益，还是管理学中的一部分人本主义所认为的组织要通过帮助个体实现自我价值来实现组织目标，似乎都不能解决组织中的一系列问题，比如个人的孤独感和压力问题、个人与组织间的疏离以及组织伦理的缺失等。因此，个人除需要组织来提高个人的物质利益与实现自我价值以外，还需要组织营造良好的组织伦理氛围来帮助组织成员间建立稳定、和谐的情感联系，在联系中发展对组织和对自我积极的认同感。个人在组织中感受到的孤独感和压力导致了管理中人际关系、组织激励、组织文化、组织伦理等方面研究的发展。伦理型领导恰恰就怀有恰当的自我认知，通过创建良好的组织伦理氛围，来帮助组织成员发展积极的自我观，正确认识人与人、人与组织、人与社会、人与自然的各种关系，使整个组织在以符合道德的方式实现组织目标的同时，亦积极承担相关社会责任，实现组织内外的整体和谐。

然而，伦理型领导不能仅仅依靠在组织内部制定完美的道德规范和规则来实现组织内外和谐的目标，也不能因为在组织内部实施道德规范可以改善组织成员的行为、提高组织绩效而强调道德标准。提升道德修养和进行道德行为不是理性计算下取得利益最大化的工具，而应当是人性的自觉。领导者的道德行为无法从外在的因素中获得自觉践履的动

---

① Watts A L, Lilienfeld S O, Smith S F, et al. The double-edged sword of grandiose narcissism: implications for successful and unsuccessful leadership among U. S. Presidents. Psychological science, 2013, 24 (12): 2379-2389.

② Bond M H, Cheung T S. College students' spontaneous self-concept: the effect of culture among respondents in Hong Kong, Japan, and the United States. Journal of cross-cultural psychology, 1983, 14 (2): 153-171.

③ Lubit R. The long-term organizational impact of destructively narcissistic managers. Academy of management executive, 2002, 16 (1): 127-138.

力，这种自觉的动力应当主要源于主体内在的德性追求。儒家自我观中有关"反求诸己""修己安人""己立立人"等思想，或许可以成为伦理型领导中领导者与组织成员以及利益相关者之间关系构造的基点。

三、以儒家关系"自我"为基础的伦理型领导：反求诸己、修己安人、己立立人

很多学者认为个人的尊严、独立和自主是儒家所不提倡或强调的，因此认为它无法适应现代陌生人的社会。但这种观点忽视了儒家"道德自我"形成的自主选择与自我转化的能力。虽然儒家要求从关系中定位自我，但这并不影响自我的独立性以及它对个人价值实现的要求。儒家有着特殊的血缘亲情伦理观，主张"礼"的差异性安排和秩序，但儒家也强调人性平等，强调人的意志自由和人格的自我发展。

孔子的"为仁由己，而由人乎哉"、孟子的"由仁义行，非行仁义也"说明，"仁"是人道德人格的自觉，是一种理性自我选择、自我规定的道德原则，而非某种外在的强制，"我欲仁，斯仁至矣"。因此，孔子所追求的个体道德生命的自我完善与自我实现建立在主体独立人格的基础之上，主体的选择是仁德实现的前提基础。正如今天学界所提倡的伦理型领导，皆强调领导者自身的伦理道德水平的重要性，但究竟领导者自身是将道德修养作为一种内在的自我要求，还是将道德规范和标准作为提高组织效能的工具，两者是属于不同的层次的。以儒家"自我观"为基础的伦理型领导要求领导者超越形式化和功利化意义上的道德包装和道德营销，真正将提高道德修养作为人之为人的内在要求。

从西方管理思想的发展历程来看，主流的管理理论或领导理论都倾向于把管理者和被管理者、领导者和被领导者作为对立的双方，并主要从领导者的角度去思考和研究如何能对被领导者进行有效的控制或激励，以达到组织目标。这些理论研究视角背后所隐含的假设是，领导或管理的有效性与领导者的领导方式更加相关（有效的领导方式、方法是

可以研究、总结、学习、培训的），而与领导者自身是"怎样的一个人"，尤其在道德层面的意义上关系不大，而且评价领导有效性的重要标准就是经济绩效。

相较之下，伦理型领导则强调通过领导者自身的道德榜样作用来影响员工的价值标准和道德行为。"古之欲明明德于天下者，先治其国；欲治其国者，先齐其家；欲齐其家者，先修其身；欲修其身者，先正其心；欲正其心者，先诚其意；欲诚其意者，先致其知；致知在格物。"通过个体的"格物、致知、诚意、正心"来实现"修身、齐家、治国、平天下"，其中最重要的核心就是"修身"，"格物、致知、诚意、正心"皆是修身的方法。尽管"齐家、治国、平天下"是修身的理想，但必须从修身做起，正所谓"自天子以至于庶人，壹是皆以修身为本"。传统儒家思想正是倡导从"己"出发，"反求诸己"，把"修身"作为领导的主要内容，将领导过程作为修己安人的历程的。一个修身以成"仁"的领导者，不会把管理的重点仅仅放在管理对象上，费尽心思地制定各种标准、计划、程序去控制人、改造人、监督人和奖惩人，正如孔子所说，"君子求诸己"而"小人求诸人"。伦理型领导将领导的关键点落脚于自身，反身向内修"仁"，向外才能真正"爱人"，实践"德治"，达到"居其所而众星共之"。

然而，君子的修身不仅仅是为了实现那个全然自由和独立的自我。自我是践行仁道原则的重要基础，而非终点，超越自我中心化是仁道原则的内在规定性。成己亦是为了成物，个体从自我道德提升出发，来使他者以及天下百姓安乐，使整个社会和谐安定——"修己"以"安人"，这才是自我完善的目的。"安"在组织管理中应是组织成员所呈现出来的一种精神上的自足状态，只有使人"安"才会达到组织的和谐。在现代组织管理中，这种精神安定和自足不只来自物质和成就方面的激励，更来自组织成员在关系中对自我的认识——自我在发展和完善的过程中，不但需要树立起具有独立人格的主体，而且还要意识到自我与他者、自我与组织、自我与社会等不可剥离的关系以及所要承担的相应责任。自我并不是外界社会的疏离的旁观者，而是内嵌于天地万物之中的。认识外界，需要通过认识自我来达成，而实现自我的过程也是协调自身与周围人、事、物关系的过程。这一"内转"和"外推"的双重过程，就是后世所谓的"内圣外王"之道。

在个人、他人、社会、万事万物相贯通的思维基础上，儒家主张从己出发，向外推扩出整个社会之德。孔子言："夫仁者，己欲立而立人，己欲达而达人。"自己在实现道德理想的同时，应帮助成就他人。并且，"己"之立有赖于他人之立，自身的通达有赖于他人的通达方可实现。也就是钱穆先生所说"己在群中乃有立达。苟使无群，己于何立，又于何达"①。儒家提倡个人价值与群体是无法分开的，作为儒家理想人格实现的君子，个人的德行实现一定包括安民、安百姓的社会责任与使命。在为仁自觉的基础上，儒家的"成人"意味着"做好自己"，也就是具有德性，承担自己的道德义务，在其所处的社会位置上行其所当行。而能否实现一个和谐社会，根本在于自己是否具有"为仁由己"的道德自觉，同时，能否"成己成人"，也就是能否对他人尽到道德责任。因此，以儒家自我观为基础的伦理型领导将自我实现和组织、组织成员、整个社会都视为一个整体，会自觉、主动地承担起相应的社会责任，而不是将社会责任看作不得不承受的组织负担，或为获取商业利益而制造的道德资本或噱头。

四、结语

对于传统的西方哲学来说，社会关系并非自我的本质内容。与西方文化中纯粹理性的、要求权利的、自主自由的个体不同，儒家的自我是一种关系中的自我，在与他人的相互联系、相互依赖和交往中才得以体认和发展。现代自我是一个个孤立的、原子式的个体，这种孤立的自我

---

① 钱穆. 晚学盲言：下. 桂林：广西师范大学出版社，2004：428.

给现代组织管理带来了种种困境，比如组织社会责任感的缺失、组织中个人的道德冷漠、物质激励的失效、组织成员认同感的缺乏以及个体孤独感和压力的与日俱增、自我实现意义的迷失等。西方"伦理型领导"概念的提出是希望通过强调领导力的道德维度来改善或解决现代组织所遇到的种种问题。伦理型领导更加侧重于通过树立领导者的道德榜样作用、制定伦理标准和规范、营造组织伦理氛围来影响员工的心理活动和行为（比如组织承诺和员工产出等）。但目前相关的研究几乎都是有关伦理型领导与员工行为以及组织绩效的相关性的实证研究（目前鲜见有关伦理型领导与企业社会责任之间的研究），可以看出，西方伦理型领导的提出实际上关注的仍是如何提高组织经济绩效，以至于难以真正解决组织中个人的情感与认同危机、企业社会责任感缺失等问题。

道德制度和规则的实现需要人们内在德性的支持。儒家自我观提倡从自我出发进行德性修养，"反求诸己"，领导者进行领导的出发点首先是自我反思，而非首先对组织成员进行否定和诘难；伦理型领导者管理的主要手段是提高自身的道德水平，"修己"以"安人"，而非制定道德规则，并通过对组织成员进行奖惩来使他们遵守规则，更非把道德规则作为管理工具来对组织成员进行控制和激励以提高组织绩效；伦理型领导的最终目的应当是"己立立人""成己成物"，重视自我和他人的关系，在立己、达己的过程中，肩负起立人、达人的责任，在实现自我价值的同时帮助他人实现价值，对组织、社会和自然环境等都承担起相应的责任。总之，以儒家自我观为基础的伦理型领导强调领导者的道德自觉与外扩超越，以期达到组织内外的和谐状态，这与那种"智术专家"式领导有着实质性的差别。并且，这种道德自我观念和伦理诉求应可以为解决种种现代组织伦理困境提供更深层的支持。

第九章　儒家德性领导力在组织中的体现及运行机制 *

　　自从弗雷德里克·泰勒首次将科学主义和理性主义作为构建管理理论的基础，随后主流的管理学研究都将制度、规则、控制、程序等"硬性"手段作为提高组织效率的主导措施。虽然梅奥等人提出了"社会人假设"，强调员工内心的社会心理需求，但不管是在理论研究中还是在实际生活中，占据主导地位的观点仍然是：工人的行为受情感逻辑控制，而领导者和管理者的行为则以成本和效率逻辑为出发点。① 管理学家巴纳德尝试对组织定义进行整合、重构，他将组织理解为以结构和制度为"骨骼"、以价值观和道德准则为"血肉"的"有机生命体"，从而将技术-经济与情感-价值有机结合在组织中，但其不足之处在于未将组织中的伦理和情感等要素纳入组织考察的核心②，导致情感-价值范式下伦理维度分析的相对薄弱。

---

　　* 本章观点主要出自作者 2022 年发表在《商业伦理杂志》（*Journal of Business Ethics*）上的一篇文章"Confucian Virtue Ethics and Ethical Leadership in Modern China"。本章在内容上做出了比较大幅度的补充和修改。

　　① 克雷纳. 管理简史. 覃果，李晖，夏萍，等译. 海口：海南出版社，2017：49.
　　② 胡国栋. 管理范式的后现代审视与本土化研究. 北京：中国人民大学出版社，2017：261.

正如我们在第二章中提及的，领导者是培养被领导者伦理行为和树立组织伦理氛围的关键，因此，领导者自身的"德行"是一个非常重要的核心因素。目前对组织中伦理型领导力的研究主要基于西方的视角，依托西方伦理框架，并倾向于关注西方企业的经验。然而正如一些研究所表明的，通过西方视角获得的经验可能并不普遍适用于其他文化背景。

鉴于对中国传统文化背景的重视，国内一些学者对领导者的"德行"给予了关注。比如，凌文辁等人提出了 CPM 领导行为模型，要求在评价领导行为的时候纳入领导者的个人品德。李超平和时勘[①]的研究表明，中国文化背景下的变革型领导包括德行垂范，即通过美德示范成为员工的榜样。台湾地区学者樊景立、郑伯埙对中国家长式领导进行了研究，指出，譬如以身作则和公私分明这样的品德在家长式领导中发挥着核心作用。[②] 他们提出的"德行领导"是其发展的"家长式领导"这一本土领导构想的一个基本维度，德行领导被定义为领导者需要表现出较高的个人操守或修养，以赢得下属的景仰和效法。公私分明、以身作则、敬业精神是德行领导者应具备的基本素质。

虽然家长式领导中的德行领导、CPM 领导行为模型中的个人品德构成，以及中国文化背景下变革型领导的德行垂范都在强调领导者自身良好的道德品质会对下属产生积极的道德榜样影响，但这些类型的领导仍然是站在组织绩效的角度，强调领导者通过德行展现来获得下属的认同和效仿，进而实现组织利益的最大化，具有较强的功利主义和工具主义色彩，没有真正从传统儒家伦理入手进行深度分析，汲取其伦理精神。

西方学者发展的伦理型领导，强调商业决策中的伦理要素，将伦理要素与组织经济绩效和组织成员激励效果相关联，突出伦理的工具性效

---

① 李超平，时勘. 变革型领导的结构与测量. 心理学报，2005（6）：97-105.
② 樊景立，郑伯埙. 华人组织的家长式领导：一项文化观点的分析. 本土心理学研究，2000（13）：126-180.

果。大多数西方伦理型领导研究聚焦于诚信、公正、信念坚定等领导者个人素质，从而将伦理型领导推向传统的领导特质理论。[①] 并且，西方伦理型领导建立在个人主义自我观的基础之上，将个体视为一种孤立的、原子式的存在。于是，站在组织经济绩效导向立场上的领导者与站在原子式自我立场上的组织成员个体之间具有难以调和的矛盾和冲突，而伦理型领导不过是缓和这种冲突的一种权宜之计，其目的仍指向如何提高组织经济绩效，而非真正提升组织整体的伦理层次，以至于难以真正解决组织内外的各种伦理问题，自然也无法对组织的各利益相关者进行真正的伦理影响并提供深层的解释和指导。

"内圣外王"是儒家统治思想的基本命题，"内圣"是"外王"的前提和基础，而"外王"是"内圣"自然延伸的结果，经由"内圣"才能达到"外王"。儒家的"内圣外王"思想道出了修养德性与领导的内在关系。中国语境下的伦理型领导应不断提高自身内在的道德修养，修己以安人，以其所树立的伦理榜样影响下属，从而建立起一种长期信赖、互惠的关系，维护组织发展的可持续性。因此，本书所提出的儒家德性领导和西方的伦理型领导以及"德行领导"相比，一是更强调内在的德性，德行是内在德性的表达，德性是德行之源头，德行是德性之实践，所谓"敏德，以为行本"。二是德性领导更强调自我的内在修养是影响他人的前提，通过"成己"而"成人"。三是德性领导注重如何由"内圣"达到"外王"的领导效果，通过"礼"构建组织道德文化，提升组织成员的道德意识，引导组织成员进行道德行为。四是德性领导在组织经济绩效与道德是非、个人利益与社会利益发生冲突的时候，会以"义"为先，将道德原则和社会整体利益作为组织决策的标准。五是德性领导保持一种在道德上恰当、中正的领导方式。德性领导、德行领导与伦理型领导的比较如图 1 所示。

---

① 胡国栋，原理. 后现代主义视域中的德性领导理论的本土建构及运行机制. 管理学报，2017（8）：1114 - 1122.

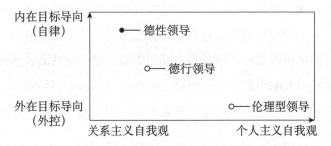

图1 德性领导、德行领导与伦理型领导的比较

资料来源：胡国栋，原理.后现代主义视域中德性领导理论的本土建构及运行机制.管理学报，2017，14（8）：1114-1122，1133.

与西方企业一样，中国企业的实践也深深地根植于其文化情境之中，指导中国领导力实践和理论的道德规范是由中国本土的智慧支撑的，这些智慧浸透在中国传统文化和集体心理之中。儒家德性伦理是中国最重要和最有影响力的道德哲学，因此在定义和构建中国的伦理型领导力时，我们有必要回到传统儒家的智慧中，培育与本土文化相融洽的领导力模式。儒家德性领导是一种本土色彩更浓、更符合儒家精神要旨的领导力模式，它一方面将"何为伦理型领导"作为首先要明确的问题，在此内涵和基础上，另一方面则要建立一种"道德管理"体系。领导者自身的德性和道德行为非常关键，如何将其根植于组织管理的整体机制中，是伦理型领导所面临的重要问题。儒家关于自我修养、个人行为的道德准则以及与追求物质利益有关的正义概念等伦理思想，可以为发展更好的伦理型领导提供启发。然而，儒家思想如何为中国本土伦理型领导力的理论建构与实际运用提供依据和借鉴价值，则需要从儒家思想文本中入手分析、论证，进而做出创造性的推断。

尽管有些和领导伦理相联系的儒家德性观与西方伦理型领导有着非常相似的部分，如西方伦理型领导强调正直、关爱、诚信、公正等领导品质，但是传统儒家的一些德性，如"仁""义""礼""中庸""忠恕"等，则是儒家德性领导力所特有的。基于儒家德性伦理的五个基本方面——仁、义、礼、中、和，本章提出：儒家伦理型领导者应当将自我道德的修养和完善视为第一要务；地位和物质利益的获取必须经过道德的考量；一个伦理型领导者应当是组织成员的道德榜样，通过自身的道德行为来影响组织成员；领导者带领组织通过仪式化的方式塑造组织的伦理文化从而影响组织成员的伦理水平和伦理行为；领导者以合乎"中道"的方式灵活地随内外情境变化策略，从而实现各种关系的和谐平衡。

一、以自我的道德修养作为伦理型领导的根本

儒家强调人与人之间的关联，人际关系的确是一个人修身的有机组成部分，但一个人处理好与他人的关系是以其内在德性不断深化的过程为基础的。儒家德性领导者的目标是成为孔子所说的"君子"。虽然孔子也讲"圣人"，但圣人是可遇而不可求的。"圣人，吾不得而见之矣；得见君子者，斯可矣。"可见，能够做到君子，已经是具有较高道德品质的人了。

通过与"小人"对比，我们可以知道君子的道德品质。"君子成人之美，不成人之恶。小人反是。"君子总是善于帮助他人、成全他人，看到别人成功，君子总是感到高兴；而小人则嫉妒贤能，唯恐他人超过自己，唯恐他人过上好日子。"君子固穷，小人穷斯滥矣。"君子在困窘之中仍然能够坚守自己的道德原则，而小人一旦身处困境，就可能胡作非为。成为儒家式的君子，不是倚赖多么高深的知识或非凡的技艺，而往往与普通常识有关。君子的修身过程，也内嵌于其日常生活的为人处世之中。"君子之道，辟如行远，必自迩；辟如登高，必自卑。"君子之道就像行走远路，一定得从近处出发，就像攀登高山，一定得从低处起步，这何尝不是我们所理解的普通之道。

并且，成为一个君子，不是要成为隐士或乖僻之人，而是去恰当地生活，就像《诗经》赞美的那样："妻子好合，如鼓瑟琴。兄弟既翕，和乐且耽。宜尔室家，乐尔妻帑。"妻子儿女关系融洽，兄弟之间团结

有爱，一家人和睦安乐，才是君子所求之生活。对于儒家而言，一个人不断成长的过程是一个自我实现的过程，这种自我实现和马斯洛心理学意义上的自我实现不同，主要是指道德上的自我实现。它不仅依赖于一个人已经具备的关于某种既定社会规范的知识，也依赖于他的内在道德方向感。

即便诸如侍奉双亲、照管子女、帮助朋友等通常意义上的美德看似不难做到，但极少有人能够长期地、认真投入地去践行，把日常生活与自我认知以及道德追求结合起来的人更是凤毛麟角。因此，伦理型领导者也一样，即便修身是日常之事，貌似没有难度，但最可贵的是持之以恒，在每一个情境和每一个选择中都能进行恰当的道德抉择。就像我们在第六章中提到的君子"慎独"，君子不仅认真对待那些为人所见的行为方式，也认真对待自己的内心，真正忠于自我，不断自我省察，约束那些不为人所知的念头和行为。"君子戒慎乎其所不睹，恐惧乎其所不闻。莫见乎隐，莫显乎微，故君子慎其独也。"没有什么比隐讳的东西更容易被人看见，也没有什么比隐藏起来的东西更容易被人发现，在独处境地中最能透见个人的内在修为，应在"未动之时"保持与养护"天命之性"。

与"慎独"相联系，儒家提出"自反"的修养方法。孔子说："射有似乎君子，失诸正鹄，反求诸其身。"射箭的道理和君子行道有相似之处，如果射箭未能射中靶心，那么需要从自身寻找原因而不是怨天尤人。孟子也说："反求诸己"。君子的德性修养是长久的内在坚持。儒家强调自律，一个人应依靠内心的约束、内心的意志力来完成道德行为。孔子说："为仁由己，而由人乎哉？"实行仁德完全是自己的事，不是别人的事。

君子在同他人的交往中，并不主观臆断（"毋意"），而是善于倾听别人的意见和建议；并不绝对坚持自己的想法（"毋必"），而是知道自身的局限性；并不固执（"毋固"），而是处于一种敞开的状态；并且从不以自我为中心（"毋我"），而是将自己置于与他人的关联之中。君子不意欲强加给他人必须遵从的命令和规则，如果他人无意求道，则强制性规则也是无效的。对于君子而言，他自己能做和应该做的事情是不断反躬自省，提高自身的修养，树立一个榜样，通过身教来发挥道德影响进而使他人做出改变。

儒家德性领导者首先要是一个"仁"者，因为在儒家伦理的语境中，"仁"是一切道德行为和社会伦理责任之所以可能的内在依据。"仁"是儒家德性观的核心，是"德"所是或所应是之物①，即一个有德之人就是一个仁者。儒家的"仁"是一种对人生、社会、天道的自我超越性的、具有大爱的生命体悟。不仅先秦儒家以仁爱、良知作为人性论的德性伦理，历代儒家都以求得仁义至善作为德性伦理的修行内容和目标。"仁"一方面具有特殊德性的意义，和"智""勇""信"等其他德性相并列，更多地具有"仁爱"的含义；另一方面，它也是一种整体德性和总括德性，即全德，包括"恭""宽""信""敏""惠""忠""孝"等德性。这些特殊德性源于"仁"，亦是"仁"的具体体现。甚至可以说，"仁"是使一个人真正成为人的品质和本性要求，"仁也者，人也"。

对于孔子来说，人不仅生活在不为自己所掌握的社会环境中，也生活在一个丰富的精神世界之中。"仁"是内在的个人体悟，不受外在的环境制约；它又是超越的，不受外在功利的限定。一方面，"仁"的取向使人反身向内，免受外界因素的干扰，在各种复杂情况和环境中仍能把握心灵追求的方向。② 但另一方面，"仁"不是以自我为中心的。宋明儒学倾向于讲儒学是为己之学，因为儒家讲"克己""古之学者为己"，但这仅就儒学强调个人修身的方面而言，诚如朱熹所总结的"仁者，爱之理，心之德也"。同时，"仁者爱人"，"仁"也应该着眼于他

---

① 余纪元. 德性之镜：孔子与亚里士多德的伦理学. 林航，译. 北京：中国人民大学出版社，2009.

② 景怀斌. 孔子"仁"的终极观及其功用的心理机制. 中国社会科学，2012（4）：46-61.

人，自爱而不爱人，非"仁"也。因此，"仁"的伦理意义和修身意义有所区别，修身的"仁"指向自我，而伦理的"仁"指向他人。"仁"要"克己"和"爱人"，也要"修己"和"治人"。①

"仁"的德性需要在道德实践中不断完善。如果领导者能够具备"仁"所表达的美好德性，实践"仁"所界定的伦理规范，就能达到崇高的心灵境界。也只有当其发掘内心，反身向内求"仁"的时候，他才能向外"爱人"，实践"德治"，达到"居其所而众星共之"，实现组织强大的凝聚力和向心力。一个"修身"以成"仁"的领导者，不会把日常管理的重点仅仅放在管理对象上，费尽心思地使用各种标准、制度、程序去激励人、控制人、改造人和监督人，而是把领导的关键点落脚于自身，通过对"仁"的领悟，"修己以安人"，从而使组织成员受到感染，也自觉自愿地修己，进行更加积极有效的自我管理，在领导者和组织成员之间形成一种良性的德性循环，以达到人心安定、组织安宁的效果。所谓"以力服人者，非心服也，力不赡也；以德服人者，中心悦而诚服也"，对于儒家德性领导来说，"安人"并不是直接目的，而是随"修己"而来的自然而然的结果。

曾子说："夫子之道，忠恕而已矣。"所谓"忠"，是对己，尽心诚意。这是人自己内心中的一种对人对事的真诚态度，以及由此态度去用心地为他人谋事做事的行为。因此，以己及物，"夫仁者，己欲立而立人，己欲达而达人。能近取譬，可谓仁之方也已"。所谓"恕"，是对他人，推己及人，"己所不欲，勿施于人"。以己之心度人之心，表示对他人的理解、尊重、体谅和宽容。一般忠和恕并称为"忠恕之道"，因为其表达的都是求仁、行仁的基本方式。忠和恕在具体的道德生活中是不可分的，若没有"尽己之心"（忠），就不会有"推己及人"（恕）；反之，若没有推己及人的"恕"，则"忠"只能是内在的观念和意识，无法实现行仁和成仁。

---

① 陈来. 儒学美德论. 北京：生活·读书·新知三联书店，2019：330.

"德者，得也，得其道于心而不失之谓也。""内得于己，谓身心所自得也；外得于人，谓惠泽使人得之也"。通过这种"忠恕之道"，儒家的德性伦理事实上是一种道德实践和修养功夫。其"内圣"范畴，意在涵养德性；其"外王"范畴，则是领导效能的显现。个体在组织中由内及外、推己及人的过程便是一种领导实践。在市场经济条件下，由于大多数矛盾都来自利益，因此，以忠恕之道来处理各种利益关系和矛盾，是符合中国文化和实际的特有的精神品质的。对于儒家德性领导者来说，他需要忠于自己的本心，用真诚的态度去领导下属，并且，应能够推己及人、设身处地、换位思考，戒除个人的私欲和贪欲，承认每个人都具有独立、平等的人格，避免把自己的意志和观点强加于人，尊重组织成员和社会成员的利益，关心他们的需求，"所欲与之聚之，所恶勿施尔也"，即在一定条件下尽量满足他人的需要，不强加给他们所厌恶的事情，力求将"仁爱"的精神传播到整个组织乃至整个社会当中去。

二、伦理型领导者应成为组织成员的道德榜样

儒家重视道德教化的作用，通过设定道德榜样，来影响他人的道德修养并带动整个社会移风易俗，形成社会的良好风气。道德示范是儒家伦理的一大特色，"儒家伦理看重的，不是去制定这样那样的规则、规范，而是强调在道德生活中树立榜样"，"更多倾向于'示范'而非'规范'，'教化'而非'命令'，'引导'而非'强制'"，"道德基于人心，成于示范教育与自我修养"。[1] 树立道德榜样意味着将榜样的美德作为人们日常行为的参照，形成稳固的价值标准，甚至道德记忆，进而成为人们形成道德自觉的精神力量。

强调道德榜样的重要性，与儒家的人性假设有密切关系。包括孔子、孟子、荀子在内的先秦儒家认为，不管人性善或恶，人天生都有

---

[1] 王庆节. 道德感动与儒家示范伦理学. 北京：北京大学出版社，2016：80 - 89.

向善的可能，都可以受君子圣人教化或通过自我修养来达到德性上的完善。正因为人性有这种向善的可能和开放性，道德高尚的仁人君子才对人们有着强烈的吸引力和影响力。一个人道德越是高尚，他对其他人的吸引力和影响力就越强，越能够影响他人向他学习并进行道德实践。

儒家"政者，正也"的政治概念包含深厚的德性伦理思想，其中最重要的是，"正"这一套设想最初针对的与其说是人民，倒不如说是统治者自己。统治者为了领导他人，必须端正自己的个人品格。孔子认为，对于统治者而言，如何有效地组织劳动者从事生产、如何提高劳动者的生产积极性以及如何吸引更多的劳动力，乃是国家政治的核心问题，而达成这一目标的最佳途径是"德政"。德政的一个突出特征就是领导者自身要成为道德榜样。

在以往的研究中，儒家的领导模式经常被认为是家长式的。不过，家长式作风并非中国所独有，在一些非西方地区也十分流行，比如亚太、中东和拉美地区等。有学者声称，至少在中国文化中，家长式领导是受儒家思想影响的。[①] 传统儒家的统治模式被认为带有家长式的色彩，因为统治者被称为"百姓的父母"，公众几乎没有决策权。但杜楷廷和田青指出，即便儒家的领导方式是一种家长式的领导，它也肯定比使用法律或监管的家长式领导方式更弱，因为儒家伦理认为，一个好的统治者应该以身作则，而不是强迫人民。[②] 如果一个统治者要通过威胁和硬性控制的手段来迫使人民服从，那他就是失败的。

"内圣外王"是儒家统治思想的基本命题，"内圣"是"外王"的前提和基础，而"外王"是"内圣"自然外化、延伸的结果，经由"内

---

　　① Hwang K K. Confucian and Legalist basis of leadership and business ethics//Lutge C. Handbook of the philosophical foundation of business ethics. Dordrecht：Springer Netherlands，2013；陈皓怡，高尚仁，吴治富. 家长式领导对多国籍部属身心健康之影响：以华人外派主管为例. 应用心理研究，2007（36）.

　　② 杜楷廷，田青. 儒家商业伦理：可能性与挑战//希斯，卡尔迪斯. 财富、商业与哲学：伟大思想家与商业伦理. 宋良，译. 杭州：浙江大学出版社，2021：47 - 67.

圣"才能达到"外王"。因此，儒家的"内圣外王"思想道出了修养德性与领导的内在关系，即人必须进行自我修身，以成为一个为人楷模的道德导师，并且人只有在成为一个道德导师得到大家的支持和理解之后，才能够真正配得上人民提供的政治领导的权力和责任。这说明重点在于"圣在王先"，但在历史现实中，许多统治者将"圣王"的理想颠倒为"王圣"①，后者指那些并非道德楷模但得到权力的王，想要僭居圣人的角色。"圣王"的统治者自身恪守仁义原则，对人们产生符合道德的影响，指导人们的道德发展；而"王圣"的统治者通过权力左右人们的思想行为，他自身的行为却没有道德上的保证。因此"王圣"的统治者并非在道德正义的基础上来实行统治，而是更倾向于用强制性的权力手段来加强自身影响，并刻意塑造其道德形象。这违背了儒家对于统治者的真正理解，是领导者在实践中对儒家思想的曲解。

儒家将政府的职能和统治效果与统治者的人格相联系，并将其作为主要的、决定性的因素，这似乎把问题简单化了，但其中的重要意义在于它强调了道德与管理的不可分割性。"统治者的道德修养，远不是他私人的事情，而是被视为他作为领导人的一项规定性特征。"②领导者个人的品行与其领导能力密切相关，他选拔的人才、设定的制度、树立的文化等在很大程度上都与其个人的品质和价值取向有关。儒家教育理念中的根本问题是"做人"，孔子和孔子之后的儒家都将教育的最高理想界定为使学习者成为圣贤。对于古代的教育与学习而言，最重要的是设立道德的榜样，也就是树立"圣人"的形象，对人们进行德性教育。

中国传统语境下的伦理型领导应不断提高自身内在的道德修养，"修己以安人"，以其所树立的伦理榜样来影响下属，从而在组织内部建立起一种长期信赖、互惠的关系，以维护组织发展的可持续性。"子欲善，而民善矣。君子之德风，小人之德草。草上之风，必偃。""政者，

---

① 杜维明. 新加坡的挑战：新儒家伦理与企业精神. 北京：生活·读书·新知三联书店，2013：38.

② 杜维明.《中庸》洞见. 段德智，译. 北京：人民出版社，2008：59.

正也。子帅以正，孰敢不正？""君仁莫不仁，君义莫不义，君正莫不正。"这是说，人民像草，是顺从的，而统治者像风，是强有力的，统治者的影响会让人民转到他的方向上来。领导者的德行具有显著的带动作用，统治者只要自身讲究礼义品德，就会促使民众敬重、顺从，起到上行下效的作用。孔子说："上好礼，则民莫敢不敬；上好义，则民莫敢不服；上好信，则民莫敢不用情。夫如是，则四方之民襁负其子而至矣，焉用稼？"领导者重视礼，百姓就不敢不尊敬；领导者行事合理，百姓就不敢不服从；领导者诚恳守信，百姓就不敢不诚实。在商业活动中，领导者也应当为自己的员工树立榜样，如果领导者彰显了德性，那么员工也将效仿采取相应的做法。

历史上，一些儒家学者对依靠法律和制度来进行管理的行为持怀疑态度，甚至当代的一些儒家学者也似乎认为，在理想的情况下，刑法是不必要的。事实上，儒家并不排斥法律和必要的惩罚措施，只是排斥用法治代替道德的作用。在政治上，儒家所认为的理想状态基于这样的关键假设，即统治者必须是有道德的"贤相圣君"，拥有崇高德性的统治者会影响百姓自发地改造自己，在这种情况下，强制措施在很多情境中是没有必要的。但现实往往是非理想的状态，因此，更符合儒家思想的现实目标是，通过道德修养的提升来降低对人们进行硬性管理和规训的程度，而非要求完全消除制度和惩戒。①

在现代组织内部，一些领导者被塑造为组织中的"英雄人物"，并形成组织内对领导者个人的崇拜。但这种崇拜或模仿的动力不应仅仅来自领导者的口才、意志、技能、知识等方面，更重要的是应该来自领导者的道德魅力。中国古代尤其强调"以吏为师"，其中就包含着对社会统治者和治理者的道德期求。和普通人相比，领导者掌握着更大的权力、更丰富的资源，决定着组织发展的方向，并或多或少会对社会公众的道德选择和道德判断产生影响。因此，他们更应该成为道德榜样。

---

① Li C Y. The Confucian philosophy of harmony. London：Routledge，2014：119.

但榜样的力量也并非无穷，在具体的组织管理实践中，必须认识到道德榜样作用的局限性，以德服人和规章制度之间是相辅相成的。儒家德性领导强调德性的力量，是因为单靠专制本身或权威型的领导模式和奖惩机制，既不能有效地建立起领导者与组织成员之间的深度信任和理解，也不能从内在规范组织成员的工作行为。因此，在发挥领导者道德榜样作用的同时，也必须发挥组织中制度的合道德性，并充分发挥制度作用的稳定性和全局性。

三、通过"礼"形成组织的道德文化

在西方管理学发展的百年历程中，对组织文化的讨论出现较晚。20世纪80年代，威廉·大内的《Z理论》(1981)、理查德·帕斯卡尔和安东尼·阿索斯的《日本的管理艺术》(1982)、汤姆·彼得斯和罗伯特·沃特曼的《追求卓越》(1982)以及特伦斯·迪尔和阿伦·肯尼迪的《公司文化》(1982)将组织文化的作用推向了管理研究前沿。这些作品提出，组织文化是指导员工行为的有力杠杆，管理者可以通过塑造公司文化来取得更高的效率。由此开始，西方组织理论研究领域开始将组织文化视为组织的核心竞争力，认为组织文化是组织持续存在和发展的精神根基与特质资本。

研究表明，组织文化对组织的影响是巨大的。一些学者指出，20世纪七八十年代日本工业的成功有赖于其组织文化的成功。并且，组织文化对组织绩效的影响是潜移默化的。例如，对美国一家商业食品公司的41个经营单位进行的一项研究发现，即使在控制了当地劳动力市场、当地市场规模、工会、资产年份、产品质量和当地垄断力量等因素之后，排名第一的单位的生产率仍然是排名第二的单位的两倍。研究者给出的答案是，最好的公司是按照管理层和员工之间的默契来运作的，这种默契并不是具体的合同所要求的，而是一种心理上的认同。这种默契被规范强化，结果会增强组织成员彼此之间的信任，进而提高生产力。

真正对企业长期发展有帮助的，是与正式制度并存的那些文字背后的共识、立场、规范和信任，"因此，更好地理解公司内部的文化和规范，并非无关紧要，而是经济的核心"①。

　　一般认为，组织文化由价值观、信仰、神话式的人物、英雄，以及对所有组织成员都具有影响力的符号象征物构成。按照"组织文化之父"埃德加·沙因的说法，组织文化是指组织成员长期使用并认为是理所当然的、处于无意识状态并支配这个群体的共同行为的价值观。② 根据埃德加·沙因的观点，影响和加强组织文化的有力机制包括：领导者关注、衡量和控制什么；领导者如何应对关键事件和组织危机；领导者的角色塑造和对组织成员的教导、示范和辅导；组织中奖励和层级的分配标准如何设定；招聘、选拔、晋升、退休和离职的标准是什么。③ 沙因所提及的组织文化是普遍意义上的组织文化，但关于组织文化中的道德维度，目前较少有人进行研究。

　　效仿沙因的定义，那么组织的道德文化是指组织成员对道德行为理所当然的理解。沙因认为组织文化的建立主要来自组织的创始人和领导者，实际上组织的道德文化也是如此。不管领导者有没有有意识地去营造伦理氛围、确立道德标准，他都在某种程度上构建了组织的道德文化。如果领导者不在意组织的道德声誉，那么组织成员很可能会把他标记为一个道德上中立或道德冷漠的领导者，这也就意味着他们不确定领导者在道德和利益发生冲突时的立场。如果没有明确的信息，他们就会认为利益底线最重要。一个公司的道德文化和道德标准对其商业模式而言至关重要。

　　作为伦理型领导，他的首要目标应该是在强有力的道德领导的支持下在组织中创造出一种强大的道德文化。④ 为什么是文化？因为独善其

　　① 诺曼·亚当·斯密传. 李烨，译. 北京：中信出版社，2021：291.

　　② Schein E H. Organizational culture and leadership. San Francisco：Jossey-Bass，1985.

　　③ 同①.

　　④ Treviño L K，Brown M E. Managing to be ethical：debunking five business ethics myths. Academy of management executive，2004，18（4）：69 - 83.

身已经是对一个有道德的人的较高要求，但作为一个有道德的领导者，他还必须指导和支持其成员去做正确的事，他们可以通过多种正式和非正式的文化机制来实现这一点。① 并且这种企业的道德文化，应该与人们的社会道德文化心理结构相吻合。一些商学院也开设有关企业文化的课程，提供有关企业文化塑造方面的技术的、心理的和行为的培养训练方案，但并不能通过这样的训练而直接形成组织文化。一个组织的文化来自领导者的价值导向，并嵌在整体的社会文化之中。组织的道德文化一方面来自领导者个人所秉持的道德观念和展现的道德魅力，另一方面，组织所处的社会文化中的道德传统也会在很大程度上影响组织成员对道德的理解，进而影响组织道德文化的实际效果。因此，组织领导者必须尊重影响组织成员行为的社会道德传统，在组织中提倡的道德观也应当符合社会文化，这样组织成员才能够更好地理解此种道德文化的内涵，并积极参与到组织道德文化的建构过程之中。

本节设想一种基于儒家"礼"的观念而形成的组织文化。儒家德性伦理重要的特色是在提出"仁"的概念的同时，强调外在的"礼"，形成了"仁"和"礼"的双向互构。"克己复礼为仁"，对于"仁"的履行和实现，要通过依从"礼"。"复礼"以克己自修为前提，"克己"则以符合礼义规范为归宿，内修自省与外在规范的统一便是"仁"。"礼"既是道德行为的外在准则和标准，亦是内在道德修养的体现，一个人的良知德性要通过合乎"礼"的外在行为表现出来。"仁"是"礼"的内在依据，孔子说："人而不仁，如礼何？""礼"是"仁"的外在尺度。"礼"既是"定亲疏"的人伦准则，也是"明是非"的理性准则；既是规范社会人群的等级秩序，又是各种社会行为的标准和制度。

从"礼"的观念可以看出儒家对"人是什么"这一问题的理解。"礼义也者，人之大端也"，礼义是人们为人处世的基本法则。儒家对人

---

① Trevino L K, Nelson K A. Managing business ethics: straight talk about how to do it right. 3rd ed. New York: Wiley, 2004.

的界定，是以礼义、仁德为中心的，人应当是道德的人。由此可以看到，由于人可以通过塑造礼义来体现和发展仁德，因此人是文化的动物、是道德的动物、是知识的动物；人的本质就是创造文化，传承知识，实践道德。① "礼"有助于确定人们的行为标准，能够对人们的行为起到节制的作用。人的内在美德落实于实践之中，需要"礼"作为明确的载体。"恭而无礼则劳，慎而无礼则葸，勇而无礼则乱，直而无礼则绞。""礼"对美德的表达进行规范，并划分出过与不及的界限。在讲述"为政"思想时，孔子指出礼规对于确定人的社会地位、调控人的行为有着重要的意义："名不正，则言不顺；言不顺，则事不成；事不成，则礼乐不兴；礼乐不兴，则刑罚不中；刑罚不中，则民无所措手足。"虽然这种逻辑在今天看来不是特别恰当，但其揭示出礼乐能够让百姓在社会中找到正确的定位，使刑罚法制保持恰当，进而对人们的行为进行合乎道德的限制。现代社会的组织制度建构往往依托绩效考核制、目标责任制等制度来约束人，依托外在的物质奖惩来激励人。但这对组织成员的约束和激励作用往往非常有限且不可持续。与奖励道德行为相比，更重要的是避免鼓励不道德的行为。诸如安达信会计师事务所的诚信危机，就是由于它将创造经济绩效作为唯一的奖励标准，因此组织成员才会不管通过何种方式、何种手段都达成这样的结果。

　　从社会层面来看，儒家传统中的"礼"是一种社会关系调控机制，通过提升人的内在道德、引导人的外在行为的方式，将社会共同体中的成员关系有机耦合，从而形成和谐、稳定、有层次的人际关系网络。"礼"有助于形成具有凝聚力的团体。如果仔细阅读儒家典籍，就能够发现传统礼仪的建立和履行不仅有赖于圣贤的努力，还有赖于全体民众的参与，"斯礼也，达乎诸侯大夫，及士庶人"。并且，礼仪不可能单纯地被人为建构，它的制定必须符合社会既有的文化精神基础，并经过漫长的社会沉淀和演化过程才能得以传承。每一种传承至今的礼仪，不论

---

① 陈来. 儒学美德论. 北京：生活·读书·新知三联书店，2019：311.

在今天看来有多么难以理解，都曾经代表着一种世代遵守的文化传统。杜维明用孝子对祖先的祭祀礼仪举例，指出对祖先的追思可以导致社群认同和社会团结。① 老人被尊重，是因为他们曾服务社群，而且他们的智慧仍具有长期的指导价值。一个尊重老人的社会，不会是充满冲突和敌对的群体，而是一个基于相互信任的信赖社群。因此，儒家才会建议统治者以"礼"治国。儒家的这种治国思路并不同于现代管理上的科学设计和技巧，其目标不仅在于建立法律、管理社会秩序，而且还在于用道德的方式来建立相互依赖、和谐共生的社会群体。也就是说，儒家伦理发端于家庭伦理，尤其是从"孝"的意识展开，通过向外推扩，将亲亲与尊尊的伦理原则延展到家庭场域之外，从而达成社会成员的联结和维系。这是一个由内向外，由核心家庭自然情感向其他社会关系，由内在"仁"的隐性德性保障向外在"礼"的显性制约和规范的动态机制。

进入现代社会之后，越来越多的人离开故土，脱离血缘家庭而进入陌生的城市，参与到组织生活之中。"现代组织的涌现、组织生活的展开、组织交往的流行，是现代化历程的根本表现之一，组织已然超越家庭成为现代人进行社会交往、实现自我价值的最基本场域。"② 在现代组织中，大多数成员需要与作为陌生人的其他组织成员合作、共事。成员之间要经历从陌生到熟悉、从孤立到联结、从陌生人转变为半熟人或熟人的过程，在这种组织关系中，交往双方产生了一定的情感关系，但这种情感关系并没有深厚到可以随意表现出真诚的行为。③ 现代社会依赖契约来实现交换、交易、合作和组织成员间的绑定，但这并不必然带来人们之间真正的情感联结，要想形成真正具有凝聚力的共同体，不能仅仅依赖于契约，还有赖于人们内在价值观的契合。正如福山所说："契约和私利是联盟的重要基础，但是最有效的组织基于有共同道德价

① 杜维明.《中庸》洞见. 段德智，译. 北京：人民出版社，2008：57.
② 王润稼. 儒家伦理信任在现代组织中的生成逻辑. 中国人民大学学报，2022（1）：160-170.
③ 黄光国，胡先缙，等. 人情与面子：中国人的权力游戏. 北京：中国人民大学出版社，2010：11.

值观的共同体。这些共同体不需要广泛的契约和法律条文来约定它们间的关系，因为既有的道德共识为群体成员提供了相互信任的基础。"①

现代社会组织中的人际关系受到了西方以科学管理为代表的管理理念和以官僚制为代表的组织模式的影响。泰勒的科学管理原理的目标是运用科学的管理手段来使工人的劳动效率最大化，其方式是将工厂对工人的品质要求简化到只需要服从即可。工人的所有活动，包括每一个动作都由生产工程师规定，工人所有其他的人类属性，包括情感、创造性、能动性等都不重要。虽然科学管理理念的确带来了生产效率的大幅度提升，但其逻辑结果必然导致以规章制度为基础的、低信任的、低凝聚力的工厂管理体制。这从泰勒一直致力于用科学管理模式解决但始终未能解决的劳资冲突中就可以看出。以韦伯的官僚制为代表的组织形式目标在于用"非人格化"的理性法规权力机制来代替基于"世袭式"和"魅力型"的权力机制，以此来提高组织效率和运行的稳定性。从经济学的角度来看，科层制的组织模式在组织运行效率上占有优势，但过于依赖制度和规章的管理模式，会减少组织成员和组织成员之间、组织成员和领导者之间、组织成员和组织之间的内在情感联系和凝聚力。"法规与信任的关系通常是成反比的，人们越依赖法规来规范交往，他们之间的信任度就越低，反之亦成立。"② 并且，在现代社会工具理性异常强大的情况下，组织成员更难以与组织发生真正的情感联系，组织成员与组织之间难以达成深度的认同，一旦制度发生变迁或效力弱化，或者一些组织成员为了更大的个人利益而甘冒失信违约的惩罚，组织与组织成员之间的联结就会更加脆弱。

现代人往往认为"礼"是强加于人的一种社会的或宗教的行为准则，是形式主义的东西。但在儒家传统中，礼实际上是修身的一种训练

---

① 福山. 信任：社会美德与创造经济繁荣. 郭华，译. 桂林：广西师范大学出版社，2016：29.

② Fox A. Beyond contract：work，power and trust relation. London：Faber and Faber，1974：30-31.

方式。通过按照"礼"的要求行为，人的身体可以转化为普通日常生活中自我的适当表现。在传统中国社会，礼的实践包括诸如应答、行姿、坐相、洒扫等简单的日常行为。一个人通过"礼"的训练，从小学习如何依礼行事，就可以知道如何正确、得体地采取行为，成为充分参与社会活动的一员。杜维明曾比较以美国为代表的"低级仪式环境"和以日本为代表的"高级仪式环境"①，并指出，低级仪式环境缺乏对行为举止的标准化塑造，导致人们并不确定在某种情境下应该如何恰当举止，虽然这种对举止不做要求的情况让人放松，但从另一个角度而言，在这种低级仪式环境中很难培养稳定持久的人际关系，因为人际交往模式不固定，人们难以从既往的行为模式中理解他人。相较之下，在高级仪式环境中，人际交往大多遵循得到社会认可的模式，并且社会成员从小就吸收了这种模式，因此他们更易于在情境中认识彼此，互相信赖，达成共识。

杜维明所说的美国特色的"低级仪式环境"在较大程度上体现了美国文化中的"个人主义"导向。"个人主义"作为一种价值观，虽不等同于利己主义，但它极度强调个人的尊严、个人的自主性、个人的自我发展和个人的隐私权。"在个人主义理论中，存在着一条根本的伦理原则，即单个的人具有至高无上的内在的价值或尊严"，"个人才是目的，社会不过是一种手段"。"个人主义"强调个人的自由选择既不受别人的影响，也不放弃自己的理想，认为"人类共存的最高理想"就在于"每个人都能把握他自己的本性，为了自己的利益，来努力发展他自己"②。美国自由主义市场经济的确立和发展，就是以"个人主义"为文化根基的，这也直接影响了美国的企业伦理。《国家竞争力：创造财富的价值体系》的作者对 12 个资本主义国家的 15 000 名经理的一项问卷调查表

---

① 杜维明. 新加坡的挑战：新儒家伦理与企业精神. 北京：生活·读书·新知三联书店，2013：114-115.

② 卢克斯. 个人主义：分析与批判. 朱红文，孔德龙，译. 北京：中国广播电视出版社，1993.

明，在强调员工个人能力（不重视团队能力）的比例上，美国占 92%，居 12 国之首，其下依次是加拿大、奥地利、荷兰、德国、英国、比利时、意大利、法国、瑞典，而日本和新加坡仅为 49% 和 39%，与美国相差甚远。[①] 个人主义的文化信念，使得美国企业中的经理和员工跳槽频繁，员工与组织之间的心理联结松散，因为企业对其来说只是一个基于合约的牟利工具。也正是由于美国企业的个人主义信念带来的种种现实困境，才使得威廉·大内等学者的组织文化理念和其所推崇的以群体为导向的日本企业伦理文化，引起了美国学界的重视。因此，如果传统儒家之"礼"可以促进群体的凝聚力，那么在企业道德文化构建的过程中，应充分重视礼仪的作用。

我们在此强调组织应该形成以儒家"礼"为基础的道德文化，必须意识到"仁"和"礼"之间的创造性张力。"礼"是"仁"的外在形式，"仁"是"礼"的内在基础，"'礼'说明了一个人生活在社会之中这样一个事实，而'仁'却说明了他不只是社会力量的交叉点这一同样重要的事实"[②]。人和人的社会性相处需要建构"礼"，但"礼"不能成为人的主宰，如果没有"仁"作为首要的精神内核，"礼"就仅仅是工具，是空洞的形式主义和没有温度的束缚，可能会摧毁人的真实情感。"礼"虽然表现为外在的仪式、程序和礼节，但真正要表达的是人内在的道德情感。组织道德文化并非简单的平面化样态，而是由诸多层次构造成的同心圆，从外显的"礼"到中间的制度层再到内核的核心价值层——"仁"，均应适当合宜地体现儒家伦理的要素。我们今天所说的组织道德文化之"礼"，不是那种备受批判的落后的"礼教"，它已经丧失了自觉改良的能力和社会强制力。儒家的"礼"具有激励与约束两种功能，并且无论是激励还是约束，都是从人的内在道德性出发，通过让人知廉

---

① 汉普登-特纳，特龙佩纳斯. 国家竞争力：创造财富的价值体系. 徐联恩，译. 海口：海南出版社，1997.

② 杜维明. 仁与修身：儒家思想论集. 胡军，丁民雄，译. 北京：生活·读书·新知三联书店，2013：15.

耻、明善恶，发挥主体的道德责任感和义务感的。当组织成员真正认同"礼"的要求时，就会形成道德行为的自觉。

另外，无论是内在的"仁"还是外在的"礼"，其所规范的对象都应首先是管理者，而非管理对象。① 当社会不断发展、人的自主意识不断提高、各种强制的管理措施纷纷失灵，儒家德性领导者必须使自身行为合乎"礼"的要求，并把道德意识深植到组织文化之中，才能使组织成员也能够自觉地按照"礼"的要求来行为。正如孔子所说："上好礼，则民易使也"，"道之以政，齐之以刑，民免而无耻；道之以德，齐之以礼，有耻且格"。由此可以看出，和现代法治不同，"礼"要求领导者内在的德性修养，且离不开其道德示范的作用。"礼"要求领导者自尊和尊重他人，"夫礼者，自卑而尊人"。

孔子主张"礼下庶人"，认为"有教无类"，肯定了"庶人"成为"士君子"的可能性。对民众进行教育时，主要内容不是技术知识，而是以礼仪为核心的道德知识。要把"礼"教给民众，最重要的教育行事不是"言传"，而是"身教"。因此，我们在《论语》中经常会看到各种说明孔子如何履行简单的日常事务的例子，比如如何说话、举止、侍奉父母等。当然，我们今天重提儒家之"礼"，不是提倡人们重回古代社会，效仿过去的礼仪形式，更不是在商业组织中重建古代的礼仪形式。"礼"是与时推移、因时制宜的，"礼也者，合于天时"。虽然在当今，"礼"的内涵发生了改变，不再侧重于古代的人伦准则，但领导者可以对它做出新的诠释、调整和充实，以建立适应现代组织的新的人际关系和礼仪制度。必须意识到，我们的社会已经发生了巨大的改变，人们的风格习惯已经和古代相去甚远，因此，组织在构建自身的道德文化时，更要注重传统"礼"的规范要求背后的道德精神和意图。"礼之用，和为贵。""礼"的重要作用之中，最可贵之处在于以保证社会的和谐为根本目标。由此，领导者对组织中人伦规范和制度的制定，不应只单纯考

---

① 张增田. 孔子仁与礼的管理学诠释. 孔子研究，2000（4）：34-39.

虑它所能带来的物质效益，更需要考量它是否具有"仁"的内涵，是否体现出对组织成员和其他利益相关者的仁爱之心，是否以达到和谐的组织和社会关系为最终目的。

组织之"礼"能够确立组织成员之间的交往法则与道德范式，确保组织成员的身份认同与价值共识，为组织成员之间道德文化的生成、运行、维系提供深层情感动力与伦理支持。儒家的组织道德文化和一般意义上的组织文化（尤其指西方主流的组织文化）相比，更加突出人与人之间的伦理情感，通过组织的礼仪、规范来承载和表达人的道德情感，通过组织成员的长期践行，实现深度的情感连接。这种情感连接或许不会达到传统血缘宗亲社会中家族凝聚力的高度，但基于道德情感的心理联结必然要比基于理性契约的心理联结更有深度和温度。

不过，基于儒家伦理的组织的道德文化和标准并不是贴在会议室墙上的标语、走廊里的海报或者网站上醒目的宣传标语。威廉·大内指出："一个公司的文化由其传统和风气所构成，这种公司文化包括一整套象征、仪式和神话。它们把公司的价值观和信念传输给雇员们。这些仪式给那些原本就稀少而又抽象的概念添上了血肉，赋予它们以生命。"① 因此，组织文化之"礼"不能仅仅是挂在墙上的规章制度、装订发放的手册和每天例行检查的形式，还是镶嵌在组织成员在组织内的日常生活之中，成为组织的根本标识和道德精神传统。在日常生活中，一些最平常的行为，包括接听电话、写邮件或在餐厅点餐等，比起重大的选择和高风险、高压力的情境中的决策，可能更能表现出人们的道德习惯。② 因此，在组织中，领导者应当关注自身和组织成员日常的工作方式和行为方式，这对于培养和保护组织良性发展所需的各种美德至关重要。虽然每个公司都有其独特的道德文化，制定和遵循的"礼"的形

① 大内 . Z 理论：美国企业界怎样迎接日本的挑战 . 北京：中国社会科学出版社，1984：168.

② Ciulla J B. Leadership, virtue, and morality in the miniature//Sison A J G. Handbook of virtue ethics in business and management. Dordrecht：Springer Netherlands，2017.

式必然各不相同，但重要的是让组织成员真正理解其中的道德内涵，接纳并使之成为自觉践行的依照。组织成员若迫于组织压力或出于自保而遵守"礼"的文化，则会成为孔子所鄙薄的"乡愿"之人，即似乎遵从儒家道德规范，但事实上根本没有自觉地从事道德实践，所做的只不过是顺从规定而行。这不仅不符合儒家的道德标准，还会损毁道德，成为"德之贼"，因为德行成了形式，掩盖了不道德和非道德的内在。

四、将"义"作为组织发展的道德要求

我们曾在第六章中讨论过儒家"义利之辨"的问题，可以看到，儒家并非意欲设定一套抽象的道德原则去桎梏人们追求利益，也并未主张利用理性的计算工具来促使人们进行义利平衡算计，而是主张人们用符合道义的方式来实现自身的正当利益，但当利与义不可调和的时候，则要以义为上。必须承认，私利心和对欲望的追求人皆有之，这是资本社会运转和发展的重要动力，但这只是一个动力因素，而非经济的本质。马克斯·韦伯在讨论资本主义精神和新教伦理的关系时提出，对基督教新教的教义而言，财富的积累是次要的，像一件外衣，随时可以脱掉，但如果这件外衣变成了铁笼，那就是资本的过度膨胀使新教原本最虔诚、最重要的价值观被扭曲了。因此，儒家十分谨慎地对待义利之间的关系，既认可利的可求，又强调逐利的正当性。

经济学要求组织领导者实现经济利润最大化，管理学要求组织领导者对企业进行合理高效的管理，但一个伦理型领导者应当肩负起企业的道德责任，即为社会做出贡献。关于企业是否应该承担社会责任的探讨已经尘埃落定，目前绝大多数的学者都承认企业应当承担社会责任，但问题是如何使企业更好地承担社会责任。一般来说，学者们认为有两条路径：一是依靠外力，即从社会制度出发，对企业承担社会责任做出硬性要求。比如，建立社会责任的量化标准，建立企业社会责任实现的外在环境体系。SA8000 是世界上第一个社会道德责任标准，是规范组织

道德行为的一个新标准，已成为第三方认证的准则；国际标准化组织制定的有关社会责任的指导性标准 ISO26000 要求政府、企业等不同组织全面履行社会责任；SAI（Social Accountability International）组织定期发布企业在社会责任方面的表现和业绩。二是从组织领导者个人的角度来提高企业承担社会责任的效果。毕竟，企业的决策道德与否，在极大程度上是取决于领导者或领导团队成员的道德水平的。

　　一些学者强调企业承担社会责任能树立企业的良好形象，有助于提高企业的市场价值，从而为企业提高经济效益。范伯登等人以 1990 年及其以后发表的 34 项研究为样本进行的元分析显示，企业承担社会责任与企业的财务业绩之间存在显著的正相关性。① 一些研究发现，在信息披露、环境治理和公司治理等方面做得好的企业，其股票估值会增长。反之，一些企业在被揭露商业伦理丑闻之后，会被消费者的抵制和股价大跌。比如，三聚氰胺事件以来，蒙牛的负面新闻一直不断，2011 年 12 月份的"致癌门"直接造成其一天之内市值蒸发 111 亿港元，销量下滑 37%，供销商甚至同类企业都受到了影响。因此，在市场竞争压力下，不履行社会责任的公司将转向履行企业社会责任以提高公司的股票价格。② 因而，很多投资者倾向于使用企业社会责任报告，以便更好地估计企业未来的收益，减少潜在的不确定性。迈克尔·波特在《战略与社会：竞争优势与企业社会责任的联系》中提出了一种战略型社会责任，即承担社会责任是企业整体战略的一部分。

　　然而这种将承担社会责任作为企业创造财富的战略的做法，是典型的"工具理性"思维，是以结果为重、以"利"为先的。这不符合儒家伦理的要求。虽然最好的状态是义利并举，但儒家绝对不支持将"行

---

① Van Beurden P，Gössling T. The worth of values：a literature review on the relation between corporate social and financial performance. Journal of business ethics，2008，82（2）：407－424.

② Mackey A，Mackey T B，Barney J B. Corporate social responsibility and firm performance：investor preferences and corporate strategies. Academy of management review，2007，32（3）：817－835.

义"作为"获利"的工具。一个人选择遵从"义"的要求是因为其自身内在具有道德原则，而不是为获利而采取这样的策略。即便"行义"不能带来利益，甚至可能损害利益，但只要是符合道义的事情，人们就会做出符合道义的选择。在商业领域，领导者的道德品质会得到更大的考验。所有商人都要赚钱，但儒商坚持取之有道。所有守法商人会在法律和法规的限度内谋取利益，这并不是儒家德性领导的特征。守法商人会在合法与非法之间划清界限，但儒家德性领导会更进一步，在合法的范围之内，把合乎"义"的行为与"不义"的行为区别开来。因此，按照儒家德性伦理的要求，组织领导者做出符合道义的商业决策，既不是由于法律法规的限制，也不是出于获取商业利润的计算衡量，最根本的原因是他（和他的组织成员）内心对于"何为正确的事"有明确的认知和坚持。

与普通人相比，领导者更需要用"义"的要求来限制对"利"的渴求。孟子初到魏国，梁惠王接见孟子，一见面就问："叟不远千里而来，亦将有以利吾国乎？"孟子对曰："王何必曰利？亦有仁义而已矣。"孟子这句"何必曰利"是儒家讳言"利"的代表性体现。但是，我们必须考虑孟子说话的语境，他是在与梁惠王谈论义利问题，不是和普通民众谈论义利问题。肩负着治理国家天下职责的君王，当然要以仁义为追求，不能以"利"为追求。"义利问题不是一般的伦理道德问题，在先秦儒家的政治伦理思想中有明确的针对性，它首先是针对负有重大社会责任的统治者而言的，它所关注和讨论的首先是'为政者'的'德性'与'德行'，是统治者治国安民的态度和方略。"① 当谈到普通百姓时，孟子并没有过多地强调仁义道德，而是强调"恒产"的重要性，强调"谷与鱼鳖不可胜食，材木不可胜用""乐岁终身饱，凶年免于死亡"的重要性，强调"养生丧死无憾"的重要性。这说明，对于儒家而言，承担治国平天下责任的统治阶层更需要有"义"。不过现代领导理论认为，

---

① 皮伟兵，焦莹. 先秦儒家义利观新探. 伦理学研究，2011（6）：65 - 68.

领导者和其追随者是相辅相成的，当我们谈论领导者的道德时，就必须关注其组织成员的道德状况。优秀的追随者通常具有一些和他们的领导者相同的品质。[①]

胡国栋、王天娇以对晋商身股制的考察说明，明清时期的儒商就已经成功地在其商业管理中实践了"义利并举"。[②] 作为西方舶来品的现代股权激励制度，深受"经济人"假设和股东利益至上的治理逻辑的影响，遵循理性计算原则，以物质报酬为激励标的在特定期限内进行利益锁定，通过预期的物质所有权收益达到激励效果。但这种侧重以物质利益为诱因的利己导向可能会导致急功近利、见利忘义等机会主义行为。晋商身股制是一种虚拟股权形式，由财东对掌柜和重要伙计的人力资本进行配股，身股享有分红权但不对商号的亏赔负责。儒家义利观作为明确的商业伦理对晋商身股激励所产生的物质激励发挥调节作用，将物质激励嵌入股东和经营者之间由"义"构筑的道德情感纽带，使物质激励和道德激励实现更好的拟合互动，激发员工的工作热情、责任心和思想觉悟，强化服务意识和奉献精神。

作为伦理型领导，管理者必须要考虑这个词中的"领导"部分。提供道德"领导力"意味着让道德价值观在组织内部清晰可见——不仅要传达组织的商业目标，还要传达实现目标的可接受和不可接受的途径及方式，也就是清楚地告知组织成员关于"义"和"不义"的界定。比如，组织内员工培训的内容不只与业务有关，也要将道德要素纳入其中，并将道德和价值观的讨论作为日常商业决策的一部分，让员工清晰地认识到他们工作中可能出现的各种道德问题和将会面对的道德选择。领导者应该通过自己的管理经验和其他员工的道德行为的例子，将道德行为与企业的长期发展联系起来，确保从上到下，各个层级、各个部门所获得的信息是一致的。大多数企业在内部发布的是大量关于竞争和业

---

① Kelley R. The power of followership. New York：Doubleday，1992.
② 胡国栋，王天娇."义利并重"：中国古典企业的共同体式身股激励：基于晋商乔家字号的案例研究. 管理世界，2022（2）：188 - 207.

绩的信息，这些信息很容易淹没其他信息，包括那些与道德有关的信息。因此，有关组织道德的信息必须与绩效信息一样强烈，甚至应该更有力、更频繁。① 关于奖励制度和晋升制度，领导者可以将道德行为评估纳入 360 度绩效管理系统。并且在晋升的考察机制中，道德表现和绩效同样重要。组织领导者在做出重要决定的时候，要慎重思考诸如"我们做的是符合道义的事情吗？谁会因为这个决定受到伤害？这会给组织的社会声誉和其他利益相关者带来怎样的影响？"的问题，并与组织成员分享权衡的结果。

儒家伦理型领导者不仅要告诉组织成员做正确的事情，而且必须对在其特定业务和职位中出现的各类问题做好准备，还必须明确当道德和利益发生冲突的时候该怎么做。儒家伦理不谴责财富和逐利，但反对用不道德的方法来获利。只要方式恰当，寻求利益就是被允许的；如果义与利相冲突，那么更应该选择符合道义的事情。组织或个人在追逐商业利益的过程中，经常会面临某些违反道德标准的强烈诱惑，而承诺选择符合道义是儒家抵制诱惑的做法。"基于正义优先利益的原则，组织应寻求以符合伦理要求的方式追求利益，从而将这两个目标纳入组织战略。对于许多以利润为中心的企业管理者来说，做到这一点确实很困难，但儒家的管理者应该坚持将'仁''义''礼'置于企业盈利之上，以此来规范自己的行为。"②

五、组织决策力求"中庸"，达到和谐

"中庸"是儒家的一个重要的德性，指万事万物都应该遵循客观存在的规律，使其保持在一个无过无不及、合理适度的范围之内。中庸之

---

① Treviño L K, Brown M E. Managing to be ethical: debunking five business ethics myths. Academy of management executive, 2004, 18 (4): 69 - 83.

② 杜楷廷，田青. 儒家商业伦理：可能性与挑战//希斯，卡尔迪斯. 财富、商业与哲学：伟大思想家与商业伦理. 宋良，译. 杭州：浙江大学出版社，2021：57.

道有三层含义，即恰到好处、不偏不倚、动态平衡。① 中庸是对"度"的一种高明的把握，是对各种关系的良好协调，是在变化平衡中寻求发展，具有中庸美德的人善于把握事物的"度"。中庸之道反映了一种最高明的治理思维方式、最高尚的治理伦理目标和最恰当的治理手段。

在儒家看来，圣王最基本的"道"之一是"允执其中"："舜其大知也与！……执其两端，用其中于民"。由此，儒家德性领导者在组织决策过程中应当遵循"允执其中"的伦理法则，在诸如短期绩效和长远利益、刚性制度管理和柔性人文关怀、企业利润和社会责任、个人目标和组织目标等种种"两端"之间进行慎重权衡，力求保证组织的和谐长远发展。

"时"在中庸思想中是非常重要的因素，"君子之中庸也，君子而时中"。要真正达到中道，就必须"合时"，讲求权变，保持一种动态的平衡。没有一种可以放之四海而皆准的领导模式，也没有唯一一种"最优"的领导模式，究竟何为"中庸"的领导，要因时而异。领导者必须从实际出发，根据情境要求，采取灵活的方法应对。在领导过程中，儒家德性领导者应达到"经"与"权"的统一，有机结合原则性和灵活性，在坚持基本原则和制度的前提下，使具体策略灵活地随情境而变。

中庸并不是没有原则地苟且贪安，孔子说"君子和而不同"，即君子追求和谐但并不总是附随潮流。实际上，孔子把试图取悦别人的墙头草称为"乡愿"，并谴之为"德之贼也"。由此，儒家德性领导者应能以海纳百川的胸怀、包容的心态去倾听组织成员不同的声音，接纳各种人才，使之在组织中各居其位、各尽其长；但在处理各种人际关系时，并非无原则地调和折中，而是力求自我和他人之间的和谐相容，达到"致中和"的人际关系境界。

---

① 黎红雷．"中庸"本义及其管理哲学价值．孔子研究，2013（2）：36-47．

虽然儒家对如何做人极为看重，但它并非一种纯粹的人类中心主义。近代西方尤其是 16 世纪开始发展的"征服自然"的理念，一方面为人类社会取得了巨大的物质文明成就，但另一方面，随着工业文明的发达，生态平衡破坏、环境污染、能源危机等令人忧虑的社会问题迭起。根据儒家的观点，达到至高的道德境界，不仅要超越自我中心或种族主义和家族主义，还应实现超越人类中心主义，和天地万物融为一体，达到"天人和谐"，这涉及对自然事物的关怀和责任。儒家思想提倡为子孙后代考虑，节约资源、限制污染，这些思想足以反对目前商业活动中那些为了追求利润而过度消耗资源、不顾环境污染的行为。

作为一种行动取向，中庸起码具有这样的特征。中庸是指恰到好处，过犹不及。世间的所有事物总会有个限度，以限定事物的适当状态，人在与别人交往、处理事情的时候也要根据情境掌握其中的最佳状态，这就是中庸之道。但如果光凭这点，那么中庸之道作为一种价值取向模式，不足以显示出儒家的特色，因为这与亚里士多德所提出的"中道"似乎非常类似。中庸取向的儒家特色，主要表现在考虑问题乃至采取行动时从全局出发，不单只从自己的立场出发。比如，自己谋取收益，但也考虑到让别人得到收益，所谓"己欲立而立人，己欲达而达人"。并且，奉行中庸之道的人，经常要自我克制、准备妥协，自愿放弃一些收益，好使别人也有收益，争取共赢局面，从而皆大欢喜、和谐共处。注意，这里所说的妥协，只是利益上的妥协，而不是道德原则的妥协。[①]

"和谐"虽然不为中国文化所独有，但一直是中国文化和儒家思想所强调的主题。中国宏观管理和政治治理理论无不将和谐视为核心命题之一，但是在微观组织管理视域，和谐并未受到足够重视，其中一个主要原因是目前国人或多或少地认为和谐与市场经济文化中的"竞争促进

---

① 葛荣晋. 儒家"中庸"概念的历史演变. 哲学与文化，1991（9）：797－809.

绩效"这一基本观点相左。"商场如战场"这句话被一些人奉为金科玉律，但这只是个比喻。比喻所着眼的是相同之处，但我们也必须清醒地认识到商场与战场的实质区别。现实世界的事物就整体而言，都是独特的，商场与战场因此也有许多不同的地方。首先，二者的目的不同。商场和战场分别是商业活动和战争的载体。商业的目的是通过商业贸易活动来丰富人们的物质生活，进而达到社会的繁荣。而战争的目的主要是从战争的胜利中获得最大的政治利益与经济利益。其次，二者的竞争结构不一样。在战争处境中，人面对的是敌人，双方不是你死便是我亡，既不能手软，也无情分可言。商业世界并非如此，组织领导者面对的是复杂多样的情境。与战场不同，商场是可以"良性竞争"的。所谓"良性竞争"，不是通过争斗来打压同行，而是指通过技术创新、改良产品以取胜，或者靠敏锐的嗅觉开发新的市场。最后，二者导致的结果不同。商场的良性竞争往往是建设性的，有利于社会繁荣和人类文明发展。而战争，虽然有正义战争和非正义战争的区分，但总体而言是破坏性的，会让人类物质财富和精神文明遭到摧毁。

在组织内部，儒家德性领导者应积极建构一种管理者与组织成员之间的和谐模式，使双方形成密切关联的共同体，组织成员之间形成互相依赖、和谐融洽的人际氛围，从而对组织产生巨大的向心力、凝聚力、认同感和归属感。部门之间应通过"和"的理念进行相互配合和支持，以实现有效合作和发展。当然，组织内部和谐必须强调"和而不同"，既追求组织的和谐氛围，又保证组织成员独立的个性，尊重组织成员不同的意见和需求，通过激发其多样化的想法，有效推进组织创新。在组织外部，同样需要"和而不同"的协作理念。在市场竞争中，组织领导者要注重与竞争对手的合作与协力，以和气、友善的态度处理一切企业经营活动，力求营造祥和的市场环境，以获得共赢。

在组织与外部世界的关系上，儒家德性领导者应讲求"天人合一"的可持续发展理念，企业在发展、盈利的同时，应担负起社会责任，立足企业、社会和自然关系协调，促进三者和谐发展，把企业的经济效益和社会效益结合起来，保持人与自然的和谐相处，以实现科学发展、可持续发展。儒家德性领导力在组织中的体现及运行机制如图 2 所示。

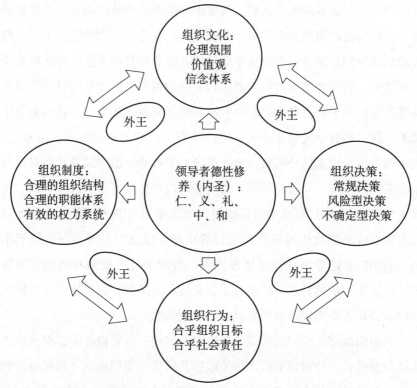

图 2　儒家德性领导力在组织中的体现及运行机制示意图

六、结语

现代社会曾经倾向于把经济绩效作为唯一的或最重要的关于商业领域领导力有效性的评价标准，只要能在短期内为组织创造巨额利润，那些有能力但缺乏道德意识的领导者也往往会被认为是好的领导者。然而，越来越多的商业丑闻和负面恶性事件让学者和公众不得不开始重视组织的伦理领导力。并且，层出不穷的领导理论和模型告诉人们，领导者面对的情境是复杂多变的，不存在最好的或唯一正确的领导理论或模式，但在风格迥异而同样成功的领导方式的背后，我们需要对领导力进行价值和道德上的评判。什么叫"成功"的领导？为组织创造好的绩效就是"成功的领导"吗？领导者的能力、学识、才华等因素对组织发展来说非常重要，但领导者的德性水平不仅决定了他所带领的组织是否可以实现长久的卓越，也决定了组织的卓越对社会而言是否意味着更大的贡献。

德性作为儒家思想的首要价值，对构建中国本土的伦理型领导力有至关重要的作用。对于领导者来说，管理过程中最为核心的挑战一方面来自如何协调人力资源，另一方面来自如何为组织的持续发展制定出明智的战略决策，这要求领导者充分理解和把握各种内外部相关的因素。一切与领导相关的内外部因素，都必须放在"关系"中进行权衡和考量，而伦理关系渗透于所有这些关系之中。如果说管理是外在的规范，那么伦理则是一种内在的制约，即领导者的自我要求和基本的价值取向是对自我的一种内在管理。儒家的德性伦理，正是一种关于"伦理关系"的智慧，其所倡导的"内圣外王"的领导思想即提倡通过领导者提高对自身的德性修养，而延伸到对他人的领导。儒家的德性，包括仁、义、礼、中、和等，只能存在和实现于人和自我、人和他人、人和外部世界等的相互关系之中。这种普遍的道德情怀不仅体现于人类社会，也体现于对待天地万物的态度上。

儒家认为德性的外在体现是自然而然的、自觉的，而非出于外界的强制作用或某种功利性的目的，"由仁义行，非行仁义也"。拥有了内在德性，领导者便会将其内在品格体现于外在的德行上，这种德性转化为现实德行的过程，是一个德性主体不断成就自身的过程。具有真实德性的人，不论身处何种际遇状态，都会坚持自己的道德原则，所谓"造次必于是，颠沛必于是"。可见，儒家德性领导者不管处于什么困难的情境中，不管面对何种利益的诱惑，都会以保持其内在德性为第一要义，并在道德原则的指导下去处理有关组织的各种事务。

要达到组织的和谐发展，儒家德性领导者应该关怀、尊重、同情他人，以有利于满足人的精神和道德要求的方式去为组织谋求效益，不以牺牲社会其他利益相关者的利益和自然环境为代价；用自身的道德魅力去影响组织成员按照"礼"的要求各居其位，各尽其责；以推己及人、

"将心比心"的人性逻辑来对待他人；以合乎"中道"的方式灵活地随内外情境变化策略，实现组织内外各种关系的和谐平衡。

现今，与以信息技术为先导的新技术革命相伴随的是日益扩大的全球化和市场一体化，这使得企业组织所处的经营环境发生了翻天覆地的变化，因此，组织发展的环境充满了复杂性和不确定性。在这种情况下，领导者更希望能够寻求一个积极并有效应对诸多复杂因素的方向。儒家德性领导力正是对此问题的有效回应，领导者通过自身的"仁智双修"而"成己成物"。组织中良好的伦理道德氛围和正确的价值观对组织文化的塑造和维持、对组织成员的工作热情和能动性的激发、对他们使命感和荣誉感的造就、对他们内在潜力的挖掘，以及对整个外部社会环境和自然环境负责任的应对等都将具有积极的意义。由于德性具有稳定性的特点①，因此领导者的德性魅力是长久的，其所产生的影响力和感召力亦可以使领导者游刃有余地应对纷繁芜杂的领导情境和难题。

道德体系是文化价值体系中一个极为重要的部分，文化对道德的影响是巨大的。尽管儒家德性观在某些方面和西方的德性观有着非常相似的部分，但是传统儒家对某些德性的理解，则具有文化的独特性和重要性。在进行中国本土伦理型领导力研究的过程中，必须将其置于中国文化语境下，因为中国是一个重视伦理道德的国度，在管理中依然提倡魅力型的德行领导②，儒家的德性观并未过时。儒家的德性原则并不是空洞和抽象的，而是一种实践智慧，是一种立身处世、学以为人的艺术，这对指导领导者在领导实践中不断提升内在品德修养、信守道德原则、进行是非善恶判断非常重要。当下，越来越多的国外学者开始关注儒家传统思想，并认为儒家智慧可以帮助应对和解决许多在 21 世纪出现的伦理道德困境。③ 鉴于此，儒家德性领导力的构建也可以为其他文化中的管理者和领导者提供有益的洞见。

---

① 杨国荣．道德系统中的德性．中国社会科学，2000 (3)：85 - 97.

② 凌文辁，郑晓明，方俐洛．社会规范的跨文化比较．心理学报，2003 (2)：246 - 254.

③ Wah S S. Confucianism and Chinese leadership. Chinese management studies，2010，4 (3)：280 - 285.

图书在版编目（CIP）数据

儒家德性领导：伦理型领导力的本土化研究/原理
著 . -- 北京：中国人民大学出版社，2024.5
（哲学新思论丛/臧峰宇主编）
ISBN 978-7-300-32849-2

Ⅰ.①儒… Ⅱ.①原… Ⅲ.①儒家-伦理学-研究②
商业道德-研究-中国 Ⅳ.①B82－092②B222.05
③F718

中国国家版本馆 CIP 数据核字（2024）第 101572 号

哲学新思论丛

中国人民大学哲学院　编

臧峰宇　主编

儒家德性领导

伦理型领导力的本土化研究

原　理　著

Rujia Dexing Lingdao

出版发行	中国人民大学出版社			
社　　址	北京中关村大街 31 号		**邮政编码**	100080
电　　话	010－62511242（总编室）		010－62511770（质管部）	
	010－82501766（邮购部）		010－62514148（门市部）	
	010－62515195（发行公司）		010－62515275（盗版举报）	
网　　址	http://www.crup.com.cn			
经　　销	新华书店			
印　　刷	北京宏伟双华印刷有限公司			
开　　本	720 mm×1000 mm　1/16		**版　　次**	2024 年 5 月第 1 版
印　　张	16 插页 2		**印　　次**	2024 年 5 月第 1 次印刷
字　　数	214 000		**定　　价**	78.00 元